冀南棉区
多元化种植
地力培肥技术

王树林 王 燕 冯国艺 主编
河北省农林科学院棉花研究所 组编

中国农业出版社
北 京

图书在版编目（CIP）数据

冀南棉区多元化种植地力培肥技术 / 王树林，王燕，冯国艺主编．—北京：中国农业出版社，2024.7
ISBN 978-7-109-31750-5

Ⅰ．①冀… Ⅱ．①王… ②王… ③冯… Ⅲ．①棉花—施肥—河北 Ⅳ．①S562.06

中国国家版本馆CIP数据核字（2024）第046470号

中国农业出版社出版
地址：北京市朝阳区麦子店街18号楼
邮编：100125
责任编辑：郭银巧 李 蕊 史佳丽
版式设计：杨 婧 责任校对：吴丽婷
印刷：北京印刷集团有限责任公司
版次：2024年7月第1版
印次：2024年7月北京第1次印刷
发行：新华书店北京发行所
开本：700mm×1000mm 1/16
印张：14.5
字数：260千字
定价：80.00元

编 委 会

主　编： 王树林　王　燕　冯国艺

副主编： 马立刚　祁　虹　张　谦　董　明

编　者：（按姓氏拼音字母排列）

曹荣荣（河北省唐山市遵化市农业农村局）
常燕霞（河北省沧州市海兴县农业农村局）
董　明（河北省农林科学院棉花研究所）
冯国艺（河北省农林科学院棉花研究所）
郝建博（河北省农业特色产业技术指导总站）
何二凯（河北省农林科学院棉花研究所）
姜国义（河北省沧州市海兴县农业农村局）
蒋建勋（河北省沧州市农林科学院）
焦秀芬（河北省邯郸市曲周县农业农村局）
雷晓鹏（河北省农林科学院棉花研究所）
李　冰（河北省邢台市任泽区农业农村局）
李慧杰（河北省农业特色产业技术指导总站）
李梦喆（河北省农林科学院棉花研究所）
梁青龙（河北省农林科学院棉花研究所）
刘善勇（山东省滨州市农业技术推广中心）
刘　旭（河北省农林科学院棉花研究所）
刘学强（河北省唐山市曹妃甸区唐海镇农业综合服务中心）

马宝玲（河北省农业特色产业技术指导总站）
马立刚（河北省农业特色产业技术指导总站）
潘秀芬（河北省沧州市农业技术推广站）
平文超（河北省沧州市农林科学院）
祁　虹（河北省农林科学院棉花研究所）
任晓薇（曲周县硕丰农业科技有限公司）
宋　雷（河北省邯郸市曲周县农业农村局）
孙树泽（河北省沧州市海兴县农业农村局）
王寒菊（河北省邯郸市曲周县农业农村局）
王树林（河北省农林科学院棉花研究所）
王　燕（河北省农林科学院棉花研究所）
王志伟（河北省保定职业技术学院）
徐万强（河北省农林科学院）
张保安（河北省邯郸市邱县农业农村局）
张　芳（河北省邯郸市农业农村局）
张建峰（河北省农业特色产业技术指导总站）
张　谦（河北省农林科学院棉花研究所）

序

适度规模、质量兴棉、绿色兴棉是我国棉花产业深化供给侧结构改革、转型升级提质增效的主攻方向，是农业高质量发展的新需求，更是建设棉花强国的目标和任务。

河北省位于黄河流域棉区，是全国棉花生产大省之一。近些年来，河北省农林科学院棉花研究所、涉农科研院校和涉棉企业的专家、科研人员紧密围绕棉花生产发展需要，深入棉区一线，常年驻点农村，和农民打成一片，扎实开展质量兴棉、绿色兴棉的一系列试验研究、示范和推广工作，获得了一批新品种、新技术、新方法和新经验，为棉花产业转型升级、提质增效提供了强有力的技术支持。

本书系统总结河北省主产棉区黑龙港旱薄盐碱地用养结合、地力培肥长期定位和棉田深耕的试验研究成果，棉田轮作套种和集约高效种植、土肥水资源节约高效低碳利用的理论、技术和方法，高品质棉花订单种植和订单销售的实践做法，集成旱薄盐碱棉田的培肥和绿色高效低碳的植棉技术等方面内容，对于促进河北乃至全国棉花绿色高质量可持续发展具有重要的学术价值和生产实践的指导作用。

为此，特作序。

农业部科技入户工程棉花首席专家
中国农业科学院棉花研究所研究员　毛树春

2023年8月30日

前言

棉花是河北省重要的经济作物之一，随着植棉比较收益的降低，棉花面积被压缩。冀南黑龙港流域是河北省主要棉区之一。按照国务院《关于建立粮食生产功能区和重要农产品生产保护区的实施意见》要求，河北省政府以黑龙港流域传统植棉区为重点，划定棉花生产保护区，保持河北省棉花生产能力基本稳定。冀中南棉区同时担负保障粮食安全的重任，棉花面积至今已压缩不足200万亩①。冀南黑龙港流域地区土壤贫瘠，产能急需提升。目前，如何在保障粮食安全的同时稳定棉花生产，并提升土地生产能力，是相关农业管理和技术推广部门、科研部门以及广大农业种植经营主体长期关注的问题。

河北棉花生产重在依靠科技支撑，提升植棉技术水平，增加植棉比较效益。本书在前人科学研究的基础上，探索河北棉花生产的绿色高效可持续发展途径，精选总结河北省农林科学院棉花研究所近二十年在冀南棉区从事多元化种植模式下地力培肥技术研究领域取得的成果，按耕层重构地力提升关键技术、高效复种模式及其配套地力培肥技术等方面进行阐述，并配有详细数据资料和图表以供参考。本书对于稳定河北棉花面积、振兴河北棉花产业具有重要意义。

本书内容以介绍冀南棉区多元化种植模式及相应的地力培肥技

---

① 亩为非法定计量单位，1亩=1/15hm^2。下同。——编者注

术为主，目的在于提高冀南棉区土地生产力和植棉效益。希望本书的出版对河北省邢台、邯郸等市及我国相似生态类型区的生态农业建设起到促进作用。

本书的出版得到了国家棉花现代农业产业体系岗位科学家项目“土壤障碍消减与地力提升（北方干旱半干旱区）”（CARS－15－18）、河北省农林科学院创新工程项目“河北省棉花全程机械化栽培模式研究”（2022KJCXZX－MHS－6）、国家科技支撑计划“棉田增粮技术模式研究与示范”（2013BAD05B05－3）、河北省科技支撑项目“拓棉增粮种植制度与关键技术研究”和河北省自然基金项目“耕层重构通过改善土壤微生态环境抑制棉花黄萎病发病的机制”（C2019301097）项目的资助。

本书在编写过程中得到编者所在单位及有关人员大力支持，在此谨致谢意！由于编者水平所限，书中不妥之处在所难免，希望广大读者予以批评指正。

编　者

2023 年 8 月

目录

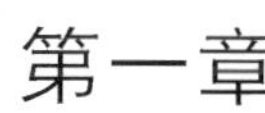

第一章 耕层重构技术在冀南棉区的应用

第一节 耕层重构技术对连作棉田土壤理化性状、棉花生长发育及杂草病害的影响

棉花是河北省主要经济作物之一，主要分布在河北省南部干旱半干旱地区，种植方式以多年连作为主。常年连作导致棉花生产出现诸多问题：一是土壤中枯萎病、黄萎病等致病菌数量积累引起的棉花早衰、减产（单鸿宾等，2009；刘瑜等，2010）；二是传统的旋耕方式导致犁底层变浅、土壤通透性降低，影响棉花根系下扎，同时土壤蓄水、供水能力下降（Cornish and Lymbery，1987；冯跃华等，2006；吴玉红等，2010）；三是土壤养分主要集中在上部耕层，垂直分布不均衡，且田间杂草危害严重（刘鹏涛等，2009；李彰等，2010；孙国跃，2011）。目前生产上的土壤耕作方式有旋耕、深翻、深松等，关于不同耕作方式对土壤水分、理化性状、作物生长的影响，前人做了大量研究。深翻降低土壤容重（李永平等，2012），有利于蓄积休闲期降水，改善底墒，增加土壤含水量，促进作物向深层吸收土壤水分（温斐斐等，2013；孙敏等，2014），同时棉田深翻能有效降低棉花黄萎病的发生与危害（刘海洋等，2010）。深松打破犁底层促进了根系的下扎，使深层土壤根系比例增加（王法宏等，2003），深层根系虽少，但越到后期深层根系对作物光合生理、地上部营养生长和产量形成越重要（陈喜凤等，2011）。郑成岩等研究认为，深松＋条旋耕有利于小麦对深层土壤水分的利用，并减少了土壤水分向大气中的耗散，降低农田耗水量，有利于开花后光合产物向籽粒的分配（郑成岩等，2011）。但传统深翻与深松深度大多涉及25～35cm土层，在解决连作棉田导致的上述问题时，均存有不足之处，如对棉花病害与草害、土壤养分垂直分布的影响并不明显，为此，提出研发一种新的土壤耕作

方式——土壤耕层重构，即将 0～20cm 耕层与 20～40cm 耕层土壤互换，同时松动 40cm 以下耕层，试图通过土壤耕层的重新构筑，解决连作棉田生产中存在的诸多弊病。

土壤耕层重构与传统深翻相似，但又存在明显差别。与深翻相比，土壤耕层重构是将 20～40cm 土层土壤完全覆盖在 0～20cm 土层土壤之上，而深翻难以对上下土层进行完全的互换，同时土壤耕层重构技术可以将 40cm 以下的土层松动，最深可达 70cm。分析耕层重构对土壤蓄水能力、土壤容重变化、棉花根系及地上部生长发育的影响，可以为解决连作棉田病害严重、土壤蓄水供水能力下降、棉花产量下降等问题提供理论依据。

一、土壤理化性质

1. 土壤容重 从表 1-1-1 中可以看出，耕层重构后显著降低了不同土层土壤容重。对照（常规旋耕）20～40cm 土层土壤容重最大，为犁底层影响所致（李志洪等，2000），耕层重构后相对于 20～40cm 土层土壤容重降低幅度最大，表明其打破犁底层的效果明显；3 个重构处理中以 T1（0～15cm 土壤与 15～30cm 土壤互换）上下层土壤容重分布最为均衡，T2（0～20cm 土壤与 20～40cm 土壤互换，同时松动 40～55cm 土层）在 40～60cm 土层土壤容重最低，T3（0～20cm 土壤与 20～40cm 土壤互换，同时松动 40～70cm 土层）在 40～60cm、60～80cm 土层土壤容重明显降低，这是由于 T2 扰动到了 50cm 土层，而 T3 扰动到了 70cm 土层所致。

表 1-1-1 耕层重构处理不同土层土壤容重（g/cm^3）

年份	处理	0～20cm	20～40cm	40～60cm	60～80cm
2014	CK	1.50a	1.55a	1.43a	1.41a
	T1	1.45b	1.46b	1.45a	1.42a
	T2	1.43b	1.42b	1.38b	1.41a
	T3	1.44b	1.40b	1.36b	1.35b
2015	CK	1.49a	1.54a	1.43a	1.42a
	T1	1.47a	1.50a	1.45a	1.41a
	T2	1.41b	1.39b	1.36b	1.43a
	T3	1.40b	1.39b	1.32b	1.36b

注：CK：常规旋耕（旋耕深度 15cm）；T1：将 0～15cm 土层土壤与 15～30cm 土层土壤互换；T2：将 0～20cm 土层土壤与 20～40cm 土层土壤互换，同时松动 40～55cm 土层；T3：将 0～20cm 土层土壤与 20～40cm 土层土壤互换，同时松动 40～70cm 土层。同列不同小写字母表示 0.05 水平差异显著。下同。

2. 棉花不同生育阶段土壤蓄水量与耗水量 播种后测定不同土层蓄水量显示，年际间 0～80cm 土层总蓄水量差异不大（表 1-1-2），但耕层重构增加了下层土壤的蓄水量。2014 年 T2 在 40～60cm 土层与 60～80cm 土层较对照分别增加 3.5mm、5.5mm，T3 在 40～60cm 土层与 60～80cm 土层较对照分别增加 2.9mm 和 7.0mm；2015 年 T2 在 40～60cm 土层与 60～80cm 土层较对照分别增加 6.7mm 和 3.4mm，T3 在 40～60cm 土层与 60～80cm 土层较对照分别增加 5.9mm 和 3.5mm，而长期旋耕形成的犁底层阻碍了水分的下渗，使播前所灌底墒水主要集中在 0～20cm 与 20～40cm 土层（图 1-1-1）。

苗期土壤蓄水量较播种后略有下降，其中对照下降幅度大于耕层重构各处理（图 1-1-2）。从不同土层来看，0～20cm 土层蓄水量 CK 下降幅度最大，蓄水量低于其他 3 个处理（2014 年 CK 与 T1 相差不大），20～40cm 土层两年趋势相同，均是 T1 最高，其他 3 个处理差异不明显；40～60cm 与 60～80cm 土层蓄水量与播种后相比下降幅度不大（图 1-1-2）。说明苗期土壤水分消耗以上层为主，这一时期棉苗自身蒸腾消耗很小，地表蒸发占主导地位，而对照水分多蓄积在表层（表 1-1-2）；2015 年耗水量明显大于 2014 年，原因是 2015 年苗期降水量偏大，但降水多通过土壤表面蒸发而损失掉。

蕾期土壤蓄水量大幅下降，CK 蓄水量最低，T3 处理蓄水量最高，且两年差异均达显著水平。2014 年蓄水量 T3 与 T2 差异不显著，2015 年 T3 显著高于 T2（表 1-1-2）；从不同土层蓄水量来看，对照 0～20cm 与 20～40cm 土层蓄水量低于耕层重构各处理是导致其 0～80cm 土层蓄水量低的主要原因，40～60cm 与 60～80cm 土层蓄水量各处理间差异不大（图 1-1-3）。

表 1-1-2 耕层重构处理棉花不同生育阶段 0～80cm 土层蓄水量（mm）

年份	处理	播种后（4 月 28 日）	苗期（5 月 13 日）	蕾期（6 月 13 日）	花期（7 月 13 日）	铃期（8 月 13 日）	吐絮期（10 月 23 日）
2014	CK	225.1a	209.6a	134.4c	128.7b	166.4a	135.1b
	T1	222.8a	212.9a	141.5b	128.2b	166.8a	136.0b
	T2	222.5a	212.6a	149.7a	135.2a	168.3a	143.8a
	T3	224.1a	213.6a	152.6a	136.7a	167.7a	141.9a
2015	CK	241.6a	229.0a	163.8c	129.6c	261.3a	152.1c
	T1	245.0a	235.6a	179.7b	143.2b	264.2a	175.4b
	T2	242.4a	232.7a	177.1b	140.9b	262.2a	175.1b
	T3	243.2a	234.8a	184.3a	149.3a	265.6a	180.7a

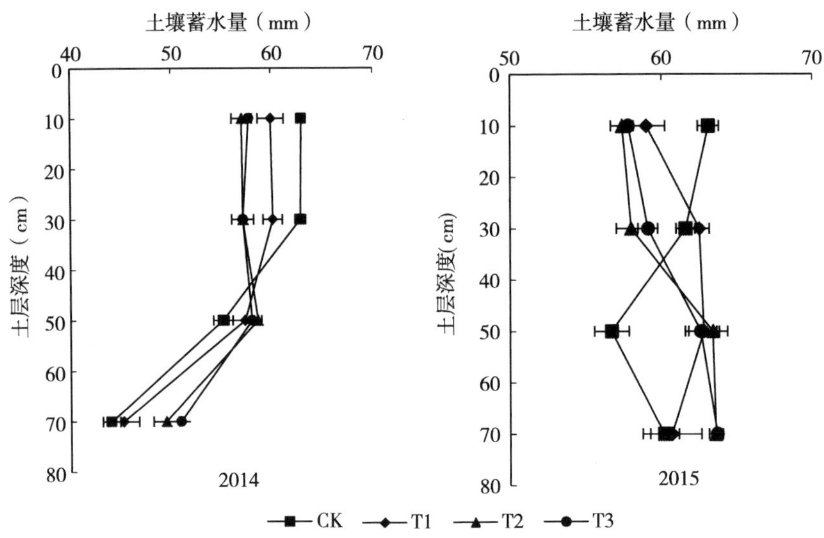

图 1-1-1　播种后耕层重构处理土壤蓄水量（4 月 28 日）

注：CK：常规旋耕（旋耕深度 15cm）；T1：将 0～15cm 土层土壤与 15～30cm 土层土壤互换；T2：将0～20cm 土层土壤与 20～40cm 土层土壤互换，同时松动 40～55cm 土层；T3：将 0～20cm 土层土壤与 20～40cm 土层土壤互换，同时松动 40～70cm 土层。下同。

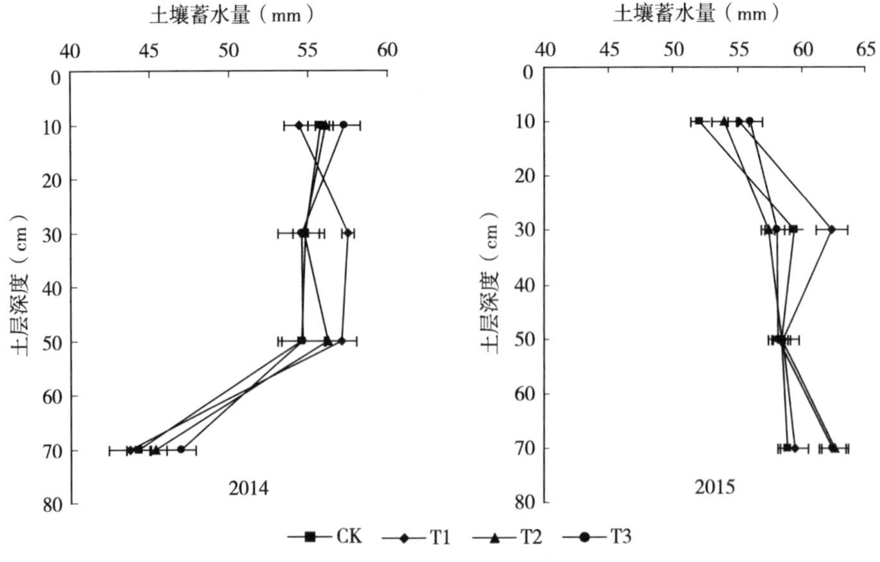

图 1-1-2　苗期不同处理土壤蓄水量（5 月 13 日）

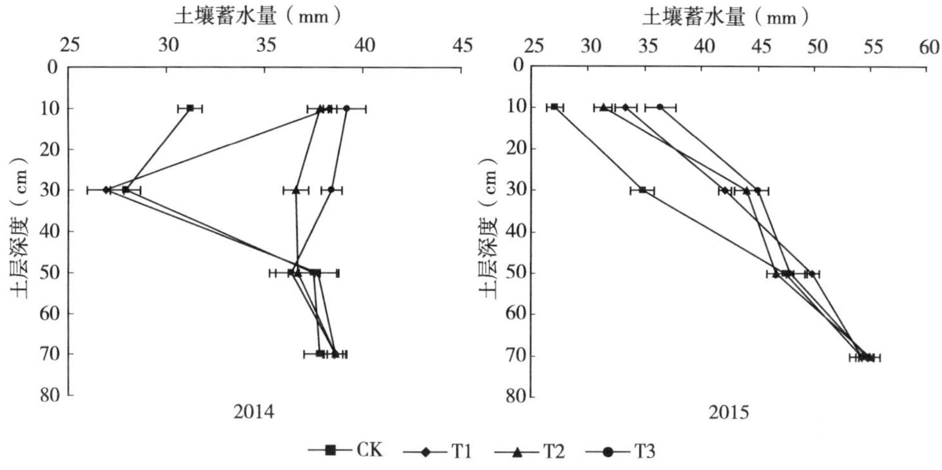

图 1-1-3 蕾期不同处理土壤蓄水量（6 月 13 日）

苗期至蕾期土壤水分损耗加剧，从总耗水量来看，不同处理间表现为 CK＞T1＞T2＞T3（表 1-1-3），两年份相同，原因主要是随着温度不断升高与日照强度增加，地表蒸发持续增加，另外棉花根系迅速生长，对土壤水分的吸收也不断增加，因此从不同土层水分损耗所占比例来看，仍以 0～20cm 与 20～40cm 为主，40～60cm 土层水分损耗增加，60～80cm 损耗较少。

表 1-1-3 耕层重构处理棉花不同生育阶段耗水量（mm）

年份	处理	4 月 28 日～5 月 13 日	5 月 14 日～6 月 13 日	6 月 14 日～7 月 13 日	7 月 14 日～8 月 13 日	8 月 14 日～10 月 23 日	合计
2014	CK	41.8a	109.6a	120.0b	101.4b	110.5a	483.3a
	T1	36.0b	105.8b	127.6a	100.5b	110.0a	480.0a
	T2	36.1b	97.2c	128.9a	106.0a	103.7b	471.9b
	T3	36.7b	95.4c	130.2a	108.1a	105.0b	475.4b
2015	CK	94.3a	82.8a	114.8a	54.0c	147.2a	493.1a
	T1	91.1b	72.9b	117.0a	64.7b	126.8b	472.6b
	T2	91.6b	72.5b	116.8a	64.4b	125.1b	470.4b
	T3	90.2b	67.5c	115.6a	69.4a	127.1b	469.8b

花期土壤蓄水量进一步下降，但不同处理蓄水量随耕层扰动深度增加有增加的趋势（表 1-1-2）。2014 年 T2 与 T3 间差异不显著，但显著高于 T1 与 CK，2015 年 T3 蓄水量最高，T1 与 T2 间差异不显著，但均显著高于 CK。

从不同土层蓄水量来看，2014 年 0～20cm 与 20～40cm 土层 T2 与 T3 蓄水量明显高于对照，2015 年 T1、T2、T3 处理 4 个土层蓄水量均明显高于对照（图 1-1-4）；这一结果表明当遭遇花期干旱时，耕层重构能使土壤保持较高的蓄水量，从而提高棉花的抗旱能力。此期耕层重构处理耗水量 2014 年显著高于 CK，2015 年各处理间差异不显著（表 1-1-3），而在苗期、蕾期对照耗水量均高于耕层重构处理，这一耗水规律表明，进入蕾期以后，由于棉田逐渐封垄，地表蒸发迅速降低，棉株蒸腾成为土壤水分损耗的主体，耕层重构处理棉花耗水量的增加证明其植株蒸腾作用的增强。

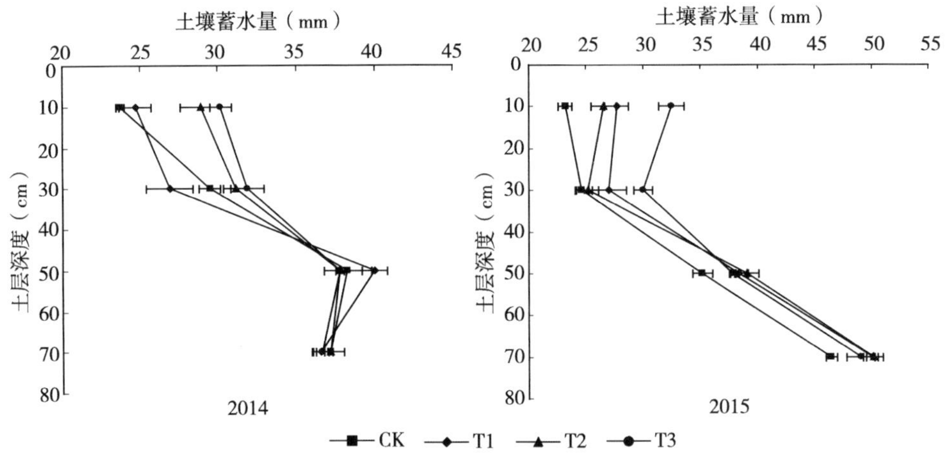

图 1-1-4　花期不同处理土壤蓄水量（7 月 13 日）

铃期土壤蓄水量差异不明显，但不同土层蓄水量分布差异明显（图 1-1-5）。2014 年铃期较干旱，0～20cm 土层蓄水量耕层重构处理明显高于对照，且 T3＞T2＞T1，20～40cm 土层蓄水量 T3 与 T2 明显高于 T1 与 CK，但 40cm 以下土层蓄水量相反，耕层重构处理低于对照（图 1-1-5）。从土壤耗水量来看，耕层重构处理此期阶段耗水量显著高于对照（T1 除外），表明在干旱条件下，耕层重构处理深层土壤水分上移，能够被棉花充分利用。2015 年铃期灌水一次，随后发生两次大的降雨，属多水年份，从不同土层蓄水量来看，规律性与播种后相似，即耕层重构处理水分下渗，多蓄积在下层，而对照由于犁底层的存在，水分多蓄积在上层土壤中。耕层重构处理具有较强的土壤水分调节作用，在干旱年份可调动土壤深层水分供棉花生长利用，多雨年份可将水分蓄积在土壤下层。此期耗水量耕层重构处理高于对照（表 1-1-3），表明在以蒸腾为主的土壤水分损耗中，耕层重构处理棉花能够吸收更多的土壤水分用于生长发育。

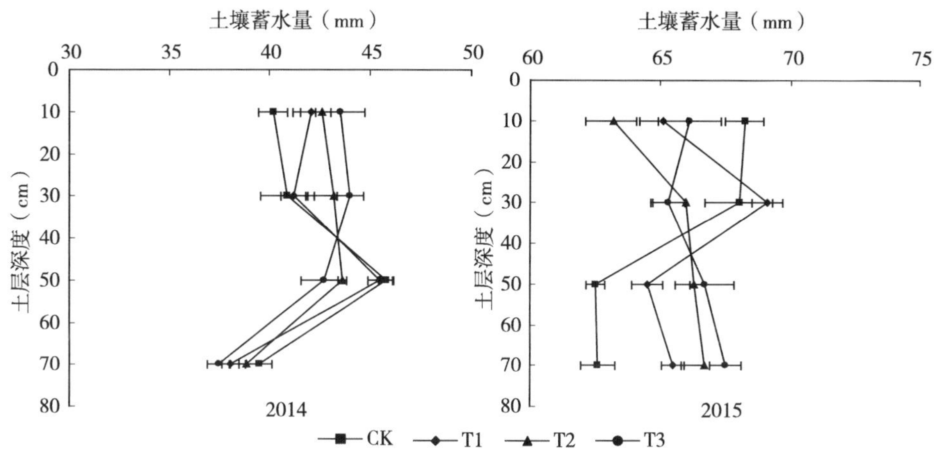

图 1－1－5 铃期不同处理土壤蓄水量（8 月 13 日）

吐絮期土壤蓄水量耕层重构处理高于对照，2014 年 T2 与 T3 显著高于 CK 与 T1，2015 年 T3 最高，T2 与 T1 差异不显著，但显著高于对照（表 1－1－2）；从不同土层蓄水量来看，对照有低于耕层重构处理的趋势（图 1－1－6）。此期阶段耗水量表现为对照最高，2014 年 T2 与 T3 耗水量明显偏低，2015 年 3 个耕层重构处理间差异不大，但均显著低于对照（图 1－1－6），表明进入吐絮期后棉花叶片开始脱落，地表蒸发又成为土壤水分损耗的主体，使得对照土壤耗水量超过土壤耕层重构处理。从整个生育期土壤耗水量结果来看，2014 年 T1、T2、T3 耗水量较 CK 降低 3.3、11.4 和 7.9mm，CK 与 T1 差异不显著，但显著高于 T2 与 T3；2015 年则分别降低 20.0、22.2 和 27.0mm，CK 显著高于 T1、T2 与 T3（表 1－1－3）。

3. 土壤养分垂直分布 表 1－1－4 表明，对照土壤全氮、有效磷、速效钾主要集中在 0～20cm 土层，随着土层深度增加，土壤养分含量迅速下降；耕层重构 3 个处理 0～20cm 土层养分含量均低于对照，且差异达显著水平，但 20～40cm 土层养分含量则高于对照，其中 T2 与 T3 处理的全氮、有效磷、速效钾含量均显著高于对照，40cm 以下土层全氮差异不大，而有效磷与速效钾含量在 40cm 以下土层较对照仍有不同程度增加。根据以上结果可知，T2 与 T3 处理提高了下层土壤的养分含量，使养分在土层中的垂直分布更加均衡。

表 1-1-4 耕层重构处理不同土层土壤养分含量

年份	处理	全氮（g/kg）				有效磷（mg/kg）				速效钾（mg/kg）			
		0～20cm	20～40cm	40～60cm	60～80cm	0～20cm	20～40cm	40～60cm	60～80cm	0～20cm	20～40cm	40～60cm	60～80cm
2014	CK	0.678a	0.416b	0.413a	0.402a	23.4a	7.7c	2.7b	2.3a	185a	83b	72c	66a
	T1	0.543b	0.421b	0.407a	0.474a	20.9b	10.5b	3.7b	2.0a	156b	86b	79 bc	71a
	T2	0.530b	0.491a	0.426a	0.435a	20.0b	14.0a	6.7a	2.1a	139c	105a	88b	73a
	T3	0.504b	0.501a	0.412a	0.455a	20.5b	14.4a	8.7a	2.1a	138c	98a	96a	74a
2015	CK	0.631a	0.398b	0.406a	0.387a	19.2a	6.3c	2.1b	2.2a	122a	66b	51b	58a
	T1	0.552b	0.391b	0.395a	0.413a	17.1b	10.6b	2.9b	2.1a	108b	81a	56b	60a
	T2	0.528b	0.490a	0.419a	0.402a	17.5b	13.2a	5.4a	2.3a	106b	80a	62a	63a
	T3	0.511b	0.506a	0.426a	0.418a	16.9b	13.1a	6.6a	2.5a	101b	84a	66a	60a

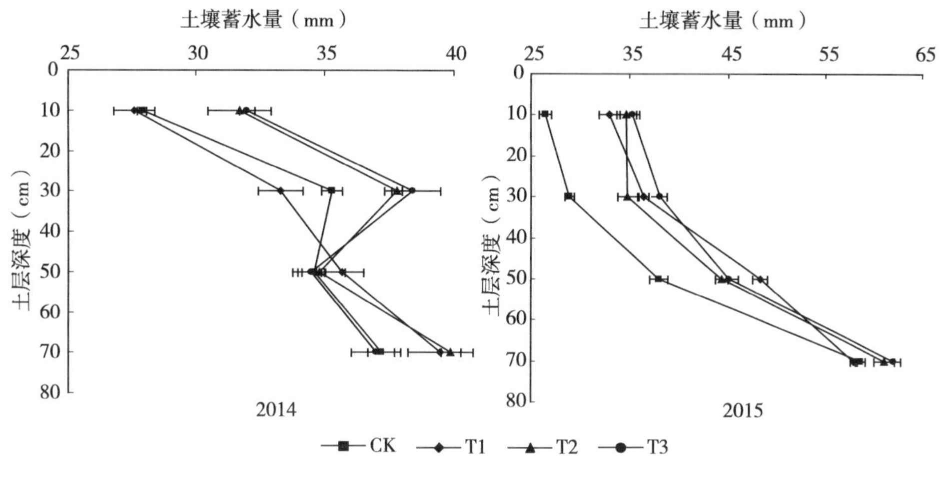

图 1-1-6　吐絮期不同处理土壤蓄水量（10 月 23 日）

二、棉花生长发育

1. 棉花根系生长分布　耕层重构对不同土层棉花根系生长均具有明显的促进作用。2014 年根系长度 T1、T2、T3 分别比对照增加 14.3%、19.3%和 26.4%，2015 年则分别是 11.0%、26.4%和 43.3%，耕层重构对 20～40cm 与 40～60cm 土层根系生长量增加尤为显著，根长、根干重、表面积与体积都较对照有大幅度提高，并且 0～20cm 土层根系各项指标也较对照显著增加（表 1-1-5）。由此可见，耕层重构后明显促进了棉花根系的下扎，不仅使下层土壤中根系生长量有了大幅度的提高，对上层土层根系生长也有明显的促进作用，这有助于棉花吸收利用下层土壤中的水分，提高其抗旱能力。

2. 棉花地上部干物质积累　在整个生育期中，耕层重构处理棉花干物质积累与对照相比，表现出前期低、后期高的特点（表 1-1-6）。苗期干物质积累对照显著高于 3 个耕层重构处理，其中 T1 又显著高于 T2 与 T3；蕾期 CK 仍显著高于其他 3 个处理，但 T1、T2 与 T3 之间差异不显著；吐絮期 2014 年 T1、T2、T3 地上部干物质积累较 CK 分别增加 10.6%、24.0%和 30.0%，2015 年则分别增加 16.8%、25.9%和 11.1%，且差异显著。2014 年铃期属干旱年份，T2 与 T3 长势均较稳健，干物质积累相差不大，2015 年由于铃期灌水一次，加上出现 2 次大的降雨，导致 T3 棉花生长偏旺，茎叶干物质积累显著高于其他处理。这一结果表明土壤耕层经重构后，对棉花前期生长不利，但具有明显的后发优势。

表 1-1-5　耕层重构处理不同土层棉花根系性状

年份	处理	根长（cm）				表面积（cm²）				体积（cm³）				干重（g）			
		0～20cm	20～40cm	40～60cm	合计	0～20cm	20～40cm	40～60cm	合计	0～20cm	20～40cm	40～60cm	合计	0～20cm	20～40cm	40～60cm	合计
2014	CK	1 963c	644c	386c	2 992c	365.6b	78.0c	33.7c	477.3c	12.5b	1.6c	0.5c	14.6c	22.0c	0.9b	0.3c	23.2c
	T1	2 274b	679c	466b	3 420b	435.9a	115.5b	42.9c	594.3b	13.4ab	2.1bc	0.8b	16.3b	25.0b	1.2b	0.5b	26.6b
	T2	2 231b	769b	570b	3 571b	445.9a	135.3a	51.1b	632.3ab	14.2a	2.9b	1.0b	18.1ab	25.7b	1.8a	0.7b	28.2b
	T3	2 641a	829a	641a	3 781a	462.9a	141.7a	73.2a	677.8a	15.3a	4.3a	1.4a	21.0a	28.7a	1.9a	1.1a	31.7a
2015	CK	1 692c	387d	106c	2 185c	291.5b	61.5c	58.9c	411.9b	9.8b	1.4c	1.1b	12.3c	18.6c	0.7c	0.4c	19.7c
	T1	1 816b	469c	141b	2 426b	349.7a	93.6b	74.3b	517.6a	10.6ab	1.8 bc	1.6a	14.0b	22.3b	1.0b	0.6b	23.9b
	T2	1 946b	598b	217a	2 761b	355.8a	112.4a	80.9b	549.1a	11.5a	2.5b	1.6a	15.6b	24.6b	1.4a	0.7b	26.7b
	T3	2 129a	715a	286a	3 130a	371.6a	118.7a	98.6a	588.9a	12.4a	3.7a	1.8a	17.9a	28.1a	1.5a	0.9a	30.5a

表 1-1-6　耕层重构处理棉花地上部干物质积累

年份	处理	苗期	蕾期	初花期		铃期		吐絮期	
				茎叶	蕾铃	茎叶	蕾铃	茎叶	蕾铃
2014	CK	0.95a	5.4a	35.9c	10.8a	79.9b	65.5b	59.7c	116.9c
	T1	0.83b	4.9b	38.2b	9.0a	85.7b	71.2a	66.0b	129.3b
	T2	0.71c	4.9b	40.6ab	4.5b	96.7a	75.7a	74.1a	145.0a
	T3	0.72c	4.8b	43.1a	5.2b	97.9a	72.6a	77.6a	151.9a
2015	CK	0.92a	4.8a	45.5b	12.4a	75.4c	61.8a	52.9c	103.5c
	T1	0.83b	4.4b	47.9b	7.7b	82.5c	63.8a	61.8b	120.9b
	T2	0.75c	4.1b	52.5a	5.8b	92.6b	63.2a	74.5b	130.3a
	T3	0.73c	4.0b	54.1a	6.0b	102.7a	60.1a	85.5a	115.0b

3. 棉花产量及构成因子　耕层重构对棉花单株铃数、单铃重与皮棉产量都有显著的提高作用（表 1-1-7）。2014 年耕层重构 3 个处理单株铃数显著高于对照，单铃重 T2 与 T3 显著高于 CK 与 T1，但衣分耕层重构处理显著低于对照，最终皮棉产量 T1、T2、T3 分别较 CK 增加 2.3%、6.1%、8.0%；2015 年单株铃数以 T2 最高，且显著高于其他处理，单铃重 3 个耕层重构处理间差异不显著，但显著高于 CK，衣分差异不大，皮棉产量 T1、T2、T3 较 CK 分别增加 6.4%、10.2%和 5.1%。耕层重构通过增加单株铃数与单铃重而提高棉花产量，2014 年干旱较重，T3 蓄水保墒效果得以充分发挥，是棉花产量高的主要原因，但干旱也导致对照衣分偏高，2015 年铃期受灌水与降雨影响，T3 处理土壤水分偏高，导致棉花旺长，使其产量低于 T2 处理，而充足的土壤水分也使不同处理间衣分差异不大。

表 1-1-7　耕层重构处理棉花产量与产量构成

年份	处理	单株铃数（个）	单铃重（g）	衣分（%）	皮棉产量（kg/hm²）
2014	CK	16.4b	5.2b	40.9a	1 693b
	T1	17.5a	5.3b	38.6b	1 732b
	T2	17.8a	5.5a	38.5b	1 797a
	T3	17.9a	5.5a	39.1b	1 829a
2015	CK	12.9c	5.6b	39.1a	1 549c
	T1	13.6b	5.8a	38.1a	1 648b
	T2	13.9a	5.8a	38.6a	1 706a
	T3	13.4b	5.8a	38.2a	1 628b

三、棉田杂草及病衰指数

通过对田间试验小区观察与测定，耕层重构灭除田间杂草效果明显，基本达到了彻底灭除的作用（表1-1-8）。T1、T2、T3对杂草的控制效果相差不大，除CK外，耕层重构各小区杂草量很少，可能为田间操作过程中从小区外带入的杂草种子萌发形成。

表1-1-8　耕层重构处理不同生育期棉田杂草量（g/m^2）

年份	处理	苗期	初花期	吐絮期
2014	CK	9.7a	16.9a	66.8a
	T1	0.5b	1.2b	0.5b
	T2	0.8b	0.5b	0.4b
	T3	0.2b	2.0b	1.8b
2015	CK	10.4a	15.9a	81.7a
	T1	0.8b	1.7b	0.9b
	T2	1.2b	0.8b	1.7b
	T3	0.1b	2.4b	1.6b

耕层重构后显著降低了棉花的病衰指数，2014年CK病衰指数达到76.3%，显著高于3个耕层重构处理，其中T1又显著高于T2与T3，T2与T3病衰指数分别为34.6%与36.3%，之间差异不显著；2015年棉花病衰指数总体低于2014年，但变化规律一致（图1-1-7）。耕层重构处理棉花后期表现出病叶少、早衰轻的特征，有效解决了连作棉田病害严重、后期早衰的问题。

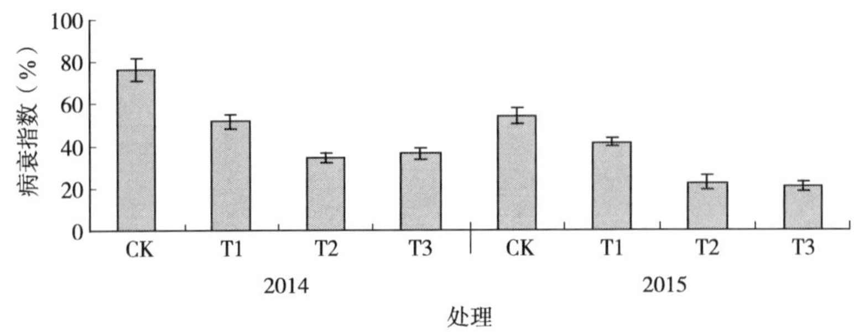

图1-1-7　耕层重构处理棉花病衰指数

良好的农田耕层结构可以协调土壤的水分和养分状况，为作物高产奠定良好的土壤基础，而适宜的耕作措施可以建立良好的农田耕层结构，改善土壤结构状况，为作物的健壮生长提供适宜的土壤生态环境，有利于作物的生长发育和产量形成（Wang et al.，2006；任万军等，2011；Feng et al.，2014）。土壤耕层重构概念（特指 T2，下同）的提出，为长期连作棉田中出现的诸多弊病提供了新的解决途径。

传统深翻（松）技术在打破犁底层、降低土壤容重方面具有一定作用（崔建平等，2014；战秀梅等，2014），能够提高土壤储蓄降水的能力（吕军杰等，2003；邓妍等，2014），减少地表蒸发（王小彬等，2003），提高水分利用效率（李涛等，2003；韩秀峰等，2008），但其深翻（松）深度一般在 25～35cm，且在小麦、玉米上研究较多。经土壤耕层重构后犁底层被彻底打破，使 0～60cm 土层土壤容重显著降低，便于棉花根系下扎与土壤水分下渗，在灌水与大雨后水分更多地蓄积在下层土壤当中，减少了地表蒸发，达到了蓄水保墒的目的，而对照由于水分多蓄积在上层，在棉花生长前期土壤水分消耗以地表蒸发为主的时期，大量水分通过地表蒸发形成无效耗水；另一方面，在河北省中南部地区，6 月中下旬（棉花蕾期）“十年九旱”，此期正值棉花需水关键期，常规耕作方式棉花在蕾期易受干旱胁迫而造成后期早衰（祁虹等，2014），耕层重构处理在此期由于中下层土壤可提供较好的水分供应条件，棉花生长基本不受影响，表现出了较强的抗旱能力；中后期土壤耕层重构处理表现出了较强的水分缓冲能力，在干旱年份可为棉花生长提供较好的水分条件（2014 年），在多雨年份可将水分蓄积到中下层土壤中，减少地表蒸发损失（2015 年）。

关于传统深翻（松）对土壤养分的影响研究较少，战秀梅等（2014）认为深翻与深松增加了土壤全量及速效氮、有效磷含量，并能促进土壤速效钾的释放；李海潮等（2007）研究表明，深翻可促进玉米的生长和后期干物质的积累。从棉花生长发育进程来看，耕层重构后由于将 0～20cm 与 20～40cm 土层互换，上层土壤养分、微生物活性条件较差，是前期棉花生长的限制因子，因此棉花苗期与蕾期生长慢于常规耕作方式，而此期土壤水分供应充足，非棉花生长限制因子；进入蕾期后，随着棉花根系伸长，逐渐进入 20cm 以下养分丰富土层中，此期正值易旱期，耕层重构处理由于中下层土壤能提供更好的水分与养分供应条件，起到诱导根系下扎的作用，因此棉花生长加快；进入初花期后，棉花地上部干物质积累与常规耕作方式持平，中后期耕层重构处理棉花生长表现出明显的后发优势，得益于其中下层根系生长量显著高于常规耕作方式，为地上部生长提供了良好的基础。

关于深翻（松）对于田间杂草的影响，未见相关报道。刘海洋等（2010）研究发现深翻能降低棉田土壤中的黄萎菌微菌核数量，棉花黄萎病发病程度也轻于常规棉田；万川等（2015）在烟草上的研究认为，土壤深翻并不能有效抑制烟草青枯病危害的发生，反而使该病发生的严重程度增加，但其试验是在深翻的同时对不同土层土壤进行了混合；土壤耕层重构将20～40cm土层土壤翻至0～20cm土层之上，结果表明对棉花后期的黄萎病与早衰有极强的抑制作用，棉花后发优势明显；另一方面，土壤耕层重构在灭除杂草方面具有明显的优势，这也是其优于深翻（松）技术的重要原因。

耕层重构在降低土层容重、调节土壤水分供应、平衡养分垂直分布方面均起到了良好的效果。在3种重构方式中，T1在增加深层土壤蓄水量、提高棉花产量等方面效果差于T2与T3，尤其是在抑制棉花病害与早衰方面效果较差，其病衰指数显著高于T2与T3，而T3在干旱年份水分供应能力方面略好于T2，但在多雨年份容易导致棉花旺长，原因在于其深松深度达到70cm，在多雨年份水分大量下渗蓄积在下层，可使土壤长期处于水分供应充足状态，促进了棉花根系的生长，进一步导致棉花地上部营养生长偏旺，使营养生长与生殖生长失调，而T2处理棉花无论在干旱年份还是在多雨年份，均表现出较稳健的长势。

土壤耕层重构需借助于单铧主副旋转深翻犁完成，可由160kW拖拉机带动一次完成将0～20cm土壤与20～40cm土壤互换并对40～55cm土壤进行深松，公顷成本约1 200元，为旋耕成本的2.5倍左右。由于耕层重构一次成本较高，不能也不必每年进行，因此对耕层重构后土壤容重、养分分布、蓄水保墒能力、土壤微生物等的变化还需开展定位监测研究，以确定一次耕层重构的效果持续年限。从土壤耕层重构的效果来看，其打破犁底层后降低土壤容重、提高土壤蓄水保墒能力应能持续多年，但随着年限增加，效果会有下降的趋势。20～40cm土层养分含量增加的效果持续年限会较长，且随着0～20cm土层养分、微生物的增加，前期对棉花生长的抑制作用会很快消失，但对棉花中后期的生长仍会有较强的促进作用，对棉花病害与早衰的抑制作用、对棉田杂草的防除预计也会有很好的持续效果。

耕层重构降低了不同土层土壤容重，增加了土壤蓄水保墒能力，使棉田在灌水或雨后能将多余水分蓄积于深层土壤，减少表层无效蒸发，干旱时供给棉花生长所需水分，起到耐涝抗旱的作用；同时使不同土层垂直养分分布更加均衡，促进棉花根系下扎，提高地上部干物质积累，降低了后期棉花病害与早衰的发生，灭除田间杂草，增加了单株铃数、单铃重与皮棉产量，是解决连作棉田病害严重、土壤蓄水供水能力下降、棉花产量下降等问题的有效耕作措施；互换 0～20cm 与 20～40cm 土层、同时松动 40～55cm 土层处理，耕层重构后棉花根系量显著增加，地上部干物质积累表现出开花期前低、开花期后高的趋势；耕层重构单株铃数、单铃重、皮棉产量较对照显著提高，皮棉产量两年分别增加 6.1%、10.2%。耕层重构对灭除田间杂草具有明显效果，病衰指数两年分别下降 41.7、31.9 个百分点，是解决连作棉田问题、提高棉花产量的有效措施。

第二节 耕层重构技术对灌水条件下棉田水分含量、株高及棉花产量性状的影响

棉花是河北省主要经济作物之一，主要分布在河北省南部干旱半干旱地区，属黄河流域棉区，土壤耕作方式以旋耕为主（杨雪等，2013），常年旋耕导致棉田出现诸多问题，如犁底层变浅、土壤通透性降低，影响棉花根系下扎，同时土壤蓄水、供水能力下降（冯跃华等，2006；郑丽萍等，2006；吴玉红等，2010），棉花后期早衰、产量下降等（李亚兵等，2006；代建龙等，2008；张海娜等，2010）。为解决长期旋耕带来的诸多弊病，笔者根据多年研究，提出了一种新的土壤耕作方式——土壤耕层重构，即采用单铧主副旋转深翻犁（专利号 ZL201620103412.2），由动力 160kW 拖拉机带动一次完成将 0～20cm 土壤与 20～40cm 土壤互换并对 40cm 以下土壤进行深松，试图通过土壤耕层的重新构建，解决棉田长期旋耕带来的弊病。土壤耕层重构与传统深翻相似，但又存在明显差别，与深翻相比，土壤耕层重构是将 20～40cm 土壤完全覆盖在 0～20cm 土层之上，可实现彻底灭除棉田杂草、显著降低病害、平衡土壤养分垂直分布的目的，而深翻难以对上下土层进行完全互换，同时土壤耕层重构技术可以将 40cm 以下的土层进行松动，最深可达 70cm，从而使土壤蓄水保墒能力的大幅提高。由于土壤耕层重构后 20cm 以下土层蓄水保墒能力提高，棉田抗旱耐涝能力均有显著增强，有利于提高自然降水利用率，减少灌溉用水，这对于华北平原水资源严重匮乏的现状以及国家提倡节水农业的要求具有重要意义。为进一步明确土壤耕层重构对棉田抗旱耐涝能力的影响，通过测定常规耕作与土壤耕层重构条件下、不同灌溉制度下、棉花关键生育时期土壤水分含量、棉花生育性状及产量构成等指标，分析不同降雨年型土壤耕层重构技术的水分效应，以期为棉花节水灌溉提供理论支持。

一、土壤含水量

1. 播种后土壤含水量 播种后土壤含水量测定结果显示（图 1-2-1），CK（旋耕）不同土层含水量最低，T1（旋耕，高量底墒水）不同土层含水量均高于对照，而与 3 个土壤耕层重构处理相比，T1 表现出 0～20cm 土层含水量高而 20cm 以下含水量低的特点，2015 年与 2016 年规律性一致。这一结果表明，耕层重构由于打破了犁底层，显著增加了下层土壤蓄水能力，而旋耕处理水分下渗受阻，大量蓄积在土壤表层。

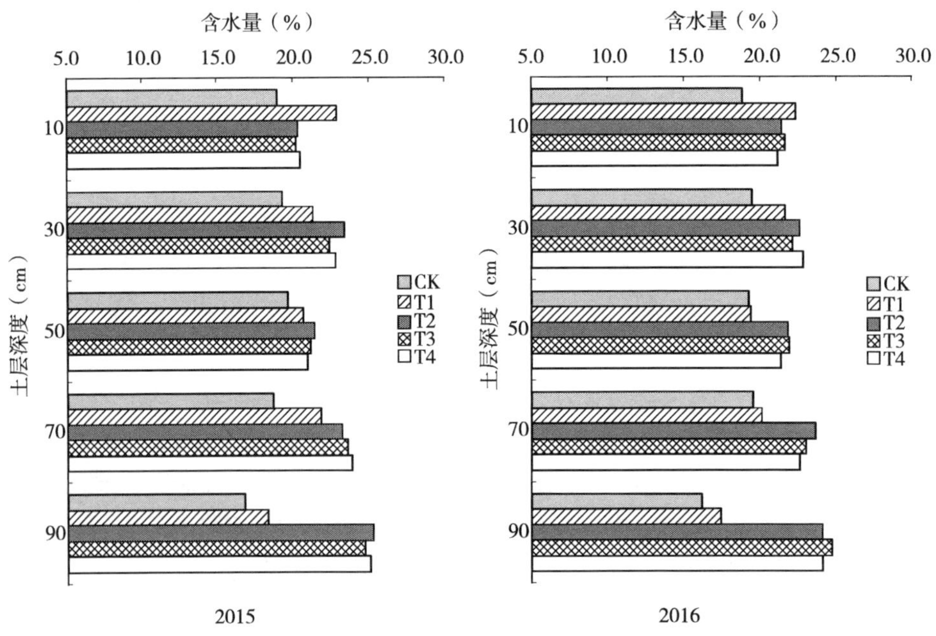

图 1-2-1　2015—2016 年棉花播种后不同土层土壤含水量

注：CK（旋耕）：常量底墒水（675m³/hm²）；T1：旋耕，高量底墒水（1 200m³/hm²）；T2：土壤耕层重构，高量底墒水；T3：土壤耕层重构，高量底墒水，铃期超量灌水（1 800m³/hm²）模拟涝灾；T4：土壤耕层重构，高量底墒水，中后期不灌水。下同。

2. 蕾期土壤含水量 棉花播种后至开花前属于旱季，降水量少而蒸发量大，土壤水分含量持续下降。蕾期测定结果显示（图 1-2-2），2 年 T1 与 CK 不同土层含水量趋近，表明播前多灌的水量因地表蒸发（包括少量植株蒸腾）而消耗；2015 年 3 个土壤耕层重构处理在 0～20、20～40 和 40～60cm 土层含水量高于对照，而在 60cm 以下土层与对照差异减小，2016 年 0～100cm 土层含水量耕层重构处理均高于对照，这是由于 2015 年棉花生长前期属干旱年份，播种后降水量明显少于 2016 年，在干旱较重的情况下，土壤耕层重构处理深层土壤蓄积的水分上移，使上层土壤保持较高的含水量，增加了棉花的抗旱能力；而在降水较多的 2016 年，耕层重构处理深层土壤水分较播种后下降很少，仍然起到蓄积水分的作用。

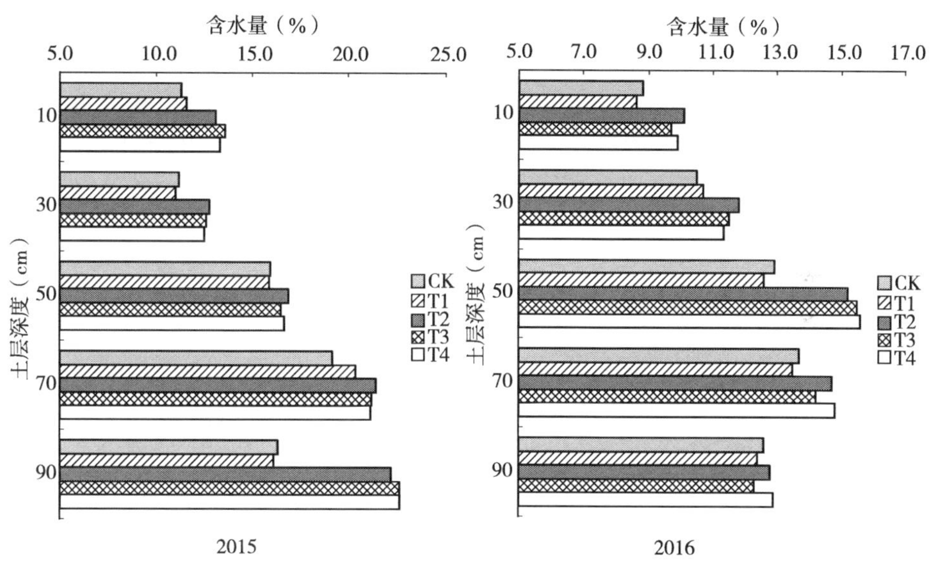

图 1-2-2　棉花蕾期不同土层土壤含水量

3. 铃期土壤含水量　2015 年和 2016 年在铃期均对 T3（土壤耕层重构，高量底墒水，铃期超量灌水）超量灌水（相当于 180mm 大暴雨）模拟涝灾，从土壤含水量结果（图 1-2-3）看，T3 处理不同土层含水量呈“上低下高”的趋势，在40～60、60～80 和 80～100cm 土层含水量均明显高于 0～20 与 20～40cm 土层，2 年趋势一致，表明在遇到大暴雨情况下土壤耕层重构处理水分可下渗蓄积在深层土壤中，一方面减轻由于涝渍可能形成的灾害，另一方面蓄积在深层土壤中的水分在遇到干旱时可上移供给棉花生长需求。

4. 收获后土壤含水量　收获后土壤含水量 2015 年随土层深度增加而增加（图 1-2-4），其中 CK、T1 与 T4（土壤耕层重构，高量底墒水，中后期不灌水）在 0～60cm 这 3 个土层内含水量差异不大，在 60～80cm 与 80～100cm 土层 T4 低于 CK 与 T1，T2 处理各土层含水量低于 T3 而高于其他 3 个处理；2016 年由于吐絮期出现多次降水，导致 0～20cm 土层不同处理间差异不大，但 40～100cm 这 3 个土层含水量表现为 T3 最高，其次是 T2 与 T4，而 CK 与 T1 相差不大（图 1-2-4）。这一结果表明，土壤耕层重构对于深层土壤保蓄、调节水分效果明显，在 2015 年较为干旱的年份，T4 由于深层土壤水分上移供应棉花生长需求导致 60～100cm 土层含水量降低，而在 2016 年生育期降雨偏多的条件下，40～100cm 土层起到了蓄积水分的作用。

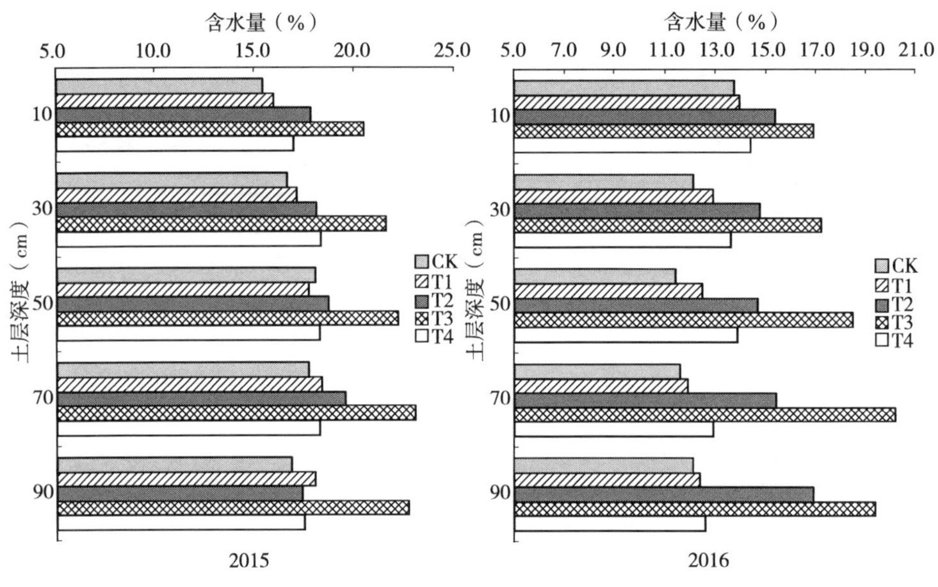

图 1-2-3 棉花铃期不同土层土壤含水量

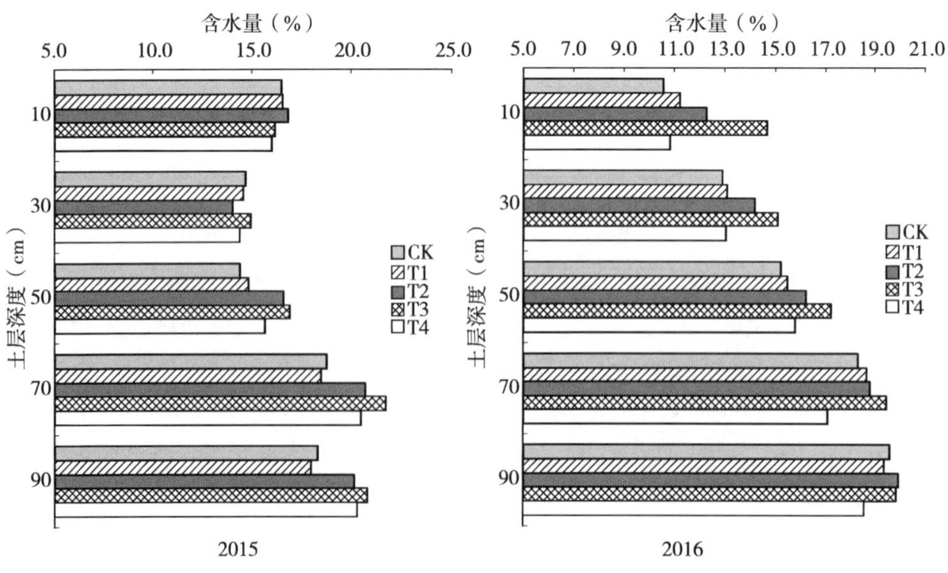

图 1-2-4 棉花吐絮期不同土层土壤含水量

二、不同处理棉花株高

6 月 15 日的株高结果显示（表 1-2-1），2 年均是 T1 高于 CK，但差异不显著，而耕层重构 3 个处理株高显著降低，这可能是由于耕层重构后上层土壤养分、微生物活性降低，导致棉花前期生长偏慢；7 月 15 日株高 2015 年以 T2 和 T3 最高，且显著高于其他 3 个处理，T4、T1 与对照差异不显著，可见在干旱年份蕾期灌水条件下，土壤耕层重构处理（T2 与 T3）棉花长势明显好于旋耕处理，而蕾期不灌水耕层重构（T4）长势与蕾期灌水旋耕处理相差不大，表明其耐旱效果明显；8 月 15 日株高结果与 7 月 15 日相似，尽管处理 T3 超量灌水 1 次，但其株高与 T2 相差不大，未出现旺长现象，表明耕层重构耐涝能力提高；2016 年 7 月 15 日株高 T2、T3 和 T4 之间差异不显著，对照株高最低，在蕾期均未灌水的条件下，耕层重构处理棉花长势明显好于旋耕处理，而旋耕高灌水量处理棉花长势好于常规灌水量，表明土壤水分供应状况对棉花长势影响较大；8 月 15 日则以 T3 株高最高，且显著高于其他处理，由于 T3 超量灌水 1 次，且 2016 年铃期降水偏多，导致其长势偏旺，而 T2 与 T4 长势则相对稳健。

表 1-2-1 不同处理棉花株高（cm）

年份	日期	CK	T1	T2	T3	T4
2015	6 月 15 日	38.4a	39.3a	35.5b	35.4b	36.4b
	7 月 15 日	83.0b	86.8b	100.5a	101.4a	84.6b
	8 月 15 月	85.8b	88.3b	107.8a	109.5a	86.9b
2016	6 月 15 日	31.2a	31.5a	28.5b	28.3b	27.1b
	7 月 15 日	77.7c	84.0b	95.9a	96.2a	97.7a
	8 月 15 日	82.9c	85.5c	104.3b	111.4a	105.0b

注：CK（旋耕）：常量底墒水（675m^3/hm^2）；T1：旋耕，高量底墒水（1 200m^3/hm^2）；T2：土壤耕层重构，高量底墒水；T3：土壤耕层重构，高量底墒水，铃期超量灌水（1 800m^3/hm^2）模拟涝灾；T4：土壤耕层重构，高量底墒水，中后期不灌水。表中同行数据后英文字母不同，表示在 5%水平上差异显著。下同。

三、不同处理棉花“三桃”数量

“三桃”比例基本能够反映出棉花经济产量在时间进程上的分配关系（王树林等，2011）。从表 1-2-2 中可以看出，2015 年伏前桃数量 CK 和 T1 分别为 3.8 个和 3.6 个，显著高于其他 3 个处理，耕层重构处理棉花前期长势偏弱的特点在生殖生长中进一步体现；而 T1 伏前桃数量低于 CK，伏桃数高于常量底墒水处理，表明在干旱条件下高量底墒水有助于缓解前期棉花的受旱程度，而常量底墒水处理由于前期受旱，导致伏前桃数量增加而伏桃数量降低，这与李少昆等（1999）研究认为干旱具有明显抑制营养器官生长，促进同化物向生殖器官运输，使棉株过早地向生殖生长为中心转移相吻合。

2015 年耕层重构 T4 伏前桃数量略低于灌水处理，但差异不显著；耕层重构 T4 伏桃数最高，秋桃数与旋耕处理持平，在干旱年份表现出了优质成铃比例高的优势，而 T3 伏桃数略低而秋桃数最高，表明在干旱年份充足的水分供应条件下，后期长势强劲。

2016 年“三桃”数量规律性与 2015 年基本一致，但 2016 年伏桃比例低而秋桃比例高，这是由于 2016 年中期降水次数多且降水量大导致棉花中部蕾铃脱落率高而形成的；T2 与 T4 秋桃数量显著高于 CK 和 T1，后发优势明显，T3 由于土壤含水量一直处于较高状态，长势偏旺，导致伏桃数量显著低于其他处理。

表 1－2－2　不同处理棉花“三桃”数量（个）

年份	处理	伏前桃	伏桃	秋桃
2015	CK	3.8a	7.9c	1.3c
	T1	3.6a	8.6ab	1.4c
	T2	3.3b	8.9a	3.0b
	T3	3.3b	8.2bc	4.1a
	T4	3.1b	9.3a	1.7c
2016	CK	3.1a	6.1a	2.8b
	T1	3.2a	6.2a	2.9b
	T2	2.6b	5.9a	4.0a
	T3	2.7b	5.5b	4.2a
	T4	2.6b	6.2a	4.1a

四、不同处理棉花干物质积累

苗期与蕾期地上部干物质积累 T1 高于 CK（表 1－2－3），其中 2015 年、2016 年蕾期 T1 较 CK 分别高 1.7g 和 0.2g，铃期 2015 年 T1 较 CK 高 6.2g，差异达显著水平，2016 年 2 个处理间差异不显著；耕层重构 3 个处理（T2、T3 和 T4）干物质积累在苗期与蕾期均显著低于 CK，2015 年铃期 T4 处理干物质量显著低于 T2 与 T3，吐絮期 T3＞T2＞T4，差异均达显著水平；2016 年铃期 3 个耕层重构处理间干物质积累差异均不显著。由此可见，旋耕条件下增加底墒灌水量在干旱年份对棉花前期生长具有一定的促进作用，而在多雨年份则影响不大，而土壤耕层重构后水分可以蓄积在中下层，在干旱年份蕾期不灌水的条件下棉花生长仍好于常规旋耕处理，而在 2016 年由于水分为非限制性因子，耕层重构 3 个处理间棉花干物质积累无显著差异。

表 1-2-3 不同处理棉花地上部干物质积累（g/株）

年份	处理	苗期	蕾期	铃期	吐絮期
2015	CK	1.0a	10.4a	108.2d	168.2d
	T1	1.1a	12.1a	114.4c	171.7d
	T2	0.7b	8.3b	135.9a	199.6b
	T3	0.7b	9.0b	131.3a	217.5a
	T4	0.7b	8.8b	125.7b	188.7c
2016	CK	1.2a	13.9a	126.8b	182.3b
	T1	1.3a	14.1a	123.5b	186.4b
	T2	0.8b	10.4b	142.4a	209.5a
	T3	0.9b	10.1b	146.8a	211.3a
	T4	0.9b	10.3b	149.3a	205.7a

五、产量及其构成因子

由表 1-2-4 结果可知，2015 年 T1 处理单株铃数、单铃重、籽棉产量与皮棉产量较对照分别增加 4.6%、1.9%、8.4%和 8.9%，2016 年则分别是 2.5%、2.0%、2.8%和 1.7%，2016 年增产幅度明显低于 2015 年。2015 年 T2 与 T3 籽棉产量分别较对照提高 27.0%与 30.8%，主要原因是单株铃数与单铃重显著提高，T4 籽棉产量增幅也达到 14.6%；衣分不同处理间则差异不显著。2016 年耕层重构 3 个处理间（T2、T3 和 T4）籽棉产量与皮棉产量差异均不显著，但籽棉产量较对照分别增加 8.7%、7.3%和 10.1%，产量的增加主要来源于单株铃数的提高，单铃重与衣分间差异不显著。

由此可见，旋耕增加底墒灌水量在干旱年份有一定的增产作用，但增产幅度显著低于耕层重构，而在多雨年份未表现出增产效果；T4 在不同降水年份均表现出显著的增产效果，耕层重构在干旱年份补充 1 次灌水的 T2 具有大幅增产作用，T3 在多雨年份产量与耕层重构其他 2 个处理差异不大，表现出了较强的耐涝能力。

表 1-2-4　不同处理棉花产量及其构成因子

年份	处理	单株铃数	单铃重 (g)	衣分 (%)	籽棉产量 (kg/hm²)	皮棉产量 (kg/hm²)
2015	CK	13.0c	5.3b	41.0a	3 628c	1 487c
	T1	13.6bc	5.4b	41.2a	3 931bc	1 620b
	T2	15.2a	5.7a	40.3a	4 607a	1 857a
	T3	15.6a	5.7a	39.0a	4 744a	1 850a
	T4	14.1b	5.5ab	40.3a	4 159b	1 676b
2016	CK	12.0c	5.0a	39.8a	3 208b	1 277b
	T1	12.3bc	5.1a	39.4a	3 297b	1 299ab
	T2	12.5ab	5.2a	38.9a	3 488a	1 357a
	T3	12.4bc	5.2a	38.3a	3 443a	1 319a
	T4	12.9a	5.2a	39.3a	3 531a	1 388a

棉田长期采用旋耕技术导致犁底层变厚上移，土壤渗水能力下降，即便增加底墒灌水量，水分也多蓄积在上层土壤中，而棉花苗期植株水分需求量小，大量水分通过地表蒸发而浪费，因此对棉花产量难以起到决定作用，2015 年干旱年份，高量底墒水处理对棉花前期的生长有一定的促进作用，棉花产量也有所提高，但增产幅度明显低于耕层重构处理，2016 年多雨年份则未表现出增产效果。

传统深翻（松）技术能够提高土壤储蓄降水的能力（吕军杰等，2003；邓妍等，2014），减少地表蒸发（王小彬等，2003），提高水分利用效率（韩秀峰等，2008；尹宝重等，2015），但其深翻（松）深度一般在 25～35cm，对土壤深层（40cm 以下）蓄水能力的影响较小，且在小麦、玉米上研究较多。本试验针对土壤耕层重构下不同灌水制度的研究结果表明，耕层重构后大幅度提升了土壤蓄水保墒能力，灌水（或遇雨）后水分可以迅速下渗到中下层土壤蓄积起来，即便遇到强降水（采用铃期超量灌水模拟强降水），由于下层土壤蓄水能力大幅提升，也不致形成涝灾，当遇到干旱气候时，深层土壤水分上移，供给棉花生长需求，因此土壤耕层重构提高了土壤对水分的缓冲能力。

棉花属于较耐旱的大田作物，但水分仍对棉花生育性状及产量有重要影响（张建华等，1997；胡晓棠等，2009；张宏芝等，2013）。2015 年属于重度干旱年份，土壤耕层重构蓄水保墒能力得到充分体现，表现出了突出的增产效果；土壤耕层重构条件下棉花生育期不灌水处理较旋耕高量底墒水处理在伏桃数、地上部干物质积累、产量等方面具有明显的促进作用，主要原因是其中下层蓄积的水分可在蕾期干旱较重时上移供给棉花生长需求，推迟了干旱胁迫的发生时间，进入 7 月后随着雨季来临，干旱胁迫随之解除，棉花进入快速生长期，这也是其伏桃数明显偏高的原因；在重度干旱年份，土壤水分是棉花产量的主要影响因素，土壤耕层重构条件下蕾期加灌 1 水表现出了极显著的增产效果。2016 年属于多雨年份，水分对棉花产量的影响减小，也导致土壤耕层重构对棉花生育性状及产量的影响降低，棉花增产幅度明显减小，而土壤耕层重构后中后期不再灌水处理表现出较好的增产效果；耕层重构耐涝效果也得到了体现，尤其是在 2016 年多雨年型铃期超量灌水处理并未形成涝灾，棉花产量与其他耕层重构处理差异不显著。土壤耕层重构是提高棉田蓄水保墒能力的有效耕作措施，具有抗旱耐涝功能，可在减少 1 次蕾期灌水的情况下实现节水增产，在重度干旱年型蕾期追灌 1 水具有更加突出的增产效果。土壤耕层重构是棉田节水增产的有效耕作措施，具有抗旱耐涝作用，可有效提高棉花产量。

第三节　耕层重构技术对棉田土壤养分含量、微生物数量与酶活性的影响

棉花是河北省主要经济作物之一，主要分布在河北省南部地区，耕作方式以传统旋耕为主，连年旋耕导致土壤耕层变薄、土壤紧实化、养分分布不均等问题，影响棉花的生长发育（李彰等，2010；孙国峰等，2010；孙国跃等，2011）。为解决这一问题，本课题组提出耕层重构这一新的土壤耕作方式，是将 0～20cm 与 20～40cm 土壤互换，同时松动 40cm 以下土壤，重新构筑耕层（王树林等，2017a；2018）。前期研究发现，土壤耕层重构可以降低土壤容重，平衡土壤养分垂直分布，提高深层土壤蓄水保墒能力（王树林等，2017c），改善棉花生长环境，促进棉花根系下扎和延伸（王树林等，2017b；2018），显著缓解常年旋耕导致的土壤结构问题。但是，耕层重构对棉田土壤微生态环境

的影响尚不明确。

土壤微生物是土壤环境的重要组成部分，对其生存的土壤环境非常敏感，能对土壤生态功能变化和环境胁迫迅速做出反应，可以作为反映土壤耕作方式和环境变化的重要指标。土壤酶活性可以表征土壤的综合肥力及土壤养分转化进程，反映土壤中各种生化过程的强度和方向，可作为土壤质量的生物学评价指标。土壤结构、土壤微生物群落结构和土壤酶活性等微生态环境受耕作模式的影响（Hartman et al.，2018；Sun et al.，2018；张霞等，2019）。前人研究发现，与免耕相比，传统旋耕会降低 0～20cm 土层真菌数量、土壤微生物数量（刘淑梅等，2018），而深松和深翻等土壤耕作方式会显著增加土壤中细菌、真菌和放线菌数量（刘琪等，2019）。与旋耕和免耕相比，深耕和深松可打破土壤犁底层、降低土壤容重（李小飞等，2018），提高土壤脲酶活性（刘淑梅等，2018）。也有研究表明，保护性耕作比传统耕作更能显著提高土壤总体酶活性（胡一，2017）。作为一种新的土壤耕作方式，研究耕层重构对棉田土壤微生态环境的影响对明确其作用机理具有重要意义。研究耕层重构对棉田土壤养分、微生物数量和酶活性的影响及相关性分析，明确耕层重构对土壤微生态环境的影响，为耕层重构技术的应用提供理论基础。

一、土壤养分含量

耕层重构对吐絮期棉田土壤养分含量的影响如表 1 - 3 - 1 所示。与 CK（常规旋耕）相比，T（耕层重构）处理后棉田 0～20cm 土层的全氮、全磷、碱解氮、有效磷、速效钾和有机质含量显著降低 37.70%、25.47%、33.68%、64.78%、34.63%和 29.63%，20～40cm 土层的全氮、全磷、碱解氮、有效磷、速效钾和有机质含量显著增加 5.26%、16.90%、5.75%、71.41%、29.85%和 56.76%，40～60cm 土层的全氮、全磷、有效磷、速效钾和有机质含量显著增加 5.36%、6.35%、163.38%、19.56%和 23.85%，60～80cm 土层的全氮、全钾、碱解氮、有效磷和速效钾含量显著增加 6.25%、4.94%、7.70%、22.63%和 21.19%。T 处理棉田 20～40cm 土层的全磷、碱解氮、有效磷和有机质含量均显著高于 0～20cm 土层，而对照 20～40cm 土层的养分含量低于 0～20cm 土层。说明耕层重构后增加了 20～40cm 土层的养分含量，打破了常年旋耕导致的营养物质富集在表层的问题，使土壤养分含量分布更加均匀。

表 1-3-1　耕层重构对棉花吐絮期土壤养分含量的影响

土层（cm）	处理	全氮 (g/kg)	全磷 (g/kg)	全钾 (g/kg)	碱解氮 (mg/kg)	有效磷 (mg/kg)	速效钾 (mg/kg)	有机质 (g/kg)
0～20	CK	0.84a	1.06a	15.26a	66.15a	46.48a	197.33a	10.70a
	T	0.61b	0.79b	15.22a	43.87b	16.37b	129.00b	7.53b
20～40	CK	0.57b	0.71b	14.68a	44.68b	18.61b	92.67b	5.62b
	T	0.60a	0.83a	14.22b	47.25a	31.90a	120.33a	8.81a
40～60	CK	0.56b	0.63b	15.34a	41.42a	3.25b	90.33b	5.45b
	T	0.59a	0.67a	15.39a	39.20b	8.56a	108.00a	6.75a
60～80	CK	0.64b	0.60a	15.18b	43.87b	1.90a	118.00b	7.55a
	T	0.68a	0.61a	15.93a	47.25a	2.33a	143.00a	7.72a

注：常规旋耕为对照（CK），旋耕深度 15cm。耕层重构（T）是将 0～20cm 土层土壤与 20～40cm 土层土壤互换，同时铲松 40～60cm 土层土壤。具体做法（T）是用铁锹先将 0～20cm 土层土壤移至一处，再将 20～40cm 土层土壤移至另一处，用铁锹铲松 40～60cm 土层土壤，然后先回填 0～20cm 土层土壤，再回填 20～40cm 土层土壤。同一土层的同列数据后不同小写字母表示处理与对照间差异在 0.05 水平显著。下表同。

二、土壤微生物数量及分布

1. 细菌　细菌是土壤微生物的主要组成部分，一般认为土壤细菌数量的增加是土壤肥力水平提高的重要生物学标志。耕层重构对棉田土壤细菌数量的影响如表 1-3-2所示。在 0～20cm 土层中，T 处理在棉花蕾期和铃期的细菌数量比 CK 显著降低 55.73%和 56.44%；在 20～40cm 土层中，T 处理在棉花蕾期、铃期和吐絮期的细菌数量分别是 CK 的 2.30、5.09 和 1.99 倍，差异达到显著水平；在 40～60cm 土层中，T 处理在棉花铃期的细菌数量比 CK 显著增加 350.34%；在 60～80cm 土层中，T 处理在棉花铃期的细菌数量比 CK 显著增加 117.38%。CK 的土壤细菌主要集中在 0～20cm 土层，而 T 处理 20～40cm 土层的细菌数量大量增加。说明与传统旋耕相比，耕层重构降低了表层土壤细菌数量而增加了深层土壤细菌数量，改变了细菌的垂直分布。原因可能是耕层重构处理把细菌含量高的表层土翻到下面，增加了 20～40cm 土层的细菌数量；另外耕层重构改变了土壤的理化性质，提高了 20～40cm 土层的养分含量，更利于细菌的生长。

表 1-3-2 耕层重构对棉田土壤细菌数量的影响（$\times10^7$ cfu/g）

土层（cm）	处理	蕾期	铃期	吐絮期
0～20	CK	10.03a	23.28a	21.94a
	T	4.44b	10.14b	16.75a
20～40	CK	4.54b	2.77b	6.46b
	T	10.45a	14.09a	12.86a
40～60	CK	4.73a	1.29b	12.73a
	T	4.37a	5.81a	11.47a
60～80	CK	3.72a	5.41b	3.76a
	T	2.46a	11.76a	3.09a

2. 真菌 土壤真菌在土壤微生物区系中数量最少，它是许多作物病害的病原菌，与作物土传病害的发生直接相关，在土壤中作用不容忽视。耕层重构对棉田土壤真菌数量的影响如表 1-3-3 所示。与 CK 相比，在 0～20cm 土层中，T 处理在棉花蕾期和吐絮期的真菌数量分别显著降低 31.96%和 40.84%；在 20～40cm 土层中，T 处理在棉花蕾期、铃期和吐絮期的真菌数量分别是 CK 的 2.49、4.04 和 2.83 倍，差异达到显著水平；在 40～60cm 土层中，棉花蕾期和铃期 T 处理的真菌数量分别是 CK 的 10.93 倍和 11.38 倍，差异均达到显著水平。与 CK 处理真菌主要集中在 0～20cm 土层中不同，T 处理中 20～40cm 土层也含大量真菌。说明耕层重构降低了表层土壤真菌数量而增加了深层土壤真菌数量，改变了土壤真菌的垂直分布。

表 1-3-3 耕层重构对棉田土壤真菌数量的影响（$\times10^5$ cfu/g）

土层（cm）	处理	蕾期	铃期	吐絮期
0～20	CK	2.19a	5.88a	4.75a
	T	1.49b	4.91a	2.81b
20～40	CK	1.54b	0.57b	1.48b
	T	3.84a	2.3a	4.19a
40～60	CK	0.15b	0.08b	0.54a
	T	1.64a	0.91a	0.62a
60～80	CK	0.15a	0.61a	0.16a
	T	0.15a	0.61a	0.08a

3. 放线菌 放线菌能分解多数土壤细菌和真菌不能分解的化合物，土壤放线菌数量的多少，关系着土壤代谢强度的高低。耕层重构对棉田土壤放线菌数

量的影响如表 1-3-4 所示。在 0～20cm 土层中，T 处理在棉花蕾期的放线菌数量比 CK 显著降低 53.71%；在 20～40cm 土层中，T 处理在棉花蕾期、铃期和吐絮期的放线菌数量比 CK 分别显著增加 72.94%、87.14%和 79.53%，T 处理的放线菌数量为相同的增加趋势；在 40～60cm 土层中，T 处理的放线菌数量在棉花蕾期和铃期比 CK 显著增加 67.21%和 197.50%。CK 处理的土壤放线菌主要集中在 0～20cm 土层，而 T 处理 20～40cm 土层的放线菌数量大量增加，与细菌和真菌变化一致。说明耕层重构降低了表层土壤放线菌数量而增加了深层土壤放线菌数量，改变了放线菌的垂直分布。

表 1-3-4　耕层重构对棉田土壤放线菌数量的影响（$\times10^7$ cfu/g）

土层（cm）	处理	蕾期	铃期	吐絮期
0～20	CK	1.75a	2.27a	1.97a
	T	0.81b	2.21a	2.08a
20～40	CK	0.85b	0.70b	1.27b
	T	1.47a	1.31a	2.28a
40～60	CK	0.61b	0.40b	0.90a
	T	1.02a	1.19a	0.62a
60～80	CK	0.80a	0.74a	0.56a
	T	0.77a	0.90a	0.61a

三、土壤酶活性及分布

1. 脲酶　脲酶能分解有机物生成氨和 CO_2，反映土壤的氮素供应状况。耕层重构对棉田土壤脲酶活性的影响如表 1-3-5 所示。在 0～20cm 土层中，T 处理在棉花苗期、铃期和吐絮期的脲酶活性分别比 CK 显著降低 44.56%、37.55%和 32.78%；在 20～40cm 土层中，T 处理在棉花苗期、铃期和吐絮期的脲酶活性分别比 CK 显著增加 26.43%、58.45%和 11.46%；在 40～60cm 土层中，T 处理在棉花蕾期和铃期的脲酶活性分别比 CK 显著增加 12.34%和 42.62%；在 60～80cm 土层中，T 处理在棉花蕾期和吐絮期的脲酶活性分别比 CK 显著增加 22.65%和 16.4%。说明耕层重构处理降低了表层土壤脲酶活性而提高了深层土壤脲酶活性。CK 处理的脲酶活性随着土壤深度的增加而呈降低趋势，随着棉花生育期的推进呈先降低后升高的趋势，其中蕾期最低。除蕾期外，T 处理脲酶活性随着土壤深度的增加呈先上升后下降趋势，其中20～40cm 土层脲酶活性最高，可能与 20～40cm 土层微生物数量和养分含量的升高有关；脲酶活性随着棉花生育期的推进呈升高趋势。

表 1-3-5 耕层重构对棉田土壤脲酶活性的影响（U/g）

土层（cm）	处理	苗期	蕾期	铃期	吐絮期
0～20	CK	1 531.99a	1 362.80a	2 467.24a	2 786.64a
	T	849.35b	1 388.30a	1 540.81b	1 873.06b
20～40	CK	949.63b	998.17a	1 181.84b	1 792.18b
	T	1 200.57a	993.14a	1 872.59a	1 997.60a
40～60	CK	966.74a	767.16b	1 161.32b	1 791.81a
	T	923.81a	861.82a	1 656.31a	1 774.11a
60～80	CK	837.63a	638.28b	1 439.59a	1 582.53b
	T	693.15a	782.86a	1 490.76a	1 842.06a

2. 碱性磷酸酶 碱性磷酸酶是一种催化土壤有机磷化合物矿化的酶，是评价土壤磷素生物转化方向与强度的指标。耕层重构对棉田土壤碱性磷酸酶活性的影响如表 1-3-6所示。与 CK 相比，在 0～20cm 土层中，T 处理在棉花苗期、蕾期、铃期和吐絮期的碱性磷酸酶活性分别显著降低 52.28%、38.82%、52.23%和 45.13%；在 20～40cm 土层中，T 处理在棉花苗期、蕾期、铃期和吐絮期的碱性磷酸酶活性分别显著增加 90.08%、19.05%、23.46%和 30.84%；在 40～60cm 土层中，T 处理在棉花苗期和吐絮期的碱性磷酸酶活性分别显著增加 289.94%和 14.00%；在 60～80cm 土层中，T 处理在棉花苗期的碱性磷酸酶活性显著增加 29.79%。说明耕层重构降低了表层土壤碱性磷酸酶活性而提高了深层土壤碱性磷酸酶活性。CK 处理的碱性磷酸酶活性随着土壤深度的增加而呈降低趋势。T 处理的碱性磷酸酶活性随着土壤深度的增加而呈先增加后下降趋势，也可能与土壤养分和微生物数量垂直分布的改变有关。

表 1-3-6 耕层重构对棉田土壤碱性磷酸酶活性的影响（U/g）

土层（cm）	处理	苗期	蕾期	铃期	吐絮期
0～20	CK	9.89a	7.60a	8.96a	10.17a
	T	4.72b	4.65b	4.28b	5.58b
20～40	CK	3.93b	4.20b	4.39b	5.22b
	T	7.47a	5.00a	5.42a	6.83a
40～60	CK	3.48b	3.68a	3.87a	4.00b
	T	13.57a	3.60a	3.74a	4.56a
60～80	CK	3.39b	3.58a	4.08a	4.28a
	T	4.40a	3.62a	4.19a	4.47a

3. 蔗糖酶　蔗糖酶能够水解蔗糖变成相应的单糖而被机体吸收，是评价土壤肥力的重要指标。耕层重构对棉田土壤蔗糖酶活性的影响如表 1-3-7 所示。在 0～20cm 土层中，T 处理在棉花苗期、蕾期、铃期和吐絮期的蔗糖酶活性分别比 CK 显著降低 73.18%、25.63%、43.49%和 53.53%；在 20～40cm 土层中，T 处理在棉花蕾期、铃期和吐絮期的蔗糖酶活性分别比 CK 显著增加 134.72%、116.54%和 72.42%；在 40～60cm 土层中，T 处理在棉花吐絮期的蔗糖酶活性比 CK 增加 45.03%。与土壤脲酶和碱性磷酸酶变化趋势相似，耕层重构降低了表层土壤蔗糖酶活性而提高了深层土壤蔗糖酶活性。

表 1-3-7　耕层重构对棉田土壤蔗糖酶活性的影响（U/g）

土层（cm）	处理	苗期	蕾期	铃期	吐絮期
0～20	CK	62.91a	24.11a	29.43a	31.87a
	T	16.87b	17.93b	16.63b	14.81b
20～40	CK	15.95a	10.08b	9.25b	8.23b
	T	16.33a	23.66a	20.03a	14.19a
40～60	CK	9.14a	6.11a	6.52a	5.84b
	T	7.93a	7.19a	9.21a	8.47a
60～80	CK	5.94a	6.10a	7.07a	5.87a
	T	5.89a	6.20a	6.16a	6.00a

四、土壤微生物、酶活性和土样养分相关性分析和回归分析

采用 SPSS19.0 软件对土壤微生物数量、土壤酶活性和土壤养分进行简单相关性分析和回归分析。相关性分析结果见表 1-3-8 所示。土壤中的全氮含量与脲酶、碱性磷酸酶和蔗糖酶活性显著正相关，全磷含量与细菌、真菌、放线菌数量及脲酶、碱性磷酸酶和蔗糖酶活性显著正相关，有机质含量与真菌数目、脲酶、碱性磷酸酶和蔗糖酶活性显著正相关，碱解氮含量与真菌数目、脲酶、碱性磷酸酶和蔗糖酶活性显著正相关，有效磷含量与真菌、放线菌数目及脲酶、碱性磷酸酶和蔗糖酶活性显著正相关，速效钾含量与真菌数目、脲酶、碱性磷酸酶和蔗糖酶活性显著正相关，土壤全钾与微生物数量和土壤酶之间不存在线性相关。土壤脲酶、碱性磷酸酶和蔗糖酶三种酶活性之间呈显著正相关，其相关系数分别为 0.957、0.957 和 0.977（$P<0.01$）。这说明研究中的三种酶在促进土壤物质转化和能量交换时，不仅显示其专有特性，还存在共性

关系，也说明土壤中含氮有机物、有机碳与磷素的转化之间是相互影响的。细菌数目与蔗糖酶活性显著正相关，真菌和放线菌数量与脲酶、碱性磷酸酶和蔗糖酶活性显著正相关。进一步进行回归分析，选择 X_1 为细菌数量（$\times10^7$ cfu/g），X_2 为真菌数量（$\times10^5$ cfu/g），X_3 为放线菌数量（$\times10^7$ cfu/g），X_4、X_5 和 X_6 分别为脲酶、碱性磷酸酶和蔗糖酶活性（U/g），Y_1 为全氮含量（g/kg），Y_2 为全磷含量（g/kg），Y_3 为全钾含量（g/kg），Y_4 为有机质含量（g/kg），Y_5 为碱解氮含量（mg/kg），Y_6 为有效磷含量（mg/kg），Y_7 为速效钾含量（mg/kg），得出以下较理想的回归模型：

$Y_1=0.232+0.000\ 209\ X_4$，$R^2=0.708$，$F=14.541$；

$Y_2=0.476+0.06X_2+0.03X_5$，$R^2=0.994$，$F=427.048$；

$Y_4=3.52+0.709X_5$，$R^2=0.722$，$F=15.595$；

$Y_5=5.375+0.021X_4$，$R^2=0.885$，$F=46.349$；

$Y_6=-26.32+7.536X_5$，$R^2=0.925$，$F=74.117$；

$Y_7=-28.663+0.08X_4$，$R^2=0.721$，$F=15.521$。

由此可知，土壤全氮、碱解氮和速效钾含量与土壤脲酶活性显著正相关，有机质和有效磷含量与碱性磷酸酶活性显著正相关，全磷含量与真菌和碱性磷酸酶活性显著正相关，土壤全钾含量与土壤微生物数量和土壤酶活性没有显著相关关系。因此，土壤脲酶活性、碱性磷酸酶活性和真菌数量是反映土壤肥力的重要指标。

表 1-3-8　土壤微生物数量、土壤酶活性和土壤养分之间的相关性

项目	全氮	全磷	全钾	有机质	碱解氮	有效磷	速效钾	细菌	真菌	放线菌	脲酶	碱性磷酸酶	蔗糖酶
细菌	0.428	0.742*	0.037	0.406	0.494	0.589	0.496	1	0.782*	0.697	0.686	0.633	0.769*
真菌	0.652	0.990**	−0.322	0.725*	0.820*	0.949**	0.707*	0.782*	1	0.929**	0.899**	0.953**	0.968**
放线菌	0.392	0.896**	−0.513	0.57	0.634	0.890**	0.492	0.697	0.929**	1	0.726*	0.819*	0.819*
脲酶	0.841**	0.931**	−0.039	0.793*	0.941**	0.876**	0.849**	0.686	0.899**	0.726*	1	0.957**	0.957**
碱性磷酸酶	0.791*	0.979**	−0.267	0.850**	0.924**	0.962**	0.817*	0.633	0.953**	0.819*	0.957**	1	0.977**
蔗糖酶	0.800*	0.981**	−0.152	0.829*	0.897**	0.915**	0.837**	0.769*	0.968**	0.819*	0.957**	0.977**	1

注：* 表示在5%水平显著，**表示在1%水平显著。

五、棉花产量和生物量

耕层重构对棉花籽棉产量和地上部生物量的影响如表 1-3-9 所示。与

CK 相比，T 处理对棉花籽棉产量没有显著影响，棉花地上部生物量增加 8.19%，达到显著水平。说明耕层重构可以促进棉花生长，提高棉花生物量。

表 1-3-9　耕层重构对棉花产量和地上部生物量的影响

处理	籽棉产量（kg/hm²）	地上部生物量（kg/hm²）
CK	4 605.05a	10 773.05b
T	4 500.64a	11 733.05a

注：常规旋耕为对照（CK），旋耕深度 15cm。耕层重构（T）是将 0～20cm 土层土壤与 20～40cm 土层土壤互换，同时铲松 40～60cm 土壤。具体做法（T）是用铁锹先将 0～20cm 土壤移至一处，再将 20～40cm 土壤移至另一处，用铁锹铲松 40～60cm 土壤，然后先回填 0～20cm 土壤，再回填 20～40cm 土壤。同列数据后不同小写字母表示处理与对照间差异在 0.05 水平显著。

不同的耕作方式会对土壤结构和养分等产生深刻的影响，还会改变土壤微生物群落特征，决定了土壤质量变化的方向和程度（胡诚等，2006）。目前中国农业生产中多种耕作方式并存，比较常见的有免耕、少免耕、旋耕、翻耕、深松、垄作、秸秆还田覆盖及不同耕作方式、不同耕翻深度、不同年际间的变化组合，而不同耕作方式及组合间对土壤的影响是不同的（孙国峰等，2010）。研究发现，保护性耕作下土壤耕作层的氮、磷、钾等养分含量显著提高，养分在土壤上层富集和积累，但没有在整个表土层中显著增加（孙国峰等，2010；Mazzoncini et al.，2016）；也有研究发现，翻耕处理下土壤养分含量最高，其次是旋耕处理，而免耕处理下土壤养分含量最低，且土壤容重越高，则十壤养分含量越低（贾凤梅等，2018）。工树林等认为耕层重构降低了 20～40cm 土层的容重，增加了 20～40cm 土层的养分含量（王树林等，2017b）。耕层重构将 0～20cm 土层和 20～40cm 土层互换，同时松动 40～60cm 土层，降低 20～40cm 土层容重，同时把土壤养分富集的表层土转置到下层，把养分含量不高的下层土转置到上层，从而使 0～20cm 土壤养分含量低于对照，而20～80cm 土壤养分含量高于对照，与前人研究结果一致（王树林等，2017b）。说明耕层重构后增加深层土壤的养分含量，打破了由于常年旋耕导致的营养物质富集在表层的问题，使土壤养分含量分布更加均匀。

土壤微生物在土壤中参与有机质和各种养分的分解转化，是评价土壤肥力的重要指标之一，其数量受土壤环境如土壤耕作措施的影响（任天志，2000；马冬云等，2007；王小玲等，2019）。研究发现，适当的耕作措施如深松和翻耕能够降低土壤容重，增加孔隙度和含水量，促进植株根系生长，有利于增加土壤气体交换，从而增加土壤微生物总体含量，提高深层土壤微生物数量，改善土壤微生态环境（熊鸿焰等，2008；梁金凤等，2010；黄炳林等，2019）。本研究中，在引入修正系数 r 消除土层互换引起的本底差异时，由于没有测定土壤重构后到棉花播种前土壤微生物的数量，故用棉花苗期的微生物数量计算修正系数。结果表明，与旋耕相比，耕层重构处理后 0～20cm 土层微生物数量降低，而 20cm 以下土层微生物数量增加，原因可能是耕层重构改善了耕层下部土壤物理结构，降低了下部土壤容重（王树林等，2018），增加透气性和储水量（Li et al.，2019），增加耕层下部土壤有机质等养分的积累，促进棉花根系下扎（王树林等，2017b），深层根系分泌物和脱落物的增加为微生物繁殖提供了有机质等养分，创造了一个适宜微生物繁殖的土壤环境，从而影响 20cm 以下土层的土壤微生物数量；另外，土壤的微生物主要集中在0～20cm 土层，耕层重构将 0～20cm 土层和 20～40cm 土层重置，减少了表层土壤微生物的集聚，并将微生物数量较多的 0～20cm 土层翻转下去，增加了深层土壤的养分和微生物数量。真菌数量与植物病害发生密切相关，前期研究表明耕层重构降低了棉花的病情指数（王树林等，2017b），本研究中耕层重构显著降低了 0～20cm 土层的真菌数，因此，可能是耕层重构减少了土壤表层的真菌数量，从而降低了棉花病害的发生次数。

土壤酶是土壤新陈代谢的重要因素，参与土壤的许多重要的生物化学和物质循环过程，与土壤理化特性、肥力状况和农业措施有显著的相关性，也是土壤肥力评价的重要指标之一。土壤酶的活性易受耕作措施影响，原因可能是耕作措施改变了土壤的理化性质或微生物的群落结构等。胡心意等认为，与浅耕相比，深耕可提高耕层土壤磷酸酶和β-葡糖苷酶的活性（胡心意等，2018）；前人研究表明，不同耕作方式相关土壤酶活性均表现为翻耕＞旋耕＞免耕（张德喜等，2018）。虽然不同耕作方式对土壤酶的影响不同，但是土壤酶活性都表现为从上层土壤到下层土壤降低的趋势（潘孝晨等，2019）。与旋耕对照相比，耕层重构后棉田土壤 0～20cm 土层的脲酶、蔗糖酶和碱性磷酸酶活性降低，而 20cm 以下土层的土壤酶活性增加，说明耕层重构增加了深层土壤的氮素转化、碳循环和磷转化强度，提高深层土壤养分的代谢强度。原因可能是耕层重构增加了深层土壤的微生物数量和促进根系下扎（王树林等，2017b），增加了土壤酶的来源；另外，耕层重构后深层土壤的养分含量提高，也为土壤酶提供丰富的底物。耕层重构处理后的土壤微生物数量和土壤酶活性在 20～40cm 土层与 0～20cm 土层差异不显著或显著高于 0～20cm 土层，说明耕层重构改变了土壤养分、微生物和酶在土壤表层富集的状况，改善土壤的生态环境。而耕层重构改善土壤生态环境的持续时间，需要进一步研究。

前人研究表明，土壤微生物、酶与相关土壤肥力指标有着密切的关系，土壤微生物和土壤酶对外界环境的变化更为敏感，可以与土壤养分相结合对土壤肥力质量进行评估。王灿等认为，土壤中脲酶、转化酶和碱性磷酸酶之间呈极显著正相关，与土壤全磷、硝态氮和有效磷也存在相关性（王灿等，2008）；也有相关研究表明，土壤微生物数量与土壤相关养分含量呈正相关，与土壤pH呈负相关（田稼等，2012；赵瑞华等，2014）；刘艳等（2008）认为，土壤脲酶、过氧化氢酶活性和土壤有机质及各养分显著正相关，过氧化物酶和土壤有机质和各养分显著负相关。土壤微生物、土壤酶与土壤肥力相关指标关系密切；进一步回归分析结果表明，真菌数量、土壤脲酶活性和碱性磷酸酶活性与土壤肥力相关指标呈显著线性关系，是反映土壤肥力的重要指标。土壤微生物数量增多，土壤酶活性增强，有利于全氮、全磷、有机质、碱解氮、有效磷和速效钾等含量的提高，对养分的分解和转化具有积极的促进作用；另外养分也通过改变微生物的生存环境，从而调节微生物的数量和酶活性。

耕层重构打破了犁底层，使0～60cm土层土壤容重显著降低，便于棉花根系下扎与土壤水分下渗，在灌水与大雨后水分更多地蓄积在下层土壤中，达到蓄水保墒的目的，促进棉花生长，耕层重构在干旱年份可以提高棉花产量，而在多雨年份增产效果不明显（王树林等，2017b）。耕层重构可以显著提高棉花地上部生物量。可能是因为耕层重构后棉田深层土壤养分含量增加，微生物数量和土壤酶活性提高，增加养分代谢强度，更利于棉花对营养的吸收和利用，促进棉花生长发育。

耕层重构后0～20cm土层的全氮、全磷、全钾、碱解氮、有效磷、速效钾和有机质含量均降低，而20～80cm土层的养分含量增加，改变了由于常年旋耕导致的营养物质富集在表层的状况，使土壤养分含量分布更加均匀；耕层重构处理0～20cm土层的细菌、真菌和放线菌数量降低，而20～40cm土层的微生物数量和土壤酶活性增加，提高土壤养分代谢强度；耕层重构处理可以提高棉花生物量。进一步分析表明，土壤真菌数量、脲酶活性和碱性磷酸酶活性与全磷、全氮、碱解氮、速效钾、有机质和有效磷含量呈显著线性关系；土壤脲酶活性、碱性磷酸酶活性和真菌数量是反映土壤肥力的重要指标。棉花地上部生物量比对照显著提高8.19%。耕层重构可以提高20～40cm土层的养分含量、微生物数量和土壤酶活性，提高深层土壤的养分代谢强度，改善土壤微生态环境，是改良土壤微生态环境的有效措施。

第四节　耕层重构技术要点

棉花是河北省的主要经济作物，主要分布在邢台市、邯郸市、沧州市的干旱半干旱地区，并形成了常年连作的种植模式。棉花连作年限的增加积累形成了多种阻碍棉花优质高产的不利因素，例如，土壤物理性能恶化，养分分布不均衡，各养分含量比例失调；土壤中微生物种类发生变化，有害生物增加，土传病虫害严重等。这些不利因素使大部分棉田出现病害严重、早衰、施肥量大、肥料利用率低等问题，导致棉花产量降低，严重制约着棉花产业的高效安全可持续发展。

研究表明，随着棉花连作年限的增加，棉田土壤 15～30cm 土层会形成犁底层。犁底层阻碍了棉花根系下扎与上下层土壤之间水分的交换，对棉花生长十分不利；也正是由于犁底层的存在，土壤蓄积水分的能力大大下降，使得雨季降雨径流损失增大，这无疑是对干旱地区水资源的白白浪费。棉田土壤耕层重构及其配套栽培方法（王树林等，2016；2017a）可以改善棉田土壤理化性能，均衡养分，提高棉花产量。

一、棉田土壤耕层重构及其配套栽培方法

1. 在棉花耕作地区，于秋收后入冬前，在棉花种植地的土壤表面撒施有机肥料（猪粪或鸡粪），施肥量为 30～45m^3/hm^2。

2. 使用旋转深翻犁，在撒施有机肥料后的棉花种植地上进行深耕。旋转深翻犁的结构包括连接梁、第一组犁铧和第二组犁铧。连接梁为末端向着犁铧背侧水平弯折的弯梁，第一组犁铧设置在连接梁的下方，第二组犁铧设置在连接梁的上方。第一组犁铧与第二组犁铧为对称设置。

第一组犁铧包括第一主犁铧、第一副犁铧和第一深松铲。第一主犁铧设置在连接梁的前段，第一副犁铧设置在连接梁的末端，第一主犁铧尖部的水平高度比第一副犁铧尖部的水平高度低 20cm。第一深松铲设置在第一主犁铧的侧下方，第一深松铲的铲面与水平面的夹角为 30°，第一深松铲尖部的水平高度比第一主犁铧尖部的水平高度低 20cm。在第一副犁铧的外侧后方设有第一支撑轮，第一支撑轮的轮沿低点的水平高度比第一副犁铧尖部的水平高度高 20cm。第二组犁铧包括第二主犁铧、第二副犁铧和第二深松铲。第二主犁铧与第一主犁铧相对连接梁为对称设置，第二副犁铧与第一副犁铧相对连接梁为对称设置，第二深松铲与第一深松铲相对连接梁为对称设置，在第二副犁铧的

外侧后方设有第二支撑轮，第二支撑轮与第一支撑轮相对连接梁为对称设置。

第一犁幅的深耕操作过程：由拖拉机带动旋转深翻犁在第一犁幅的土地上直线前行，先由朝下的第一组犁铧在第一犁幅中耕作，第一组犁铧中的第一主犁铧先行开沟，将第一犁幅距地表以下 0～40cm 的土层翻上，形成深度为 40cm 的土沟，第一深松铲随后对土沟中距地表以下 40～60cm 的土层进行松铲，再后，由第一副犁铧将紧邻所开土沟一侧的第二犁幅土地距地表以下 0～20cm 的上表土层翻至由第一主犁铧所开好的土沟中；在由第一组犁铧开出并覆盖了上表土层的土沟内撒施 1～2cm 厚的木炭粉，形成覆盖沟内上表土层的炭粉层；当第一犁幅的深耕操作到地头时，拖拉机带动旋转深翻犁掉头，并将旋转深翻犁上下翻转 180°，使第二组犁铧朝下，在紧邻第一犁幅的第二犁幅上开始第二犁幅的深耕操作，具体操作过程：由第二组犁铧中的第二主犁铧先行开沟，将第二犁幅距地表以下 20～40cm 的土层翻到第一犁幅的土沟中，覆盖在第一犁幅土沟中的炭粉层上部，在第二犁幅的土地上形成深度为 40cm 的土沟，第二深松铲对第二犁幅土沟中距地表以下 40～60cm 的土层进行松铲，再后，由第二副犁铧将紧邻第二犁幅土沟一侧的第三犁幅土地距地表以下 0～20cm 的上表土层翻至由第二主犁铧所开好的土沟中；在由第二组犁铧开出并覆盖了上表土层的第二犁幅土沟内撒施 1～2cm 厚的木炭粉，形成覆盖第二犁幅土沟内上表土层的炭粉层；当第二犁幅的深耕操作到地头时，拖拉机带动旋转深翻犁掉回头，并将旋转深翻犁上下翻转 180°，使第一组犁铧再次朝下，并在紧邻第二犁幅的第三犁幅上开始第三犁幅的深耕操作。依次类推，直至完成整块棉花种植地的深耕操作，从而完成了棉花种植地的土壤耕层重构。

3. 在翌年棉花种植期之前的 7～10d，在土壤耕层重构后的棉花种植地土壤表面撒施化学肥料，每公顷撒施尿素 225～300kg、磷酸二铵 150～180kg、氯化钾 300～375kg，在将化学肥料撒施于土壤表面后，浇水灌溉，灌水量控制在 1 200～1 500m^3/hm^2。

4. 在棉花种植期内，对完成土壤耕层重构的土壤进行旋耕耙耱，然后播种生育期不低于 130d 的棉花品种；播种前，先在旋耕耙耱后的土壤表面铺设塑料地膜，所用塑料地膜的宽度为 60cm，相邻两幅地膜的铺设间距为 16cm。播种时，将棉花种子播种于相邻两幅地膜之间裸露的土壤中。

5. 当棉花植株现蕾后保留叶枝不整枝，进行植株间苗，留苗密度为 45 000～48 000 株/hm^2；在棉花生长的蕾期到初花期之间，灌水 1 次，灌水量为 600～750m^3/hm^2；在棉花生长的蕾期，喷施缩节胺 7.5～10.5g/hm^2，在棉花生长的初花期，喷施缩节胺 22.5～30.0g/hm^2，在棉花生长的花期，喷施缩节胺 37.5～45.0g/hm^2。喷施方法：将选定量的缩节胺兑水 150kg，配制成每公顷的药液用量，使用喷雾器于傍晚无风天气，距离棉花植株顶部 30cm 处，均匀喷出。

对土壤耕层重构之后的土壤从上到下依次分为原深层土壤层、木炭粉层、原上层土壤层、有机肥层以及松动土壤层。本方法提高了棉田土壤的蓄水保墒能力。河北省雨季主要集中在夏季，雨量集中导致地表径流损失严重，土壤耕层重构后增强了上下层土壤水分交换能力，可使多余降雨下渗蓄积在深层土壤中。当遇到干旱时上层土壤水分降低，木炭粉层吸附下层土壤中的水分，使水分沿土壤毛细管上移供棉花生长所需，大大增强了棉田耐涝抗旱能力，并增加和更新土壤有机质，促进微生物繁殖，改善土壤的理化性质和生物活性，使整个棉花生育期病害明显减轻。同时，使上下层土壤养分均衡分布，改善了现有棉田土壤越往下养分含量越低的问题，尤其是大大提高了棉花根部周围土壤中养分的含量，诱导棉花植株根系下扎，促进棉花健壮生长。更重要的是，进行土壤耕层重构以后，不仅没有延迟棉花的发苗时间，还大大提高了棉花的出苗率，免除了补苗等操作，减少了工作量，而且棉花在成熟期无早衰或贪青现象。将表层土壤翻到 20cm 以下，对杂草具有彻底灭除作用，省去了喷施除草剂、中耕除草等工作，节省了用工。采用土壤耕层重构后棉花中后期长势旺盛，配合简化整枝、缩节胺化控等措施保证了棉花的高产。

在播种时先在土壤表面铺设塑料地膜，然后将种子播种于相邻两幅地膜之间裸露的土壤内，该播种方式完全不同于现有技术中先播种、然后在种有种子的土壤表面铺设地膜的播种方式。其不仅解决了棉花出苗后需要戳破棉花苗顶部的地膜以使棉花苗露出的问题，而且还提高了土壤的保墒能力，提高了棉花产量，这是现有技术无法做到的。使棉花植株的发病率大大降低，减少了对发病植株的处理工作和费用。降低了单位面积棉田的灌水量，大大节省了灌溉用水和灌溉用工。后期管理工作非常简单，无需多次喷药（除草剂、杀虫剂等）、施肥、灌水，大大节省了劳动力。方法简单，无需专业技术人员指导，便于推广应用。可明显提高棉花产量，增加农民收益。

二、棉田土壤耕层重构专用旋转深翻犁组成及制作方法

棉田土壤耕层重构可使用旋转深翻犁完成作业。旋转深翻犁由翻转机构、连接梁、主犁铧、副犁铧、深松铲和支撑轮组成。

翻转机构包括液压装置和翻转轴，连接梁与翻转轴相连接，液压装置为翻转提供动力，使翻转轴带动连接梁翻转，连接梁为末端向着犁铧背侧水平弯折

的弯梁，其前端与翻转机构连接，用于承载第一组犁铧和第二组犁铧，并可在翻转机构的作用下带动两组犁铧上下翻转。

如图 1-4-1 所示，第一组犁铧设置在连接梁的下方，包括设置在连接梁前端的第一主犁铧和设置在连接梁末端的第一副犁铧，第一副犁铧位于第一主犁铧的背侧后方，且第一主犁铧尖部的水平高度比第一副犁铧尖部的水平高度低 20cm。当进行深翻作业时，副犁铧位于下一犁幅主犁铧作业的位置，主犁铧的翻地深度比副犁铧的翻地深度深 20cm。第一主犁铧用于开沟，将深层土壤翻到与其相邻的前一犁幅的沟内；第一副犁铧用于将下一犁幅的表层土壤翻到本犁幅上开好的沟内。在第一主犁铧的外侧下方设有第一深松铲，第一深松铲的铲面与水平面的夹角为 30°，第一深松铲尖部与第一主犁铧尖部的水平高度差设置为 20cm，当主犁铧开沟时，深松铲用于对沟底下方更深层的土层进行松铲。在第一副犁铧的外侧后方设有第一支撑轮，第一支撑轮的轮沿低点的水平高度比第一副犁铧尖部的水平高度高 20cm，在深翻作业时，支撑轮始终位于土壤表面，从而使得副犁铧的翻耕深度保持在 20cm。

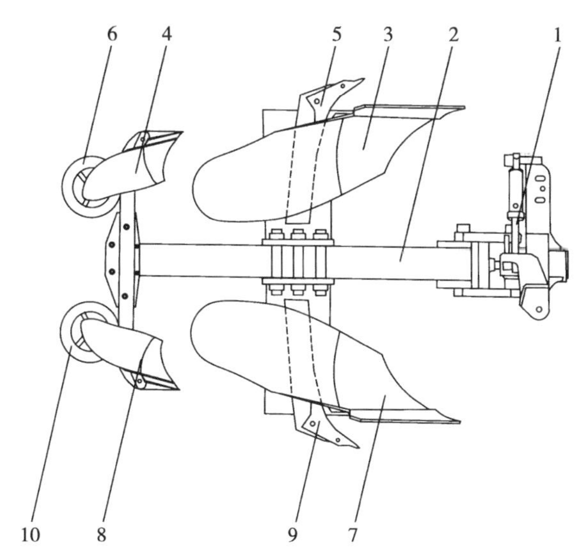

图 1-4-1　旋转深翻犁组成示意图

1：翻转机构　2：连接梁　3：第一主犁铧　4：第一副犁铧　5：第一深松铲
6：第一支撑轮　7：第二主犁铧　8：第二副犁铧　9：第二深松铲　10：第二支撑轮

第二组犁铧设置在连接梁的上方，包括第二主犁铧、第二副犁铧和第二深松铲。第一主犁铧和第二主犁铧通过对拉螺栓固定连接在连接梁上，且两者相对连接梁上下对称。第一副犁铧和第二副犁铧通过连接板相连，连接板通过螺栓等固定件固定连接在连接梁的末端，且第一副犁铧和第二副犁铧相对连接梁上下对称。在第二主犁铧的侧上方设有第二深松铲，第二深松铲与第一深松铲相对连接梁上下对称。在第二副犁铧的外侧后方设有第二支撑轮，第二支撑轮与第一支撑轮相对连接梁上下对称。这种完全对称的结构使操作人员在翻耕时，可从农田的一侧依次耕作至农田的另一侧，而不必像传统犁具那样转圈耕作。

三、土壤耕层重构及配套栽培技术效果

2014 年 11 月 6 日在河北省邢台市威县枣元乡东张庄村连作棉田应用实施：于棉花收获后，在土壤表面撒施猪粪 $45m^3/hm^2$。11 月 7 日进行土壤翻耕，利用 160kW 拖拉机带动旋转深翻犁工作，先由朝下的第一组犁铧在第一犁幅中耕作，第一组犁铧中的第一主犁铧先行开沟，将第一犁幅距地表以下 0～40cm 的土层翻上，形成深度为 40cm 的土沟，第一深松铲随后对土沟中距地表以下 40～60cm 的土层进行松铲，再后，由第一副犁铧将紧邻所开土沟一侧的第二犁幅土地距地表以下 0～20cm 的上表土层翻至由第一主犁铧所开好的土沟中；在由第一组犁铧开出并覆盖了上表土层的土沟内撒施 2cm 厚的木炭粉，形成覆盖沟内上表土层的炭粉层；当第一犁幅的深耕操作到地头时，拖拉机带动旋转深翻犁掉头，并将旋转深翻犁上下翻转 180°，使第二组犁铧朝下，在紧邻第一犁幅的第二犁幅上开始第二犁幅的深耕操作。具体操作过程是，由第二组犁铧中的第二主犁铧先行开沟，将第二犁幅距地表以下 20～40cm 的土层翻到第一犁幅的土沟中，覆盖在第一犁幅土沟中的炭粉层上部，在第二犁幅的土地上形成深度为 40cm 的土沟，第二深松铲对第二犁幅土沟中距地表以下 40～60cm 的土层进行松铲，再后，由第二副犁铧将紧邻第二犁幅土沟一侧的第三犁幅土地距地表以下 0～20cm 的上表土层翻至由第二主犁铧所开好的土沟中；在由第二组犁铧开出并覆盖了上表土层的第二犁幅土沟内撒施 2cm 厚的木炭粉，形成覆盖第二犁幅土沟内上表土层的炭粉层；当第二犁幅的深耕操作到地头时，拖拉机带动旋转深翻犁掉头，并将旋转深翻犁上下翻转 180°，使第一组犁铧再次朝下，并在紧邻第二犁幅的第三犁幅上开始第三犁幅的深耕操作。依次类推，直至完成整块棉花种植地的深耕操作。

2015 年 4 月 12 日，在土壤表面每公顷撒施尿素 300kg、磷酸二铵 150kg、氯化钾 300kg，撒施肥料后进行灌溉，每公顷灌水量为 1 $500m^3$。4 月 21 日旋耕耙耱后播种，棉花品种采用生育期为 135d 的冀杂 1 号。播种前，先在旋耕耙耱后的土壤表面铺设塑料地膜，所用塑料地膜的宽度为 60cm，相邻两幅地膜的铺设间距为 16cm，将棉花种子播种于相邻两幅地膜之间裸露的土壤中。5

月 24 日定苗，留苗密度为 45 000 株/hm^2，棉花保留叶枝。6 月 17 日灌水一次，灌水量为 600m^3/hm^2。灌水后喷施缩节胺 7.5g/hm^2。喷施方法为：将 7.5g 的缩节胺兑水 150kg，配制成每公顷的药液用量，使用喷雾器，于傍晚无风天气，距离棉花植株顶部 30cm 处，均匀喷出。7 月 10 日喷施缩节胺 22.5g/hm^2，喷施方法为：将 22.5g 的缩节胺兑水 150kg，配制成每公顷的药液用量，使用喷雾器，于傍晚无风天气，距离棉花植株顶部 30cm 处，均匀喷出。8 月 5 日喷施缩节胺 37.5g/hm^2，喷施方法为：将 37.5g 的缩节胺兑水 150kg，配制成每公顷的药液用量，使用喷雾器，于傍晚无风天气，距离棉花植株顶部 30cm 处，均匀喷出。其他未提及的大田管理措施同常规管理方法。

同时采用常规技术在相邻连作棉田设置对照试验，对照为农民传统栽培技术，采用灌水后施肥（施肥量与试验相同）；然后进行旋耕，耙耱后播种，棉花品种为冀杂 1 号，播种后铺设塑料地膜；棉花植株现蕾后整枝，间苗，留苗密度 45 000 株/hm^2；6 月 17 日灌水一次，灌水量为 600m^3/hm^2，7 月 10 日每公顷喷施缩节胺 22.5g，兑水 150kg 均匀喷雾。对比两块试验田的土壤耕层养分、含水量、田间杂草量、后期病害早衰情况以及棉花产量，数据见表 1-4-1 至表 1-4-4。

1. 土壤耕层养分分布　表 1-4-1 的数据表明，采用本方法后，土壤养分沿垂直向分布更加均衡，从而可有效诱导根系下扎，增强根部发育，保证棉花植株健壮生长。

表 1-4-1　不同深度土层土壤养分含量

指标	处理	0～20cm	20～40cm	40～60cm	60～80cm
全氮 (g/kg)	常规技术	0.678 2	0.426 4	0.407 0	0.4920
	耕层重构	0.599 9	0.491 4	0.533 0	0.435 0
有效磷 (mg/kg)	常规技术	23.4	7.7	2.7	2.3
	耕层重构	20.0	14.0	6.7	2.1
速效钾 (mg/kg)	常规技术	184.7	71.7	82.7	74.3
	耕层重构	138.7	104.7	88.0	73.3

2. 土壤水分含量　根据表 1-4-2 的结果可知，土壤耕层重构后不同深度土层土壤含水量都有不同程度的增加，尤其是 20～40cm 土层在铃期的含水量比常规技术高 4.1 个百分点，这对于干旱季节保证棉花正常生长具有重要作用，减少后期棉花早衰现象，提高铃期成铃率。

表 1-4-2 不同深度土层土壤含水量（%）

生育时期	处理	0～20cm	20～40cm	40～60cm	60～80cm
苗期	常规技术	16.9	17.7	19.1	15.7
	耕层重构	20.8	19.3	20.4	16.7
铃期	常规技术	13.8	14.2	16.0	13.3
	耕层重构	16.1	18.3	16.1	14.5

3. 田间杂草、病害早衰 由表 1-4-3 可知，采用本方法，棉田杂草基本被灭除，这不仅节省了除草剂费用，还节省了田间的除草用工成本。棉花植株后期发病株率与病衰指数都明显降低，大大减轻了病害对棉花产量的影响。

表 1-4-3 不同时期田间杂草、病害早衰情况

处理	杂草生物量（g/m²）		发病株率（%）	病衰指数
	苗期	吐絮期		
常规技术	10.8	27.7	96.7	32.1
耕层重构	0	1.4	23.6	17.4

4. 棉花生物量与产量 由表 1-4-4 可以看出，棉花地上部生物量积累增加了 7.1%，单株铃数增加了 1.4 个，单铃重增加 0.4g，籽棉产量增加 555.0kg/hm²，增产幅度达到了 12.3%。

表 1-4-4 棉花生物量及产量性状

处理	生物量（kg/hm²）	单株铃数（个）	单铃重（g）	籽棉实际产量（kg/hm²）
常规技术	13 011.0	18.5	5.7	4 497.0
耕层重构	13 939.5	19.9	6.1	5 052.0

参考文献

陈喜凤，杨粉团，姜晓莉，等，2011. 深松对玉米早衰的调控作用 [J]. 中国农学通报，27 (12)：82-86.

崔建平，田立文，郭仁松，等，2014. 深翻耕作对连作滴灌棉田土壤含水率及含盐量影响的研究 [J]. 中国农学通报，30 (12)：134-139.

代建龙，董合忠，李维江，等，2008. 棉花早衰的表现及其机理 [J]. 中国农学通报，24 (3)：210-214.

单鸿宾，梁智，王纯利，等，2009. 棉田连作对土壤微生物及酶活性的影响 [J]. 中国农业科技导报，11 (1)：113-117.

邓妍，高志强，孙敏，等，2014. 夏闲期深翻覆盖对旱地麦田土壤水分及产量的影响 [J]. 应用生态学报，25（1）：132-138.

冯跃华，邹应斌，Roland J B，等，2006. 免耕直播对一季晚稻田土壤特性和杂交水稻生长及产量形成的影响 [J]. 作物学报，32：1728-1736.

韩秀峰，梁继业，闫海，等，2008. 大垄深翻耕作对土壤水温条件的影响 [J]. 安徽农业科学，36：10063-10065.

胡诚，曹志平，叶钟年，等，2006. 不同的土壤培肥措施对低肥力农田土壤微生物生物量碳的影响 [J]. 生态学报，26（3）：808-814.

胡晓棠，陈虎，王静，等，2009. 不同土壤湿度对膜下滴灌棉花根系生长和分布的影响 [J]. 中国农业科学，42（5）：1682-1689.

胡心意，傅庆林，刘琛，等，2018. 秸秆还田和耕作深度对稻田耕层土壤的影响 [J]. 浙江农业学报，30（7）：1202-1210.

胡一，2017. 保护性耕作对土壤酶活性动态变化的影响 [J]. 土地开发工程研究，2（3）：51-56.

贾凤梅，张淑花，魏雅冬，2018. 不同耕作方式下玉米农田土壤养分及土壤微生物活性变化 [J]. 水土保持研究，25（5）：112-117.

李潮海，梅沛沛，王群，等，2007. 下层土壤容重对玉米植株养分吸收和分配的影响 [J]. 中国农业科学，40（7）：1371-1378.

李少昆，陈天茹，肖璐，等，1999. 不同时期干旱胁迫对棉花生长和产量的影响 I 棉花受旱减产原因分析 [J]. 石河子大学学报（自然科学版），3（3）：178-182.

李涛，李金铭，赵景辉，等，2003. 深耕对小麦发育及节水效果影响的研究 [J]. 山东农业科学（3）：18-20.

李小飞，孙永明，叶川，等，2018. 不同耕作深度对茶园土壤理化性状的影响 [J]. 南方农业学报，49（5）：877-883.

李亚兵，毛树春，王香河，等，2006. 棉花早衰程度诊断数码图像数字化指标的研究 [J]. 棉花学报，18（3）：160-163.

李永平，王孟本，史向远，等，2012. 不同耕作方式对土壤理化性状及玉米产量的影响 [J]. 山西农业科学，40：723-727.

李彰，熊瑛，吕强，等，2010. 微生物土壤改良剂对烟草生长及耕层环境的影响 [J]. 河南农业科学（9）：56-60.

李志洪，王淑华，2000. 土壤容重对土壤物理性状和小麦生长的影响 [J]. 土壤通报，31（2）：55-57.

刘海洋，王兰，努尔孜亚，等，2010. 棉田深翻对棉花黄萎病发病及微菌核分布影响的初步研究 [J]. 新疆农业科学，47：932-935.

刘鹏涛，冯佰利，慕芳，等，2009. 保护性耕作对黄土高原春玉米田土壤理化特性的影响 [J]. 干旱地区农业研究，27（4）：171-175.

刘琪，乔月静，高志强，2019. 夏闲期不同耕作措施对旱地小麦根际土壤微生物的影响［J］. 山西农业科学，47（1）：65－68.

刘淑梅，孙武，张瑜，等，2018. 小麦季不同耕作方式对砂姜黑土玉米农田土壤微生物特性及酶活性的影响［J］. 玉米科学，26（1）：103－107.

刘艳，马风云，宋玉民，等，2008. 黄河三角洲冲积平原湿地土壤酶活性与养分相关性研究［J］. 水土保持研究，15（1）：90－92.

刘瑜，梁永超，褚贵新，等，2010. 长期棉花连作对北疆棉区土壤生物活性与酶学性状的影响［J］. 生态环境学报，19：1586－1592.

吕军杰，姚宇卿，王育红，等，2003. 不同耕作方式对坡耕地土壤水分及水分生产效率的影响［J］. 土壤通报，34（1）：74－76.

马冬云，郭天财，宋晓，等，2007. 尿素施用量对小麦根际土壤微生物数量及土壤酶活性的影响［J］. 生态学报，27（12）：5222－5228.

潘孝晨，唐海明，肖小平，等，2019. 不同土壤耕作方式下稻田土壤微生物多样性研究进展［J］. 中国农学通报，35（23）：51－57.

祁虹，王树林，杜海英，等，2014. 蕾期浇水缓解棉花早衰的激素动态变化研究［J］. 作物杂志（5）：92－98.

任天志，2000. 持续农业中的土壤生物指标研究［J］. 中国农业科学，33（1）：68－75.

任万军，黄云，吴锦秀，等，2011. 免耕与秸秆高留茬还田对抛秧稻田土壤酶活性的影响［J］. 应用生态学报，22：2913－2918.

孙国峰，张海林，徐尚起，等，2010. 轮耕对双季稻田土壤结构及水贮量的影响［J］. 农业工程学报，26（9）：66－71.

孙国跃，周萍，王祝余，2011. 响水县耕地地力变化趋势及应用对策［J］. 河北农业科学，15（4）：29－32.

孙敏，温斐斐，高志强，等，2014. 不同降水年型旱地小麦休闲期耕作的蓄水增产效应［J］. 作物学报，40：1459－1469.

田稼，孙超，杨明琰，等，2012. 黄土高原不同树龄苹果园土壤微生物、养分及 pH 的相关性［J］. 西北农业学报，21（7）：138－141，148.

万川，蒋珍茂，赵秀兰，等，2015. 深翻和施用土壤改良剂对烟草青枯病发生的影响［J］. 烟草科技，48（2）：11－15，26.

王灿，王德建，孙瑞娟，等，2008. 长期不同施肥方式下土壤酶活性与肥力因素的相关性［J］. 生态环境学报，17（2）：688－692.

王法宏，王旭清，任德昌，等，2003. 土壤深松对小麦根系活性的垂直分布及旗叶衰老的影响［J］. 核农学报，17：56－61.

王树林，祁虹，张谦，等，2011. 不同熟性棉花品种在冀南棉区的适应性分析［J］. 河北农业科学，15（5）：9－10，64.

王树林，祁虹，林永增，等，2016. 旋转式深翻犁（CN201620103412.2）［P］.

王树林，祁虹，林永增，等，2017a. 一种棉田土壤耕层重构及其配套栽培方法（CN201610070374. X）[P].

王树林，祁虹，王燕，等，2017b. 耕层重构对连作棉田土壤理化性状及棉花生长发育的影响 [J]. 作物学报，43（5）：741-753.

王树林，王燕，祁虹，等，2017c. 土壤耕层重构对棉田杂草的控制效果研究 [J]. 山西农业大学学报（自然科学版），37（4）：235-239.

王树林，祁虹，王燕，等，2018. 土壤耕层重构与灌水对棉田水分含量及棉花产量性状的影响 [J]. 中国农业大学学报，23（1）：27-36.

王小彬，蔡典雄，金轲，等，2003. 旱坡地麦田夏闲期耕作措施对土壤水分有效性的影响 [J]. 中国农业科学，36（9）：1044-1049.

王小玲，马琨，汪志琴，等，2019. 冬小麦免耕覆盖与有机栽培对土壤微生物群落组成的影响 [J]. 中国生态农业学报，27（2）：267-276.

温斐斐，孙敏，邓联峰，等，2013. 旱地小麦休闲期深翻对土壤水分及其利用效率的影响 [J]. 中国生态农业学报，21：1358-1364.

吴玉红，田霄鸿，池文博，等，2010. 机械化保护性耕作条件下土壤质量的数值化评价 [J]. 应用生态学报，21（6）：1468-1476.

熊鸿焰，李廷轩，张锡洲，等，2008. 水旱轮作后免耕水稻土微生物数量和生物量的变化特征研究 [J]. 土壤，40（6）：920-925.

杨雪，逄焕成，李轶冰，等，2013. 深旋松耕作法对华北缺水区壤质黏潮土物理性状及作物生长的影响 [J]. 中国农业科学，46（16）：3401-3412.

尹宝重，张永升，甄文超，2015. 海河低平原渠灌区麦田深松的节水增产效应研究 [J]. 中国农业科学，48（7）：1311-1320.

战秀梅，彭靖，李秀龙，等，2014. 耕作及秸秆还田方式对春玉米产量及土壤理化性状的影响 [J]. 华北农学报，29：204-209.

张德喜，吴卿，2018. 不同耕作方式对农田土壤养分含量及土壤酶活性的影响 [J]. 江苏农业科学，46（11）：234-237.

张海娜，张香云，李俊兰，等，2010. 棉花早衰相关研究进展 [J]. 棉花学报，22（3）：279-284.

张宏芝，罗宏海，张亚黎，等，2013. 不同土壤水分条件下棉花库源比变化对产量形成的调节效应 [J]. 棉花学报，25（2）：169-177.

张建华，李迎春，1997. 水分影响棉花发育进程的初步研究 [J]. 干旱区资源与研究，11（4）：62-67.

张霞，张育林，刘丹，等，2019. 种植方式和耕作措施对土壤结构与水分利用效率的影响 [J]. 农业机械学报，50（3）：250-261.

张向前，杨文飞，徐云姬，2019. 中国主要耕作方式对旱地土壤结构及养分和微生态环境影响的研究综述 [J]. 生态环境学报，28（12）：2464-2472.

赵都利，许玉璋，许萱，1990. 铃期缺水对棉花产量和品质的影响［J］. 西北农林科技大学学报（自然科学版）（S1）：42－47.

赵瑞华，昌蕊蕊，贺晓龙，2014. 延安不同种植年限枣园土壤微生物、养分及 pH 的相关性［J］. 安徽农业科学，42（28）：9749－9751.

郑成岩，崔世明，王东，等，2011. 土壤耕作方式对小麦干物质生产和水分利用效率的影响［J］. 作物学报，37（8）：1432－1440.

郑丽萍，徐海芳，2006. 犁底层土壤入渗参数的空间变异性［J］. 地下水，28（5）：55－56.

Cornish PS，Lymbery JR，1987. Reduced early growth of direct drilled wheat in southern new south Wales：cause and consequences［J］. Anim Prod Sci，27：869－880.

Feng Y，Ning T，Li Z，et al，2014. Effects of tillage practices and rate of nitrogen fertilization on crop yield and soil carbon and nitrogen［J］. Plant Soil Envirom，60：100－104.

Hartman K，Van D，Wittwer RA，et al，2018. Cropping practices manipulate abundance patterns of root and soil microbiome members paving the way to smart farming［J］. Microbiome，6（1）：14.

Li PC，Wang SL，Qi H，et al，2019. Soil replacement combined with subsoiling improves cotton yields［J］. Journal of Cotton Research，2（4）：23－38.

Mazzoncini M，Antichi D，Bene CD，et al，2016. Soil carbon and nitrogen changes after 28 years of no－tillage management under mediterranean conditions［J］. European Journal of Agronomy，77：156－165.

Sun M，Ren AX，Gao Q，et al，2018. Long－term evaluation of tillage methods in fallow season for soil water storage，wheat yield and water use efficiency in semiarid southeast of the Loess Plateau［J］. Field Crops Research，218：24－32.

Wang XB，Cai DX，Hoognoed WB，et al，2006. Potential effect of conservation tillage on sustainable land use：a review of global long－term studies［J］. Pedosphere，16：587－595.

第二章

冀南棉区棉花一熟制种植制度及地力培肥技术

第一节 冀南棉区棉花一熟制种植制度栽培要点

一、一熟制棉花品种选择及密度调控

（一）不同熟性棉花品种在冀南棉区的适应性分析

河北省南北跨度大，热量资源由南向北变化明显，依据热量条件及地理位置的差异，河北省的棉花主产区由南向北习惯上划分为冀南棉区、冀中棉区和冀东棉区，这3个棉区根据各自适宜种植品种的熟性分别称为中熟品种区、中早熟品种区和早熟品种区（中国农业科学院棉花研究所，1983；王恒铨等，1992）。随着生产条件的不断变化，如气温不断升高（IPCC，2001；李元华等，2006；谬启龙等，2009）、棉花促早栽培措施的普及推广（刘金生等，1993；毛树春，2009）、棉花主推品种生育期不断缩短（张香云等，2003；叶尧良，2009）等，不同熟性的棉花品种在3个棉区的适应性已经发生了较大的变化。棉花品种依据生育期可划分为早熟品种（生育期112～125d）、中早熟品种（生育期126～134d）、中熟品种（生育期135～145d）、中晚熟品种（145～154d）和晚熟品种（>155d）（李文炳等，1992），但自20世纪90年代以来由于河北省审定的品种基本上是中早熟和早熟品种，生产上已经很难找到生育期>135d的品种，而且市场上的品种生育期集中在125～135d。为此本研究选用生育期132d的冀棉298（A3）代替中熟品种，选用生育期122d的33B（A2）代替中早熟品种，早熟品种则选用夏播生育期为106d的棉中50（A1），在位于冀南棉区的邢台市威县进行了棉花露地种植（B0）与覆膜种植（B1）比较试验，研究了不同熟性品种在冀南棉区的适应性情况，旨在为该地区选择适宜的棉花品种提供理论依据。

1. 不同熟性品种生育期 从表2-1-1可以看出，早熟品种中50生育期在覆膜条件下只有109d，生育期过短，不适宜在冀南棉区种植；中早熟品种33B与中熟品种冀棉298在覆膜条件下生育期相差8d，均表现出了早熟品种的特性，尽管在露地种植条件下生育期有所延长，但仍未达到中早熟品种的指标；生育期大幅缩短使棉花生育后期部分光热资源不能得到有效利用，不利于棉花高产潜力的发挥。

表2-1-1　不同熟性棉花品种的生育期

项目	中50		33B		冀棉298	
	露地种植	覆膜种植	露地种植	覆膜种植	露地种植	覆膜种植
生育期（d）	112	109	122	116	132	124

2. 不同熟性品种"三桃"比例　"三桃"（伏前桃、伏桃、秋桃）比例基本上能反映经济产量在时间进程上的分配关系，对于衡量品种是否适应某一地区的气候条件具有重要意义。高产棉田适宜的"三桃"比例是：伏前桃占5%～10%，伏桃占70%～80%，秋桃占10%～20%。与高产棉田要求的"三桃"比例相比较，早熟品种中50在冀南棉区的"三桃"比例严重失调；中早熟品种33B在露地种植条件下伏桃比例偏低而秋桃比例偏高，在覆膜种植条件下伏前桃比例偏高，伏桃比例偏低；中熟品种冀棉298在露地种植条件下"三桃"比例均处于适宜范围，覆膜后增加了伏前桃比例，降低了秋桃比例（表2-1-2）。结果表明，无论是中早熟品种还是中熟品种，覆膜种植均明显增加了前期的成铃数而降低了后期的成铃数，导致伏前桃比例偏高。

表2-1-2　不同熟性棉花品种的"三桃"比例（%）

品种	覆盖方式	"三桃"比例		
		伏前桃	伏桃	秋桃
中50	露地种植	37.7	59.4	2.9
	覆膜种植	58.8	40.0	1.2
33B	露地种植	7.6	67.0	25.4
	覆膜种植	15.7	68.7	15.6
冀棉298	露地种植	7.7	73.4	18.9
	覆膜种植	15.8	70.2	14.0

3. 不同熟性棉花品种的霜前花率及产量表现　霜前花率也是划分品种熟性的一个重要指标，早熟品种要求霜前花率在90%以上，中早熟品种霜前花

率要求在80%～90%，中熟品种霜前花率为70%～80%，中晚熟品种霜前花率为60%～70%，晚熟品种霜前花率<60%。从表2-1-3可以看出，3个熟性品种无论在露地种植还是在覆膜条件下，霜前花率均>90%，达到了早熟品种的霜前花率指标。尽管提高霜前花率是育种家们一直追求的目标，但过高的霜前花率意味着棉花后期长势不足，不利于棉花高产潜力的发挥。

在两种种植条件下，早熟品种中50霜前皮棉产量和皮棉总产量均显著低于中早熟品种33B和中熟品种冀棉298，而33B与冀棉298的霜前皮棉产量和皮棉总产量差异均不显著，但以中熟品种冀棉298产量稍高；覆膜种植提高了不同熟性棉花品种的霜前皮棉产量与皮棉总产量。结果表明，随着棉花品种生育期的增加，棉花产量有增加的趋势。

表2-1-3　不同熟性棉花品种的霜前花率及产量

品种	覆盖方式	霜前花率（%）	霜前皮棉产量（kg/hm²）	皮棉总产量（kg/hm²）
中50	露地种植	100.0	786.0b	786.0b
	覆膜种植	100.0	893.3b	893.3b
33B	露地种植	92.5	1 159.7a	1 254.1a
	覆膜种植	95.0	1 332.2a	1 402.7a
冀棉298	露地种植	92.0	1 199.5a	1 303.8a
	覆膜种植	94.6	1 343.0a	1 419.6a

注：表中同列数据后不同小写字母表示0.05水平差异显著。

地膜覆盖对提早棉花生育进程作用明显，在覆膜种植条件下，冀南棉区早熟品种由于生育期过短，“三桃”比例失调，霜前皮棉与皮棉产量均显著降低，不适于在当地种植；中早熟品种与中熟品种霜前皮棉与皮棉产量差异不显著，但以中熟品种产量较高，且“三桃”比例更为均衡，因此中熟品种更适于在冀南棉区种植；中早熟品种与中熟品种的生育期均偏早，霜前花率偏高，2个指标都表现出了早熟品种的特性，但后期的部分光热资源利用不足，因此在冀南棉区可试种中晚熟品种以求获得更高的产量。

（二）冀南地区种植密度对棉花生长发育及产量品质的影响

棉花是栽培管理复杂的大田作物之一，而在棉花的栽培管理技术中，选择合适的种植密度又是最为重要的环节。一个适宜密度群体的确定，既要适应当地的气候条件、土壤肥力，还要兼顾田间管理、成本投入等因素（朱永歌等，2010）；在我国的长江流域棉区和新疆棉区，棉花的种植密度出现了两极分化的趋势，长江流域棉区的棉花密度以稀植大棵为特点（汪先红等，2006），而新疆棉区则是高密度栽培（吕新等，2005），尽管密度差别很大，但两个地区都获得了高产，黄河流域棉区受这两种种植方式的影响，对于棉花密度问题产生很大的争议。在河北省南部地区威县的棉花密度对比试验，详细研究了不同密度群体对棉花生长发育以及产量品质的影响，为该地区选择适宜的密度提供理论依据。

1. 密度群体对棉花株高与果枝数的影响 根据表2-1-4结果，随着密度的增加，株高和果枝数依次降低，果枝数也是随着密度的增加而依次降低；但从果枝间距来看，随着密度的增加，主茎果枝间距有增加的趋势，即密度越高，果枝间距越大，两年试验结果趋势一致。这一结果表明，低密度条件下由于单株拥有更好的生长空间，可以获得相对充足的养分与水分，因此其株高和果枝数都高于高密度处理，单株营养生长和生殖生长状况都表现出了较明显的优势。

2008年与2009年的株高、果枝数和果枝间距表现出了较大的差异，究其原因，在棉花关键生长期内（5～8月），2008年的降水量达到449mm，而2009年仅为311mm，且2009年6月中旬到7月上旬之间出现了连续高温与土壤干旱，因此棉花株高明显降低，但2009年打顶时间比2008年推迟5d，因此2009年棉花果枝数稍高，受以上两个因素的影响，棉株果枝间距明显缩短。

表2-1-4 不同密度棉花株高、果枝数与果枝间距

密度梯度（万株/hm^2）	株高（cm）		果枝（台）		果枝间距（cm）	
	2008年	2009年	2008年	2009年	2008年	2009年
1.5	98.3	89.8	15.4	16.2	6.4	5.5
3.3	94.9	89.4	14.6	15.3	6.5	5.8
5.1	90.8	86.1	13.7	14.9	6.6	5.8
6.9	92.3	82.7	13.2	13.9	7.0	5.9
8.7	90.9	80.9	13.2	13.1	6.9	6.2
10.5	86.1	76.8	12.1	12.3	7.1	6.2

2. 密度群体对单株铃数、脱落数和成铃率的影响 从表2-1-5中可以看出，单株铃数和单株脱落数随密度增加依次降低，两年结果完全一致；成铃率也有降低的趋势，但除1.5万株/hm^2和3.3万株/hm^2两个低密度明显偏高外，其他四个高密度处理成铃率相差不大。

从两年成铃率结果来看，最高密度10.5万株/hm^2的成铃率2009年高于

2008 年，但其他密度成铃率却是 2008 年高于 2009 年，不同密度成铃率在年际间的差异与降水量密切相关，当密度低于 10.5 万株/hm^2时，干旱导致成铃率降低，而当密度达到 10.5 万株/hm^2时，干旱情况下其成铃率反而增高。

表 2-1-5　不同密度单株铃数、脱落数与成铃率

密度梯度（万株/hm^2）	单株铃数（个）		单株脱落数（个）		成铃率（%）	
	2008 年	2009 年	2008 年	2009 年	2008 年	2009 年
1.5	32.8	36.5	52.6	58.8	38.4	38.3
3.3	19.1	18.9	39.4	46.3	32.6	29.0
5.1	13.5	13.8	34.0	40.8	28.4	25.3
6.9	11.3	11.7	28.9	32.7	28.1	26.4
8.7	10.1	10.2	25.1	29.3	28.7	25.8
10.5	7.6	8.7	21.9	22.8	25.8	27.6

3. 密度群体对"三桃"数量与"三桃"比例的影响　从表 2-1-6 中可以看出，伏前桃与伏桃的数量两年结果一致，均是随密度增加而递减；而秋桃数量则是呈现出"中间低，两头高"的现象，即先随密度的增加逐渐降低，密度到 5.1 万株/hm^2时秋桃数量最低，密度进一步增加，秋桃数量又有增加的趋势；伏前桃比例有随密度增加而增加的趋势，但两个高密度处理伏前桃比例略有波动，伏桃比例随密度增加而降低，秋桃比例则是与秋桃数量规律性一致，以 5.1 万株/hm^2为最低，密度低于或是高于 5.1 万株/hm^2，秋桃比例均增加。

表 2-1-6　不同密度"三桃"数量与"三桃"比例

密度（万株/hm^2）	伏前桃（个）		伏桃（个）		秋桃（个）		伏前桃比例（%）		伏桃比例（%）		秋桃比例（%）	
	2008 年	2009 年	2008 年	2009 年	2008 年	2009 年	2008 年	2009 年	2008 年	2009 年	2008 年	2009 年
1.5	4.3	6.8	26.6	24.1	2.0	5.6	13.1	18.6	80.9	66.0	6.0	15.3
3.3	3.6	5.3	13.7	12.0	1.8	1.6	18.8	28.0	71.5	63.5	9.6	8.5
5.1	3.0	5.0	10.2	8.6	0.4	0.2	22.2	36.2	75.2	62.3	2.6	1.4
6.9	2.8	4.5	7.9	6.7	0.6	0.5	24.8	38.5	69.8	57.3	5.4	4.3
8.7	2.3	3.3	7.1	6.3	0.7	0.6	22.8	32.4	70.6	61.8	6.6	5.9
10.5	2.1	3.1	4.9	4.1	0.6	1.5	27.6	35.6	64.7	47.1	7.7	17.2

“三桃”比例变化与不同密度的田间透光率密切相关（表 2-1-7）。7 月 15 日之前，由于田间尚未形成郁闭情况，所以密度越高田间透光率越低，而其光能利用率则越高，因此随着密度的增加，伏前桃比例也相应增加；7 月 15 日至 8 月 15 日，田间郁闭程度随着密度的增加而增加，密度越高则中下部叶片遮光越严重，因此其脱落率增加，造成伏桃比例降低；8 月 15 日以后由于棉株下部叶片开始脱落，高密度处理田间通风透光情况得到改善，因其中前期成铃率低，而棉花自身调节能力较强，因此后期高密度处理成铃率上升，形成密度越高其秋桃比例越高的现象，其中 1.5 万株/hm² 和 3.3 万株/hm² 密度处理因其群体小，整个生育期间田间未出现郁闭情况，因此其秋桃比例仍然较高。

表 2-1-7　不同密度田间透光率（%）

密度梯度（万株/hm²）	2008 年						2009 年					
	下部			中部			下部			中部		
	7/9	7/22	8/22	7/9	7/22	8/22	7/9	7/22	8/22	7/9	7/22	8/22
1.5	30.1	22.6	3.6	67.8	60.1	29.5	73.8	20.1	14.3	92.6	50.0	47.1
3.3	18.9	19.4	3.3	49.3	45.9	28.6	29.2	9.7	3.5	49.7	31.5	19.2
5.1	16.0	9.4	3.6	47.6	42.8	19.3	27.9	4.5	1.6	43.3	21.3	8.0
6.9	12.8	12.9	3.0	49.9	40.2	15.9	27.1	7.0	1.4	42.7	25.9	6.0
8.7	13.0	10.9	2.6	44.8	40.5	16.4	25.6	3.1	1.6	31.0	14.9	9.0
10.5	12.4	12.6	2.2	38.0	36.1	23.4	25.6	5.0	1.6	30.6	17.5	9.5

4. 密度群体对产量构成因素的影响　由表 2-1-8 可知，单铃重随着密度的增加而降低，两年试验结果一致，衣分受密度影响不明显；单位面积成铃数随着密度的增加而增加，到 8.7 万株/hm² 时达到最大值，密度增加到 10.5 万株/hm² 时成铃数反而下降，两年结果趋势一致；皮棉产量有相同的趋势，但方差分析结果两年间略有不同，2008 年从 5.1 万株/hm² 到 10.5 万株/hm² 四个密度之间的皮棉产量经方差分析差异不显著，但 1.5 万株/hm² 和 3.3 万株/hm² 两个密度皮棉产量显著降低，2009 年从 3.3 万株/hm² 到 10.5 万株/hm² 五个密度之间皮棉产量差异均不显著，只有 1.5 万株/hm² 密度皮棉产量显著降低。

从两年结果看，2008 年每公顷成铃数低于 2009 年，而单铃重、衣分和皮棉产量均高于 2009 年；由于受 2009 年前期的高温干旱影响，棉花生长发育提前，伏前桃高于2008年是导致2009年成铃数偏高的主要原因，而由于2009年前期干旱，中期又遭遇持续的连阴雨天气，后期烂桃多，造成单铃重和衣分下降，进而导致皮棉产量也大幅度降低。

表2-1-8 不同密度棉花产量构成

密度梯度（万株/hm²）	每公顷成铃数（万个）		单铃重（g）		衣分（%）		皮棉产量（kg/hm²）	
	2008年	2009年	2008年	2009年	2008年	2009年	2008年	2009年
1.5	61.65	63.45	6.6	5.7	43.1	42.2	1 593c	1 259b
3.3	63.45	67.50	6.2	5.5	42.9	41.8	1 793b	1 404a
5.1	74.25	74.70	6.2	5.4	43.0	41.4	1 913ab	1 460a
6.9	78.30	84.00	6.1	5.4	43.1	41.8	1 937a	1 460a
8.7	85.35	89.85	6.0	5.2	42.9	41.6	1 947a	1 476a
10.5	79.20	88.20	6.0	5.0	43.0	41.7	1 905ab	1 430a

注：表中同列数据后不同小写字母表示0.05水平差异显著。

5. 密度群体对棉花纤维品质的影响 从表2-1-9中可以看出，纤维长度和断裂比强度两年结果基本随密度的增加而增加的趋势，但增加幅度很小，且方差分析差异不显著（因差异不显著，未在表中标出），马克隆值、整齐度指数和伸长率变化规律不明显。总体来看，密度对棉花纤维品质的影响作用不大。

表2-1-9 不同密度棉花纤维品质

密度梯度（万株/hm²）	上半部平均长度（mm）		断裂比强度（cN/tex）		马克隆值		整齐度指数（%）		伸长率（%）	
	2008年	2009年	2008年	2009年	2008年	2009年	2008年	2009年	2008年	2009年
1.5	28.99	28.88	28.37	28.80	5.25	5.24	84.93	86.63	6.40	6.68
3.3	29.37	29.30	28.37	28.63	5.08	5.21	85.07	86.53	6.40	6.73
5.1	29.41	29.23	28.57	29.50	5.05	4.91	85.80	86.78	6.40	6.70
6.9	29.50	29.38	27.63	29.25	5.06	5.03	84.93	86.55	6.40	6.80
8.7	29.59	29.46	27.87	29.60	5.06	4.99	85.47	86.70	6.40	6.75
10.5	28.99	29.66	28.37	30.13	5.11	4.88	85.20	86.30	6.37	6.83

6. 小结 密度对棉花单株的生长发育有着很大的影响，随着密度的增加，株高降低，果枝数减少，果枝间距增大；单株铃数、单铃重也随密度增加而降

低，成铃率有降低的趋势，但除 1.5 万株/hm^2 和 3.3 万株/hm^2 两个低密度较高外，当密度超过 5.1 万株/hm^2 后，成铃率差异不大；伏前桃和伏桃数量随密度增加而降低，秋桃则是先随密度增加而降低，到 5.1 万株/hm^2 后又开始上升，伏前桃比例随密度增加而增加，伏桃比例随密度增加而降低，秋桃比例与秋桃数量变化规律一致，先降低而后增加；田间透光率则是随密度增加而降低；单位面积铃数和皮棉产量均是随密度增加而增加，到 8.7 万株/hm^2 时达到最大值，10.5 万株/hm^2 开始下降，但方差分析结果显示皮棉产量从密度 5.1 万株/hm^2 到 10.5 万株/hm^2 之间差异不显著；密度对衣分和纤维品质影响不大。

由于 2008 年是多雨年份，2009 年是干旱年份，因此这两年试验结果分别代表了不同降水量对不同密度群体的生长发育影响情况。多雨年份棉花营养生长旺盛，株高增加，果枝间距增大；在低密度时（低于 8.7 万株/hm^2）多雨年份成铃率高于干旱年份，在高密度时（达到 10.5 万株/hm^2）干旱年份成铃率高于多雨年份；从“三桃”比例来看，干旱增加了伏前桃比例而降低了伏桃比例，秋桃比例在最低密度和最高密度时干旱年份高于多雨年份，中间四个密度秋桃比例正好相反；多雨年份不同密度群体单铃重、衣分和皮棉产量均高于干旱年份。

根据卢合全等（2009）在山东的研究结果，在杂交棉去叶枝情况下，低密度（3.0 万株/hm^2）和高密度（7.5 万株/hm^2）处理的产量低，中高密度（4.0 万～6.5 万株/hm^2）的产量较高，陈文等（2009）利用鲁棉研 21 在山东巨野的试验结果，最佳种植密度在 4.35 万株/hm^2，而根据高俊岭等（2008）的试验结果，棉花密度在 4.5 万株/hm^2 时，籽棉产量最高；从本试验结果来看，皮棉产量在密度为 8.7 万株/hm^2 时最高，但从 5.1 万株/hm^2 到 10.5 万株/hm^2 间各密度处理产量差异不显著，而密度低于 5.1 万株/hm^2 后，皮棉产量则显著降低；考虑到密度越高中期田间郁闭程度越重，后期烂桃比例越高，而且密度越高田间劳动力投入越大，因此就河北省南部地区来说，棉花适宜密度范围保持在 5.1 万～6.9 万株/hm^2 为宜。

二、一熟制棉花打顶及整枝措施

（一）打顶对棉花赘芽生长的影响及其激素调控

棉花赘芽是由一级腋芽（果枝或叶枝）叶腋内的分生组织分化发育而来的，赘芽在棉花胚胎发生期就已经形成，在水肥充足、棉田郁闭等环境条件下，极易快速生长形成叶枝，打顶以后，赘芽生长更为迅速。棉花赘芽的生长消耗营养，并且影响棉田的通风透光条件，增加蕾铃脱落率，对产量的形成极为不利（胡亦端等，1980）。因此赘芽生长势的强弱，是影响棉花产量的重要因素之一。然而，目前国内外针对棉花赘芽的研究很少，已有研究主要集中在其形态学和发生规律上，而其生长调控机理尚未见报道。

植物腋芽的生长受到光照强度、营养等多种环境因子以及栽培措施和发育进程的影响（Cline et al.，1991；Snowden et al.，2003；Miyawaki et al.，2004），这些因子往往通过激素水平的变化传递给植物，调控腋芽的休眠与激活。研究表明，生长素（IAA）与细胞分裂素（CTK）在调控腋芽生长中起着至关重要的作用（Leyser et al.，2005；Booker et al.，2003；Turnbull et al.，1997；Teale et al.，2006；Tanaka et al.，2006），提高 CTK 浓度直接促进腋芽的生长（Turnbull et al.，1997；Emery et al.，1998；Miguel，1998）。但这些激素并非来源于根系，而是在腋芽的茎节处合成（Tanaka et al.，2006）。由植物顶芽合成、向下极性运输的 IAA 流（IAA-flow）则通过调节茎节处 CTK 的合成和氧化，控制着腋芽的生长（Medford et al.，1989；Jones et al.，1997；Kakimoto et al.，2001；Takei et al.，2001；Werner et al.，2001；Zubko et al.；2002；Tanaka et al.，2006；Carabelli et al.，2007；Shimizu-Sato et al.，2009）。棉花赘芽属于二级腋芽，维管束系统也并非独立，而是由一级腋芽（即果枝或叶枝）分枝而来（胡亦端等，1980），通过打顶去除主茎中 IAA 流的来源，以及顶施和果枝顶芽施用 IAA 后，研究不同类型棉花赘芽生长和赘芽中激素含量变化，明确 IAA 与 CTK 在棉花赘芽生长过程中的调控作用，揭示棉花赘芽生长的激素调控机理。

1. 打顶前后棉花≥1cm 赘芽数量与总长度的变化 打顶前，冀 151 和 269 系的上部与下部≥1cm 赘芽的数量和总长度均显著高于冀棉 169 和 182 系。打顶后，各处理上部≥1cm 赘芽的数量和总长度均有所增加，但赘芽总长度在各处理和品种间存在差异。不同处理间，上部赘芽总长度增长量的大小顺序为 D 处理＞D＋F 处理＞D＋T 处理；品种间，冀 151 和 269 系的增加幅度显著高于冀棉 169 和 182 系。此外，不同部位间的赘芽生长也存在显著差异，打顶后各处理的上部≥1cm 赘芽的数量与总长度均显著提高，而下部则基本无变化，表明棉花上部赘芽的生长更为旺盛，而下部赘芽受打顶处理影响很小，多处于抑制状态（表 2-1-10）。

表 2-1-10 打顶前后不同处理棉花≥1cm 赘芽的数量和总长度

日期	处理	品种	赘芽数（≥1cm）			赘芽总长度（cm）		
			上部	下部	总数	上部	下部	总长度
7月20日	CK	冀151	3.1b	2.2a	5.3b	8.35d	4.79bc	13.14d
		269系	3.5b	2.1a	5.6b	6.61d	3.31c	9.92de
		冀棉169	2.0c	0.5b	2.5c	2.93e	0.63d	3.56g
		182系	1.4c	0.8b	2.2c	0.94f	0.77d	1.71g
8月15日	D	冀151	4.9a	2.5a	7.4a	37.28a	6.55ab	43.83a
		269系	5.4a	2.2a	7.6a	33.91a	4.21bc	38.12a
		冀棉169	1.9c	0.9b	2.8c	8.54d	0.69d	9.23de
		182系	2.0c	0.6b	2.6c	7.96d	0.89d	8.85ef
	D+T	冀151	5.1a	2.0a	7.1a	15.91c	5.21ab	21.12c
		269系	5.3a	2.2a	7.5a	18.04c	3.42c	21.46c
		冀棉169	1.8c	0.4b	2.2c	4.43e	0.66d	5.09fg
		182系	1.7c	0.9b	2.6c	4.07e	0.89d	4.96fg
	D+F	冀151	5.1a	2.1a	7.2a	23.50b	7.14a	30.64b
		269系	5.0a	2.3a	7.3a	26.52b	4.97b	31.48b
		冀棉169	1.8c	0.5b	2.3c	6.02de	0.72d	6.74ef
		182系	1.9c	0.6b	2.5c	7.37d	0.88d	8.25ef

注：CK（对照）为未打顶、“D”为打顶、“D+T”为打顶+主茎顶施 5μmol/L IAA、“D+F”为打顶+上部果枝（第7至最上部果枝）顶施 5μmol/L IAA。表中同列数据后不同小写字母表示 0.05 水平差异显著。下同。

2. 打顶前后棉花赘芽中 IAA 含量的变化 由表 2-1-11 可知，相比打顶前，打顶 6h 后，D 处理 4 个品种上部赘芽顶芽中 IAA 含量均有所降低，其中冀 151 和 269 系分别比打顶前降低了 28.4%和 27.6%，而冀棉 169 和 182 系则分别降低了 14.3%和 7.7%；D+T 和 D+F 处理下 4 个棉花品种的上部赘芽顶芽中 IAA 含量与打顶前相比均变化不大。下部赘芽中 IAA 的含量受打顶的影响较小，打顶后均未发生显著变化。

3. 打顶前后棉花赘芽中玉米素+玉米素核苷（Z+ZR）含量的变化 由表 2-1-12 可知，打顶 6h 后，D 处理和 D+F 处理上部赘芽中 Z+ZR 的含量均显著增加，但 D 处理各品种的增加幅度显著高于 D+F 处理，而 D+T 处理上部赘芽中 Z+ZR 的含量则没有发生显著变化。品种间比较，D 处理和 D+F 处理中，冀 151 与 269 系赘芽中 Z+ZR 含量增加幅度显著高于冀棉 169 和 182

系。以D处理为例，冀151与269系分别比打顶前提高了498.5%和455.8%，而冀棉169与182系只比打顶前提高了234.3%和157.2%。棉花下部赘芽中Z+ZR的含量受处理影响较小，除D处理的182系和D+F处理的冀151略高于打顶前外，其他各处理与打顶前相比均无显著差异。

表2-1-11　不同处理棉花赘芽顶芽（鲜重）中IAA含量（ng/g）

日期	处理	品种	上部赘芽顶芽		下部赘芽顶芽	
			IAA	ΔIAA	IAA	ΔIAA
7月20日	CK	冀151	311.8cd		245.0b	
		269系	354.2ab		256.2b	
		冀棉169	269.5ef		165.2de	
		182系	337.3bc		316.3a	
8月15日	D	冀151	223.3g	−88.5d	224.8bc	−20.2d
		269系	256.3f	−97.9d	246.2b	−10.0bcd
		冀棉169	230.9g	−38.6c	184.6cd	19.4a
		182系	311.2d	−26.1c	313.5a	−2.8abcd
	D+T	冀151	323.5c	11.7a	259.5b	14.5ab
		269系	367.9a	13.7a	239.3b	−16.9d
		冀棉169	253.4fg	−16.1bc	148.0e	−17.2d
		182系	337.2bc	−0.1ab	332.4a	16.1a
	D+F	冀151	288.5de	−23.3bc	261.8b	16.8a
		269系	321.9c	−32.3c	255.4b	−0.8abcd
		冀棉169	258.0f	−11.5ab	149.6de	−15.6cd
		182系	324.5bc	−12.8ab	327.6a	11.3abc

植物腋芽在胚胎发生期就已经形成，通常状况下受到顶端优势的影响，处于抑制或休眠的状态（Ongaro et al.，2008）。在某些环境条件下（如强光胁迫、营养胁迫等）、不同发育阶段（如衰老植株）以及遭受某些机械伤害时（如去顶芽、顶芽弯曲等），腋芽会恢复生长（Cline et al.，1996；Kitazawa et al.，2008）。腋芽的生长特性在不同物种及品种间也存在很大差异（Shimizu-Sato et al.，2009）。打顶后棉花上部赘芽的生长量显著高于下部，表明棉花上部赘芽生长更为活跃。品种间的比较显示，冀151与269系≥1cm赘芽的数量和总长度以及赘芽的生长速度均显著高于冀棉169和182系。打顶以后，棉花顶端优势被解除，赘芽数增多，生长速度显著加快。

表 2-1-12 不同处理棉花赘芽顶芽（鲜重）中 Z+ZR 含量（ng/g）

日期	处理	品种	上部赘芽顶芽		下部赘芽顶芽	
			Z+ZR	Δ（Z+ZR）	Z+ZR	Δ（Z+ZR）
7月20日	CK	冀151	60.0ef		44.5de	
		269系	69.2def		36.2e	
		冀棉169	39.7g		47.3de	
		182系	77.4def		63.9bc	
8月15日	D	冀151	359.1a	299.1a	59.2cd	14.7ab
		269系	384.6a	315.4a	41.1e	4.9bc
		冀棉169	132.7c	93.0bc	48.4d	1.1c
		182系	199.1b	121.7b	84.2a	20.3a
	D+T	冀151	51.7 fg	−8.3d	43.9e	−0.6c
		269系	84.1de	14.9d	41.8e	5.6bc
		冀棉169	52.4 fg	12.7d	48.9d	1.6c
		182系	90.4d	13.0d	74.1ab	10.2abc
	D+F	冀151	135.8c	75.8c	64.2bc	19.7a
		269系	177.6b	108.4b	41.6e	5.4bc
		冀棉169	62.1ef	22.4d	49.2d	1.9c
		182系	93.3d	15.9d	67.9bc	4.0bc

CTK 能够直接解除腋芽休眠并促进腋芽的生长。在腋芽开始生长阶段，CTK 含量会显著提高（Turnbull et al.，1997；Emery et al.，1998），而且直接外源施加 CTK 也能促进腋芽的生长（Miguel et al.，1998）。打顶前后棉花赘芽顶芽中的 Δ（Z+ZR）与赘芽的生长量间存在一定的相关关系：冀 151 和 269 系上部赘芽顶芽中（Z+ZR）含量在打顶后 6h 均提高了 4 倍以上，赘芽总长度分别增加了 30.69cm 和 28.20cm；而冀棉 169 和 182 系上部赘芽顶芽中（Z+ZR）含量分别提高了 234.3% 和 157.2%，赘芽总长度则只增加了 5.67cm 和 7.14cm。各品种下部赘芽长度在打顶前后无明显变化，（Z+ZR）含量与打顶前相比差异也很小。这说明，赘芽中 CTK 浓度的升高促进了赘芽的生长。

IAA 主要在植物的顶端分生组织和幼嫩叶片中合成（Ljung et al.，2001），由各种 IAA 转运蛋白（Parry et al.，2001；Paponov et al.，2005；Geisler et al.，2006）沿维管束薄壁细胞向下极性运输（Friml et al.，2005）。在玉米、拟南芥、水稻及一些豆类作物中，主茎中由上向下的 IAA 流（IAA-flow）能够抑制磷酸腺苷异戊烯基转移酶 IPT（CTK 合成关键酶）的表达（Medford et al.，1989；Kakimoto et al.，2001；Takei et al.，2001；Zubko et al.，2002），而使 CTK 的降解酶（CTK 氧化酶）（Jones et al.，1997；Werner et al.，2001）持续表达，以此控制节间 CTK 的浓度，抑制了腋芽的生长。当植物顶芽被去除，主茎中的 IAA 流失去来源，含量下降，IPT 表达的抑制解除，而 CTK 氧化酶的表达被关闭，节间 CTK 迅速合成并进入腋芽中，引起了腋芽的生长（Shimizu-Sato et al.，2009）。打顶后（D 处理），主茎失去 IAA 的合成源，势必引起主茎中 IAA 流量减少，各品种棉花上部赘芽顶芽中的 Z+ZR 含量（打顶 6h 后）和上部赘芽总长度（打顶 20d 后）较打顶前均显著提高，而在打顶同时顶施 IAA（D+T 处理）维持主茎中由上而下的 IAA 流，则各品种棉花上部赘芽顶芽中的 Z+ZR 含量无显著变化，上部赘芽总长度也明显低于 D 处理。这些结果表明，与其他植物一样，棉花赘芽的生长受到主茎中 IAA 流的抑制。打顶同时在果枝顶芽施用 IAA（D+F 处理），会使果枝中的 IAA 流量增加，赘芽顶芽中 Z+ZR 的含量在打顶 6h 后虽然有所升高（冀 151、269 系、冀棉 169 和 182 系分别提高了 126.3%、156.6%、56.4%和 20.5%），但升高的幅度显著低于 D 依次处理（冀 151、269 系、冀棉 169 和 182 系分别提高了 498.5%、455.8%、234.3%和 157.2%），且赘芽活跃品种冀 151 和 269 系赘芽的生长长度也显著低于 D 处理。这说明棉花赘芽的生长也受到同节位果枝中 IAA 流的影响。从对赘芽生长的抑制程度来看，顶施 IAA（D+T）的赘芽生长量显著小于果枝顶端施 IAA（D+F）处理，表明主茎中由上而下的 IAA 流可能是控制赘芽生长的主因子。这一结论也与棉花赘芽为二级腋芽的形态学观察结果相吻合。

值得注意的是，打顶后赘芽生长势不同的棉花品种（系）上部赘芽顶芽中 IAA 的减少量（ΔIAA）存在很大差异，赘芽生长势强的冀 151 和 269 系上部赘芽顶芽中的 ΔIAA 分别为－88.5ng/g 和－97.9ng/g，而赘芽生长势弱的冀棉 169 和 182 系仅为－38.6ng/g 和－26.1ng/g。不同处理下赘芽顶芽中 ΔIAA 的差异虽然不等同于打顶后赘芽向主茎中运输的 IAA 的绝对量，但其大小可以作为衡量棉花主茎主动运输 IAA 能力的指标。依此推测，不同品种间赘芽生长量的差异可能与棉花主茎主动运输 IAA 的能力有关。

（二）整枝方式与种植密度对棉花生育性状及产量的影响

精细整枝是棉花传统栽培技术中的重要内容（中国农业科学院棉花研究所，1983），但是随着转基因抗虫棉品种的推广以及化控技术的应用，简化整枝技术逐渐引起人们的关注（戴敬等，2003；董合忠等，2003；申贵方等，

2008)。利用转基因抗虫棉生长势强的特点，通过保留营养枝降低种植密度，利用营养枝结铃的补偿效应实现了合理密植与叶枝利用的有机结合（王宗文等，2008；张冬梅等，2010)。韩迎春等（1999）研究发现，留叶枝能显著提高棉株现蕾、开花和吐絮强度，提高单株生产力，对棉花增产极为有利；徐立华等（2002）研究结果表明，尽管留叶枝对棉花个体的主茎和果枝生长以及果节发生、单株主茎成铃具有明显的抑制作用，但对群体的果节量和总铃数也具有显著的补偿效应，且补偿效应大于抑制效应。关于棉花的种植密度，前人进行过很多研究（汪先红等，2006；朱永歌，2010)，娄善伟等（2010）在新疆地区研究了不同密度条件下棉花果枝、叶枝和产量的特征，认为密度能明显影响植株形态，低密度时果枝数和果枝成铃数明显高于高密度处理；王树林等（2010a，2010b）在河北省主产棉区研究了精细整枝条件下棉花种植的适宜密度，结果表明，冀南地区棉花适宜密度为5.1万～6.9万株/hm^2，冀地区棉花适宜密度为6.9万～8.7万株/hm^2；宁新柱等（2011）在新疆地区进行的密度试验结果显示，北疆早熟棉花品种适宜的种植密度为22.5万株/hm^2。但是1个群体适宜密度的确定，既要适应当地的气候条件和土壤肥力，还要兼顾品种的特性。在留叶枝条件下关于棉花种植密度的问题，前人也从不同角度进行过相关研究（董合忠等，2003，2010；卢合全等，2009)，但结果差异很大，这与生产条件和品种的不同有关。王汉霞等（2010）研究结果表明，随着密度的增大，留叶枝棉花的籽棉产量和单位面积铃数呈先升高后降低趋势，单株铃数、单铃重和纤维马克隆值则呈显著的下降趋势；张立桢等（1998）研究了留营养枝棉花根系的生长发育与分布规律，发现留营养枝的棉花根系发育早、生长量大、峰值高，且生长速度快，但在中后期易早衰；李国锋等（2001）在江苏沿海地区研究了留叶枝条件下栽培密度对常规棉和杂交棉产量的影响，结果表明，常规棉和杂交棉的适宜种植密度分别为3.95万株/hm^{2}和3.21万株/hm^2。因此，针对特定品种与特定棉区，有必要进行具体试验研究，以确定该品种在特定地区的适宜密度与整枝方式。河北省农林科学院棉花研究所培育的转基因抗虫棉新品种冀3927长势旺盛，赘芽少，易管理，非常适宜简化栽培。在不同密度条件下，研究了整枝方式对冀3927生育性状及产量的影响，旨在为该品种实现简化栽培提供理论依据。

1. 不同整枝方式与种植密度对冀3927株高和果（叶）枝数的影响 棉花株高反映了棉花的长势情况。在相同密度条件下，留叶枝处理的棉花株高和果枝数均小于去叶枝处理（表2-1-13)。表明保留叶枝抑制了棉花主茎的生长发育。该结果与戴敬等（2003）的研究结果一致。

随着密度的增大，无论是去叶枝处理还是留叶枝处理，棉花的株高和果枝数均基本呈逐渐下降趋势，且留叶枝处理的叶枝数也呈逐渐递减趋势。表明随着群体密度的增大，棉株个体的生长发育受到了抑制。

表 2-1-13　不同整枝方式与种植密度处理的棉花株高和果（叶）枝数

密度（万株/hm^2）	株高（cm）		果枝数（台）		叶枝数（个）	
	去叶枝	留叶枝	去叶枝	留叶枝	去叶枝	留叶枝
1.2	90.5	86.0	16.7	15.5	0	4.0
2.4	89.6	83.1	16.1	14.7	0	3.4
3.6	88.7	83.3	15.3	14.2	0	3.2
4.8	88.9	82.7	14.8	13.6	0	2.6
6.0	86.2	80.0	13.8	12.8	0	2.4
7.2	83.6	78.6	13.1	12.5	0	2.2

2. 不同整枝方式与种植密度对冀 3927 产量构成的影响　不同的整枝方式与种植密度对冀 3927 单株铃数、单位面积铃数和单铃重具有较大影响，但对衣分影响不大（表 2-1-14）。在密度为 1.2 万～4.8 万株/hm^2时，留叶枝处理的单株铃数大于去叶枝处理，但是随着密度的增大，两者之间的差距逐渐减小；当密度≥6.0 万株/hm^2时，留叶枝与去叶枝处理的单株铃数相差不大。在相同密度条件下，留叶枝处理的单铃重均小于去叶枝处理。表明在低密度条件下，保留叶枝可以增加群体铃数，其补偿效应能得到充分发挥，该结果与董合忠等（2003）的研究结果一致；在高密度情况下，留叶枝与去叶枝处理的群体铃数相差不大，保留叶枝并不影响冀 3927 的结铃性。

表 2-1-14　不同整枝方式与种植密度处理的棉花产量构成因素

密度（万株/hm^2）	单株铃数（个）		单位面积铃数（个/m^2）		单铃重（g）		衣分（%）	
	去叶枝	留叶枝	去叶枝	留叶枝	去叶枝	留叶枝	去叶枝	留叶枝
1.2	36.9	46.0	53.0	65.5	5.83	5.61	42.7	42.9
2.4	26.6	28.3	68.7	75.4	5.74	5.46	43.0	42.9
3.6	18.8	21.1	72.4	81.5	5.62	5.41	43.4	42.8
4.8	15.7	16.1	79.8	79.8	5.59	5.35	42.5	43.3
6.0	12.8	12.6	78.7	79.2	5.52	5.33	42.8	43.8
7.2	11.1	11.2	77.0	77.6	5.48	5.09	42.4	43.0

随着密度的增大，无论是去叶枝还是留叶枝处理，棉花单株铃数和单铃重均呈逐渐降低趋势；而单位面积铃数则表现为先增加后降低趋势，其中，去叶枝处理单位面积铃数在4.8万株/hm²时达到最高，而留叶枝处理在3.6万株/hm²时达到最高。

3. 不同整枝方式与种植密度对冀3927籽棉产量的影响 不同的整枝方式与种植密度对冀3927籽棉产量具有较大影响（表2-1-15），其中，不同整枝方式间的产量差异不显著，而不同种植密度间、整枝方式与种植密度互作间的产量差异均达到了极显著水平。该结果与卢合全等（2009）的研究结果一致。

表2-1-15 不同整枝方式与种植密度处理的棉花产量

密度（万株/hm²）	籽棉产量（kg/hm²）			皮棉产量（kg/hm²）	
	去叶枝	留叶枝	增产率（%）	去叶枝	留叶枝
1.2	2 773dD	2 891d	4.3	1 184dD	1 240dD
2.4	3 559cC	3 740cC	5.1	1 530cC	1 604cC
3.6	4 031bB	4 220aA	4.7	1 749bB	1 806aA
4.8	4 180aAB	4 202aA	0.5	1 777bAB	1 819aA
6.0	4 192aA	3 997bB	−4.7	1 794aA	1 751bB
7.2	4 086bB	3 901bB	−4.5	1 732bB	1 677bB
平均	3 804	3 825	0.6	1 628	1 650

注：表中同列数据后不同小写字母表示0.05水平差异显著，不同大写字母表示0.01水平差异显著。

当在低密度（1.2万株/hm²和2.4万株/hm²）和中低密度（3.6万株/hm²）时，留叶枝处理的产量大于去叶枝处理，增产率为4.3%～5.1%；在中高密度（4.8万株/hm²）时，留叶枝与去叶枝处理的产量差异不大；在高密度（6.0万株/hm²和7.2万株/hm²）时，留叶枝处理的产量小于去叶枝处理，减产幅度分别为4.5%～4.7%。随着种植密度的增大，两种整枝方式的籽棉产量均呈先增加后降低趋势，其中，去叶枝条件下，密度为6.0万株/hm²时产量（4 192kg/hm²）最高，与4.8万株/hm²密度处理（4 180kg/hm²）差异不显著，但二者产量均显著高于其他密度处理；留叶枝条件下，密度为3.6万株/hm²时产量（4 220kg/hm²）最高，与4.8万株/hm²密度处理（4 202kg/hm²）差异不显著，但二者产量均显著高于其他密度处理。然而密度过低（1.2万株/hm²和2.4万株/hm²）时，即便保留叶枝，也难以达到理想产量。

综上分析可以看出，冀 3927 在保留叶枝、密度为 3.6 万～4.8 万株/hm^2时可以获得较高产量（4 202～4 220kg/hm^2），尽管与去叶枝、密度为 4.8 万～6.0 万株/hm^2时的产量（4 180～4 192kg/hm^2）相近，但是在棉花生产上不进行去叶枝可以节省大量用工，从而实现棉花的简化栽培。

4. 种植密度与保留叶枝关系　保留叶枝对冀 3927 主茎生长有一定的抑制作用，导致株高降低和果枝数减少，但由于叶枝成铃的补偿效应，使得单株铃数较去叶枝处理均有不同程度的增加；保留叶枝降低了单铃重，但对衣分影响不大。综合产量结果认为，保留叶枝在低密度条件下增加棉花产量，中等密度下与去叶枝处理持平，高密度下降低棉花产量。随着种植密度的增大，冀 3927 的株高、果枝数、单株铃数和单铃重均逐渐降低，但单位面积成铃数和籽棉产量呈先增后减趋势，保留叶枝处理在密度为 3.6 万～4.8 万株/hm^2时产量较高，去叶枝处理在密度为 4.8 万～6.0 万株/hm^2时产量较高。冀 3927 在保留叶枝、种植密度为 3.6 万～4.8 万株/hm^2时能获得高产，同时减少整枝用工，可实现棉花的简化栽培。

三、一熟制棉花绿色优质高效技术措施

（一）优质棉花全程绿色生产技术

棉花是重要经济作物，河北省植棉面积仅次于新疆，位居全国第二。近年来河北省棉花生产面临原棉品质低、化肥农药用量大、产业链松散、生产投入用工多等问题，为解决棉花产业现存的生产技术问题，河北省现代农业产业技术体系棉花创新团队在自主研发的技术成果基础上，整合生产、加工、纺织各关节关键技术，进行了全产业链规范集成，形成了优质棉花全程绿色生产技术，为棉花优质、绿色、高质量、安全生产提供高效可行标准化技术支撑。

1. 播前准备　有机无机肥配施减少化肥用量。有机肥采用腐熟干鸡粪（有机质含量不低于 20%，干重），用量 3 000～4 500kg/hm^2，棉花专用复合肥（N 含量 18%～22%，P_2O_5 含量 5%～10%，K_2O 含量 15%～20%）525～600kg/hm^2，灌水前撒施于地表。采用小畦灌溉，灌水量 750～900m^3/hm^2。棉花秸秆采用粉碎机直接粉碎还田，每 3 年冬前深翻一次，3 年有机肥量结合深翻一次施入；平常年份只进行旋耕，旋耕深度 15cm 左右；耙耱 2～3 遍，待播。选用纤维品质优良的品种（系），具有抗病、优质、早熟等特性，纤维长度≥30.0mm，断裂比强度≥30cN/tex，马克隆值 3.7～4.9，整齐度指数≥85%；一个种植大户一个品种（系），以确保棉花纤维品质的一致性。

2. 播种 适宜播期为4月25日至5月5日；机采模式采用76cm等行距裸地播种，普通模式大小行种植；播种深度为2.0～3.0cm，播种量15.0～22.5kg/hm^2。播种前后喷施除草剂，棉田除草剂可采用混土型（氟乐灵）或地表封闭型（乙草胺）。在耙耱前每公顷用48%氟乐灵乳油1 500～2 250mL，兑水225kg均匀喷洒于地表，不得重喷；在播种后每公顷用90%乙草胺乳油1 500～2 250mL兑水225kg均匀喷洒于地表，不得重喷。

3. 田间管理 棉花苗期与蕾期中耕2～3次，加强除草。现蕾后起垄培土，在棉行形成约15cm高的垄背。6月中旬至8月中旬，耕层土壤含水量低于相对持水量60%或棉花中午出现萎蔫现象，无预期降水情况下要进行灌溉，灌水量600～750m^3/hm^2。

7月15～20日单株果枝12～13个时打顶。棉花出现旺长趋势或遇有连阴雨时进行化控，遵循勤调轻控的原则，缩节胺用量控制在苗期7.5g/hm^2，蕾期22.5～30.0g/hm^2，初花期37.5～45.0g/hm^2，盛花期60.0～67.5g/hm^2。

4. 病虫害防治

（1）虫害物理防治。6月下旬在棉田插置黄色粘虫板4块，当发现任何一个粘虫板上有两个以上棉盲蝽成虫时，即进行喷药防治。同时于6月下旬开始，每2hm^{2}安装一盏杀虫灯，开灯时间为每晚21时至翌日凌晨6时。

（2）虫害化学防治。

①三代棉铃虫：田间每百株棉铃虫低龄幼虫达20头时，每公顷可选8 000IU/mg苏云金杆菌1 500～7 500g或20%氯虫苯甲酰胺悬浮剂150mL的剂量喷药防治。

②蚜虫：田间棉花卷叶株率达到10%时施药，每公顷可选22%氟啶虫胺腈悬浮剂20mL+50%吡蚜酮可湿性粉剂225g兑水225kg进行喷雾。

③棉盲蝽：每公顷喷施22%氟啶虫胺腈悬浮剂750mL，连续用药两次，间隔5～7d。

④红蜘蛛：遇旱及时灌溉减轻红蜘蛛的发生危害，当棉株红斑率达15%时，每公顷喷施1.8%阿维菌素乳油225mL。

（3）烂铃防治。通过合理化控调节棉花长势，遇多雨年份推株并垄，增加田间通风透光；7月底至8月初，喷施25%吡唑醚菌酯悬浮剂防治烂铃。

5. 籽棉采收与存储 棉田于9月底10月初喷施40%乙烯利3 000～4 500g/hm^{2}催熟。采收人员须穿戴摘棉专用套服，使用棉布袋。有条件的地区采摘后直接入库。采摘吐絮完全的棉铃，僵瓣花与正常吐絮铃分存、分售。籽棉存储库房密闭，禁止鸟类、家禽、牲畜等进入，防止异性纤维污染。

6. 棉花加工 棉花加工企业生产环境及安全管理要符合国标要求，所有进入加工车间的人员需穿戴专用棉布工作服，加工过程要调整好设备具体参数，保证加工过程减少棉结与长度损失。

7. 订单生产与销售 由棉花加工企业与棉花种植合作社、种植户等签订协议，实行订单式生产，实现棉花的分级交售，做到优棉优价；由纺织企业与棉花加工企业签订订单式购销协议，实现优棉优用。

（二）棉花栽培中的“非必要”技术措施

我国是一个植棉大国，在棉花栽培技术方面各地根据自身的生产条件形成了不同的栽培技术体系，就黄河流域棉区来说，目前推广应用的仍是以“精耕细作”为主的技术体系，但随着生产的发展，“简化栽培”技术体系逐步成熟完善，并开始推广应用。随着栽培技术体系的转变，原来的栽培措施中的部分被省略，成为了“非必要”技术措施，下面就从三个方面对这些“非必要”技术措施进行一下总结。

1. 土壤耕翻 目前棉农普遍的做法是播种前进行灌溉，然后撒施肥料、翻耕（旋耕）、耙耱后准备播种。其中的土壤耕翻要耗费大量的人力物力，平均每公顷投入 450 元左右，而对于土壤是否需要每年都进行耕翻的研究不多。2002—2005 年在河北省威县东张庄试验站的定位试验研究表明，棉田每三年耕翻一次的土壤 0～20cm 处的平均容重 1.34g/cm^3；每年都耕翻的棉田 0～20cm 处土壤的平均容重 1.29g/cm^3，一般棉田土壤容重不超过 1.4g/cm^{3}就不会对作物根系的生长造成影响。从产量结果来看，连年耕翻与每 3 年耕翻一次之间的籽棉产量差异不显著。因此，在“简化栽培”技术体系中，棉田每 3 年耕翻一次，其他年份将整地作业变为先撒施肥料，然后进行灌溉，肥料溶于水后随水下渗，只进行耙耱，使土壤表层形成 2～3cm 的松土层以便保墒，不进行耕翻，这一做法节省大量劳动力且并不引起棉花减产，因此，“耕翻”便成为第一个“非必要”技术措施。

2. 追肥 从传统栽培技术来看，棉花施肥讲究“施足基肥、轻施苗肥、稳施蕾肥、重施花铃肥、补施盖顶肥”，虽然从生产实践来看棉农并没有按照如此烦琐的施肥方法去做，但在铃期追施 1～2 次化肥还是很普遍的。棉花追肥中由于追肥量控制不当造成棉花疯长或烧苗现象时有发生，2002—2004 年在威县试验站连续 3 年做了等量肥料全部基施与分次施用的对比试验，结果表明，两种施肥方式之间棉花产量没有显著差异，而对于新疆李时清和河北王忠义提出的“一炮轰”施肥方式，试验结果也显示棉花整个生育期间生长稳健，后期没有脱肥现象。最近几年新型缓释肥料的投入生产，更是促进了棉花肥料全部基施推广，于2005年在河北邯郸的成安县采用涂层缓释肥（由中国科学院石家庄农业现代化研究所研制）一次基施的方式，棉花产量比等养分含量肥料分次施用（基施60%，铃期追施40%）增加7.11%～19.49%。目前，棉花肥料一次底施的做法已经在生产上逐步应用，因此，“追肥”便成为第二个“非必要”技术措施。

3. 整枝 关于棉花是否需要整枝的问题在学术界历来就有争论。但新中国成立后，受苏联植棉技术的影响，在棉花管理中形成了“捋裤腿、去叶枝、打顶尖、去群尖、抹赘芽、去老叶”等一系列十分完备的技术体系，并在生产中推广应用，究竟这一技术对棉花生长有多大作用？20世纪70年代末，河南省农业科学院的王佐琨搜集到了自1930年以来关于整枝与不整枝的试验资料72份，以及自己在两年间的190份试验资料，总计262份，包括了不同生产条件下的整枝与不整枝的对比试验，其中棉花不整枝增产88份，产量持平130份，不整枝减产44份，减产幅度也只有0.8%～8.5%。从这个结果来看，棉花整枝用工尽管占用了整个管理用工的1/3，但并没有对棉花产量的增加起到较大作用。90年代后，随着“简化栽培”概念的提出，各地科研工作者对棉花的“免整枝”技术进行了系统全面的研究，形成了棉花只打顶尖的“免整枝”技术，加上“懒汉棉”“叶枝棉”的大力宣传推广，棉农开始对“免整枝”技术有了初步认识，并逐步接受。该项技术体系的要点包括选用抗逆性强的大棵型品种，合理配置株行距，将大行距扩大到90～110cm，适当降低密度，配合缩节胺化控，利用叶枝的结铃性充分发挥棉株的个体优势，从而使繁重的棉花整枝工作得以简化。因此，“整枝”就成为了第三个“非必要”技术措施。

“非必要”技术措施的提出，标志着对棉花栽培技术中部分“费时费力不讨好”的技术措施的否定，标志着栽培技术体系由“精耕细作”向“简化栽培”的转变，但在生产中要彻底完成这种转变，还需要各地的科研工作者和农业技术推广人员做好更多的示范、宣传、推广工作。

（三）冀南地区棉花早衰综合防治技术

近年来，棉花早衰已经成为影响棉花产量的一个主要因素，特别是2004年全国性的棉花早衰严重地降低了棉花的产量，2005年河北省仍有包括邯郸成安、邢台威县的局部地区出现了早衰现象，形成了“有桃没有产量”的尴尬局面。由于引起棉花早衰的原因复杂多样，其中包括品种因素、黄萎病诱发、营养失调等，因此，在防治棉花早衰的技术措施中不能单从某一个方面入手，必须采取综合的技术措施，才能取得成效，下面就冀南地区棉花早衰的情况，提出综合防治的几项具体技术措施。

1. 轮作倒茬　引起棉花早衰的一个主要原因是黄萎病，特别是在棉花连作地区，土壤中积累了大量的黄萎病病菌，在 8 月遇雨土壤降温后黄萎病发作引起棉花早衰，而轮作倒茬是减少土壤病菌最有效的方法。据研究，种植谷子、高粱等小杂粮作物能显著降低土壤中黄萎病病菌的数量，因此在有条件的地区一定要实行轮作倒茬。

2. 秋耕晒垡　棉花收获以后，尽早拔去棉柴，在土壤封冻之前进行深翻，深度应该超过 20cm，通过冬春晒垡可以减少土中病菌数量，还能打破犁底层，以利于棉花根系下扎，同时利用冬春雨雪起到蓄水保墒的作用。

3. 重施有机肥，增施钾肥　棉花后期养分缺乏，也是导致棉花早衰的一个主要原因。由于化肥分解快，肥效短，常造成棉花后期脱肥，有机肥肥效稳定，肥力持续时间长，所含养分齐全，施用后能够改善土壤的团粒结构，增强土壤蓄水保肥能力，施用有机肥的棉田普遍表现出不早衰、后劲足的趋势，因此建议棉农应该重施有机肥，一般每公顷棉田可施有机肥 40t 左右，有条件的地区还可以多施。另外，最近两年“缓释肥”正在兴起，河北省农林科学院棉花研究所 2005 年在河北邯郸地区示范的“涂层一次缓释肥”效果突出，后期棉花长势强劲，因此棉农可以选择使用“缓释肥”。

棉花是喜钾作物，它吸收的钾量与吸收的氮量不相上下，而钾是提高植物抗逆性的重要因子，施用钾肥能延缓棉叶脱落，叶病减轻，还能防止生理性红叶茎枯病的发生。但长期以来，农民偏重于氮磷肥的施用而忽视了钾肥的施用，据测定，河北一般棉田土壤速效钾含量在 110～150mg/kg，与 20 年前相比，土壤速效钾下降了 20～40mg/kg，而土壤速效钾含量要达到 180～200mg/kg 才能满足棉花生长的需求，这表明土壤中钾肥已经相对缺乏；本试验结果表明，每公顷施钾肥 300kg 的棉田较不施钾肥的棉田棉株发病率降低 25.8%，皮棉产量增加 11%，因此一定要增加钾肥的用量，一般每公顷钾肥的施用量应该在 300kg 左右。

4. 品种选择　在当前的生产条件下，品种选择仍是防止早衰的最有效的措施。与以前相比，现在生产上推广的品种在早熟性上有了很大提高，其生育期大多不到 130d，如河北大面积推广的冀 668 和 DP99B，生育期都在 125d，品种生育期的缩短必然导致后期棉株生理活动的迅速衰败，表现出过早的死亡；而品种的抗病性强弱更是决定棉花是否早衰的重要因素，抗病性越强，发生早衰的程度越轻；因此在易早衰的田块，应选择高抗病性、生育期在 130d 以上的品种，在河北中南部地区，推荐选用冀棉 298（其高抗病性在 2005 年被河北棉农称为“不死棉”）、邯 4849。

5. 栽培管理

（1）适当晚播。在冀南棉区，适宜播期在 4 月 20 日左右，过早播种使棉花早发，伏前桃比例增加，棉花更易早衰，另外过早播种常因气温不稳定而影响出苗，使出苗时间增加而产生大量弱苗，也会使棉花更容易早衰，因此应当尽量将播期推迟到 4 月 20 日左右。

（2）提早揭膜。地膜覆盖是一项促早化栽培措施，但由于棉农没有揭膜的习惯，地膜覆盖将棉花的生育期大大提前，同时地膜将土壤中的水分提到表层，使棉花根系大部分集中在表层土壤中，难以下扎，影响了根系的发育，这都是造成棉花早衰的不利因素，因此在棉花定苗后到小行封垄之前应将地膜揭去，这个时间在冀南地区为 5 月底至 6 月初。

（3）保留叶枝。随着简化管理技术的推广，棉农逐渐认识到叶枝给根系的生长发育供给养分的作用，保留叶枝后，棉花根系下扎加深，植株健壮，对防止棉株早衰有积极的作用，因此在整枝过程中应至少保留 2～3 个叶枝。

（4）后期追肥。进入 8 月以后，棉花早衰的迹象就开始逐渐显现，此时棉花根系吸收能力开始下降，同时受病菌的侵染已经开始病变，因此此时喷施叶面肥是防止棉花早衰的较好选择，一般可选用 0.1%的磷酸二氢钾和 1%的尿素，每隔 7～10d 喷施一次，也可喷施富含多种微量元素叶面肥，对防治棉花早衰都有很好的作用。

6. 混土杀菌 在早衰发生严重的区域内，可用药物混土灭菌，常用的方法是将含氨 16%的农用氨水 1∶9 倍液 45kg/m^2 浇灌后混土，也可以每平方米用棉隆 50%可湿性粉 140g 与翻松土混拌均匀，然后加水 15～25kg 助渗，并用干细土严密封闭病点。但混土杀菌对土壤中的有益微生物也会造成危害，因此只建议在发病特别严重的地块使用。

综上所述，对于棉花的早衰，应该以轮作倒茬和品种选择为主要防治手段，辅以耕作栽培等多种农艺措施，在必要的时候混土杀菌，这样才能取得显著的成效。

第二节 冀南棉区棉花一熟制种植制度下地力培肥技术措施

一、土壤温度调节措施

（一）起垄种植与不同地膜覆盖对棉花生长发育及产量的影响

塑料地膜覆盖是目前棉花生产中普遍采用的一项技术，目的是增温保墒，最近几年市场上出现的液体地膜，受到了不少人的关注（王建红等，2002；杨青华等，2008），但其效果仍存在争议；在传统的增温保墒耕作措施中还包括秸秆覆盖（保墒）和起垄种植（增温），曾经有人做过小麦秸秆（刘冬青等，2003）和油菜秸秆（陶运强等，2005）覆盖方面的研究，但利用棉花秸秆进行覆盖还未见报道，起垄种植在东北地区作物种植中比较常见（王志学等，2007），但在棉花种植中研究不多；对上述单项技术措施及其组合设置了五个处理，Ⅰ：裸地对照；Ⅱ：起垄种植，垄沟覆盖棉花秸秆，按照 1.4m 等行距起垄，垄高 25cm，垄顶宽 80cm，在垄顶按 25cm 株距点种 2 行棉花，行距 60cm；Ⅲ：起垄种植，在垄顶加喷液体地膜，垄沟覆盖棉花秸秆，按照 1.4m 等行距起垄，垄高 25cm，垄顶宽 80cm，在垄顶按 25cm 株距点种 2 行棉花，行距 60cm；Ⅳ：塑料地膜覆盖；Ⅴ：塑料地膜覆盖，大行间覆盖棉花秸秆（二元覆盖）。通过对不同种植模式进行对比研究，对其增温保墒效果和对棉花的生长发育进行了初步的评价。

1. 棉花苗期 5cm 土层温度变化　4 月 28 日播种后至 6 月 25 日每天记录各处理 5cm 土层日平均温度。为便于分析，将每 3 天的温度再进行一次平均，得到 20 组数据（图 2-2-1）。从图 2-2-1 中可以看出，塑料地膜覆盖处理和二元覆盖处理的 5cm 土层温度一直高于其他处理，从 4 月 28 日至 6 月 10 日这段时间内，与裸地对照相比其 5cm 土层温度平均增加 2.2℃左右；起垄种植加喷液体地膜处理的温度仅次于塑料地膜覆盖，与裸地对照相比增加 0.7℃；起垄种植处理的温度与裸地对照相比差别不大，这表明起垄对 5cm 土层温度的增加基本不起作用，而塑料地膜覆盖与喷施液体地膜可以起到增温的作用。到 6 月 10 日前后棉花小行间封垄，此时无论塑料地膜覆盖还是液体地膜都失去了增温作用。

2. 棉花苗期土壤含水量的变化　在棉花苗期（5 月 19 日和 6 月 12 日）2 次测定 0～10cm 和 10～20cm 土壤含水量，测定时在小行间和大行间分别测定，测定结果见表 2-2-1。从 5 月 19 日小行间测定结果看，无论是 0～10cm 还是 10～20cm 都是二元覆盖处理的土壤含水量最高，裸地对照相对较低，大行间的测定结果也表明二元覆盖处理的含水量最高；从 6 月 12 日测定结果看，二元覆盖的小行间 0～10cm 土壤含水量与大行间的 10～20cm 土壤含水量与其他处理相比也偏高，因此二元覆盖在保持土壤水分方面效果明显；其他各处理之间土壤含水量规律性不太明显。

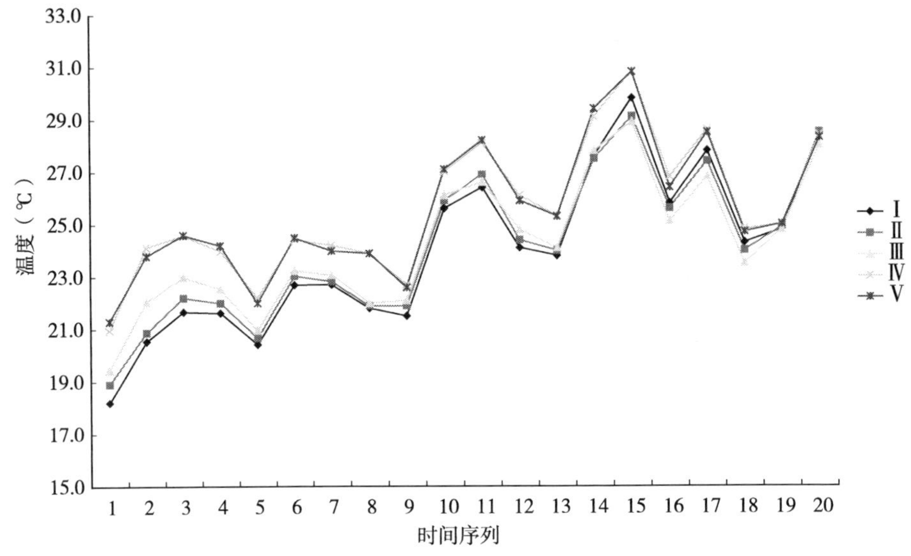

图 2-2-1　不同处理苗期 5cm 土层温度变化趋势

表 2-2-1　各处理苗期土壤水分测定结果（%）

处理	5月19日				6月12日			
	小行		大行		小行		大行	
	0～10cm	10～20cm	0～10cm	10～20cm	0～10cm	10～20cm	0～10cm	10～20cm
Ⅰ	8.4	9.8	10.8	10.9	4.1	7.2	6.6	8.1
Ⅱ	10.1	11.8	9.8	11.1	4.8	8.2	9.1	10.2
Ⅲ	8.7	11.3	9.4	11.0	4.8	8.0	6.7	10.1
Ⅳ	8.8	11.9	10.3	11.3	5.5	5.7	9.5	10.2
Ⅴ	11.5	12.3	10.8	12.4	5.9	8.5	9.2	10.9

3. 棉花生育进程结果　二元覆盖和塑料地膜覆盖处理使出苗时间显著缩短，比其他处理出苗时间少 4～5d，这与塑料地膜显著增加土壤温度密切相关；而起垄种植与裸地对照相比，出苗时间仅相差 1d（表 2-2-2）。

从调查结果看，6 月 2 次真叶数都是二元覆盖和塑料地膜覆盖处理明显高于其他处理的真叶数，到 7 月 15 日各处理的果枝数差距在缩小，到 8 月 15 日各处理的果枝数除裸地对照较少外，其他各处理差别不太明显（表 2-2-2）。这表明塑料地膜在前期使棉花生育进程加快，到后期不盖地膜的处理棉花生育进程逐渐赶上塑料地膜覆盖处理。

表 2－2－2　不同处理真叶数与果枝数

处理	出苗日期（月-日）	真叶数（片）		果枝数（台）	
		6月1日	6月15日	7月15日	8月15日
Ⅰ	05-07	4.6	8.6	10.9	11.9
Ⅱ	05-06	4.9	8.8	11.8	12.5
Ⅲ	05-06	5.1	8.7	12.0	13.0
Ⅳ	05-02	6.0	9.9	11.6	12.4
Ⅴ	05-02	6.4	10.4	12.4	12.7

7月15日调查结果显示，二元覆盖和塑料地膜覆盖处理表现最好，其成铃数和幼铃数均高于其他处理，裸地对照的成铃数和幼铃数都是最低；到8月15日和9月10日调查时，各处理的成铃数和幼铃数差别不太明显，但二元覆盖处理仍然表现最好，其成铃数与幼铃数均高于其他处理（表2－2－3）。

表 2－2－3　不同处理单株铃数（个）

处理	7月15日		8月15日		9月10日	
	成铃	幼铃	成铃	幼铃	成铃	烂铃
Ⅰ	1.0	3.1	8.5	2.3	11.1	0.4
Ⅱ	1.3	3.7	9.5	2.3	10.8	0.2
Ⅲ	1.1	3.9	9.4	2.5	11.5	0.3
Ⅳ	2.9	4.3	9.3	1.8	11.1	0.2
Ⅴ	3.2	4.7	9.8	2.5	12.0	0.4

4. 棉花产量与产量结构　无论是籽棉产量还是皮棉产量，采用二元覆盖处理均最高，分别比对照提高5.2%和6.2%，差异达显著水平，其单株铃数和衣分也较其他处理偏高，其次是采用塑料地膜覆盖处理，起垄种植与起垄种植加喷液体地膜处理产量差异不大，但各处理籽棉与皮棉产量均较裸地种植有所提高（表2－2－4）。

表 2－2－4　各处理产量及产量构成结果表

处理	单株铃数（个）	单铃重（g）	衣分（%）	籽棉产量（kg/hm^2）	皮棉产量（kg/hm^2）
Ⅰ	11.1a	5.3a	40.1a	3 310.5b	1 327.5b
Ⅱ	10.8a	5.3a	40.2a	3 426.5ab	1 377.4ab
Ⅲ	11.5a	5.3a	40.1a	3 430.5ab	1 375.5ab
Ⅳ	11.1a	5.4a	40.3a	3 472.5ab	1 399.4ab
Ⅴ	12.0a	5.4a	40.5a	3 483.0a	1 410.0a

起垄种植对提高土壤温度作用不明显，对棉花生育进程和籽棉产量影响不大；液体地膜有一定的增温保墒作用，但与塑料地膜覆盖相比仍有很大差距，产品特性还需要进一步完善才具有推广价值；棉花秸秆覆盖可以减少土壤水分蒸发，尤其是二元覆盖条件下，土壤含水量明显增加，棉花产量也有大幅度提高，秸秆覆盖作为一种保水措施，在旱地棉田应当进一步研究其应用价值与应用方法，但秸秆覆盖还田对土壤物理性状的影响还需要连续多年定点观测。

（二）三种液体地膜对棉花生长发育的影响研究

一方面，由于塑料地膜连年使用，造成棉田地膜残留日益增加，“白色污染”日趋严重，这对棉花的可持续生产是一种潜在的威胁。据新疆报道，每公顷地最多可拣出塑料残膜20kg，降低棉花产量11.8%～22.0%（孙孝贵等，2005)；另一方面，塑料地膜覆盖也是引起棉花早衰的重要因素（赵静等，2006)；最近几年，市场上出现了可降解的液体地膜（杨青华等，2003)，引起了许多人的关注。为了解决地膜覆盖对棉花的负面影响，明确液体地膜的作用，通过对比从市场上搜集到的3种液体地膜，确定液体膜对棉花生长发育的影响。

1. 棉花苗期5cm土层温度变化 播种后（4月28日至6月25日）每天记录各处理5cm土层日平均温度，为便于分析，将每3天的平均温度再进行一次平均，得到20组数据。从图2-2-2可以看出，4月28日喷施液体地膜到6月1日这一个多月时间内，液体地膜表现出一定的增温作用，但增温幅度小于塑料地膜；与裸地对照相比，喷施ZNFF-6液体生态地膜土层温度提高1℃，喷施满地宝与喷施燕新液体地膜分别比裸地对照土层温度提高0.9℃与0.6℃，而塑料地膜覆盖较对照土层温度提高2.2℃。单日最大温差喷施ZNFF-6液体

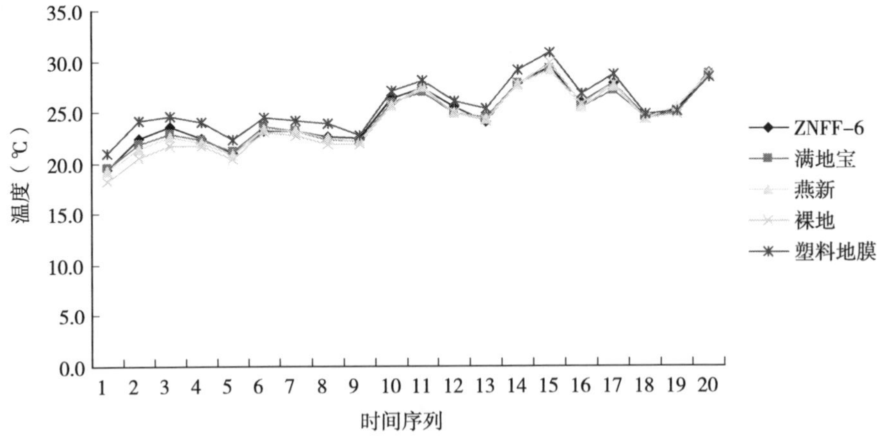

图2-2-2 各处理出苗期5cm土层温度变化

生态地膜比裸地土层温度提高 2.1℃，喷施满地宝与喷施燕新液体地膜分别比裸地对照土层温度提高 1.6℃与 1.4℃。进入 6 月以后，随着棉株叶片的增多，小行开始逐渐封垄，此时液体地膜的增温作用不再明显，到 6 月 10 日左右，塑料地膜也不再具有增温作用。

根据以上分析，现蕾以前塑料地膜增温作用最大，三种液体地膜增温作用次之，现蕾以后塑料地膜与液体地膜均失去了增温作用。

2. 棉花苗期土壤含水量的变化　在棉花苗期（5 月 19 日和 6 月 12 日）2 次测定了0～10cm 和 10～20cm 土壤含水量，测定时在小行间和大行间分别测定，测定结果见表 2-2-5。可以看出，液体地膜的保水作用比较明显。5 月 19 日测定的小行间 0～10cm 土壤含水量喷施液体地膜处理均高于裸地对照，甚至高于塑料地膜覆盖的处理，喷施 ZNFF-6 液体生态地膜处理的土壤含水量比裸地对照提高 13.1%，比塑料地膜覆盖处理的高 8.0%；这主要是由于 5 月中上旬出现过 3 次降水，塑料地膜覆盖的处理雨水无法下渗到小行间，因此造成小行间土壤含水量偏低；小行间 10～20cm 土壤含水量结果呈现相同的趋势，只不过在喷施 3 种液体地膜的处理中，0～10cm 土壤含水量偏高的，10～20cm 土壤含水量就偏低，总体来看，0～20cm 土壤含水量差别不大。

由于大行间没有喷施液体地膜，也没有塑料地膜覆盖，因此大行间 0～10cm 各处理土壤含水量差别不大，10～20cm 土壤含水量除塑料地膜覆盖处理较高外，其他各处理没有太大差异。6 月 12 日测定结果与 5 月 19 日测定结果趋势基本一致，只是裸地对照的土壤含水量明显低于其他处理。

表 2-2-5　各处理土壤水分测定结果（%）

处理	5 月 19 日				6 月 12 日			
	小行		大行		小行		大行	
	0～10cm	10～20cm	0～10cm	10～20cm	0～10cm	10～20cm	0～10cm	10～20cm
ZNFF-6	9.5	10.5	10.3	10.4	6.2	8.3	9.4	10.5
满地宝	9.1	11.2	10.3	10.9	6.3	8.4	9.2	10.9
燕新	9.2	12.5	10.0	10.6	5.2	8.3	8.1	11.3
裸地	8.4	9.8	10.0	10.9	4.1	7.2	6.6	8.1
塑膜	8.8	9.6	10.3	11.3	5.5	6.7	9.5	10.2

3. 棉花生育进程调查　从表 2-2-6 中可以看出，塑料地膜覆盖处理棉花出苗需要 6d，比裸地对照早 4d，喷施液体地膜出苗需要 9d，比裸地对照出苗早 1d；到现蕾期塑料地膜覆盖比裸地对照提早 5d，而喷施液体地膜比裸地

对照提早 2～3d；到开花期塑料地膜覆盖仅比裸地对照提早 2d，与喷施液体地膜的各处理差异也在减小，而到达吐絮期的时间各处理间基本没有明显的差异。根据以上结果可以看出，塑料地膜在现蕾前以其较强的增温作用使棉花前期生长发育加快，液体地膜的增温作用较小，棉花前期生长落后于塑料地膜覆盖处理，但进入开花期以后，液体地膜覆盖处理生长发育加快，逐渐赶上塑料地膜覆盖处理。

表 2-2-6　不同处理棉花生育时期

处理	出苗日期	现蕾期	开花期	吐絮期
ZNFF-6	5月6日	6月10日	6月28日	8月26日
满地宝	5月6日	6月11日	6月30日	8月27日
燕新	5月6日	6月11日	6月29日	8月26日
裸地	5月7日	6月13日	6月30日	8月27日
塑膜	5月3日	6月8日	6月28日	8月26日

从表 2-2-7 中可以看出，在 7 月 15 日之前，塑料地膜覆盖处理的真叶数和果枝数高于喷施液体地膜的处理，而喷施液体地膜处理高于裸地对照，但到 8 月 15 日时，喷施液体地膜处理的棉花果枝数已经超过塑料地膜覆盖处理；同样可以看出，塑料地膜覆盖使棉花前期生长加快，而液体地膜覆盖处理表现出了一定的后发优势。

从表 2-2-8 中可以看出，7 月 15 日调查结果显示，塑料地膜覆盖处理表现最好，其成铃数和幼铃数均高于其他处理，喷施液体地膜的处理成铃数和幼铃数高于裸地对照，只有喷施燕新液体地膜处理的成铃数低于裸地对照；到 8 月 15 日和 9 月 10 日调查时，液体地膜处理的成铃数和幼铃数开始高于塑料地膜覆盖处理和裸地对照，表现出了后期强劲的生长势头。

表 2-2-7　不同处理真叶数与果枝数调查结果

处理	真叶数		果枝数	
	6月4日	6月15日	7月15日	8月15日
ZNFF-6	4.6	8.8	11.4	12.8
满地宝	4.7	8.8	11.5	12.9
燕新	4.6	9.0	11.5	12.5
裸地	4.6	8.6	10.9	11.9
塑膜	6.0	9.9	11.6	12.4

表 2-2-8 不同处理单株铃数

处理	7月15日		8月15日		9月10日	
	成铃	幼铃	成铃	幼铃	成铃	烂铃
ZNFF-6	1.4	3.4	10.3	2.5	12.7	0.3
满地宝	1.2	4.0	10.5	2.4	12.5	0.3
燕新	0.8	3.7	10.1	2.5	12.8	0.3
裸地	1.0	3.1	8.5	2.3	11.1	0.4
塑膜	2.9	4.3	9.3	1.8	11.1	0.2

4. 棉花产量及产量构成 从表2-2-9的产量结果可以看出，与裸地对照相比，喷施液体地膜的处理籽棉产量都有所提高，其中喷施ZNFF-6液体地膜处理的籽棉产量与裸地对照相比增产6.6%，经方差分析达到了显著水平，喷施ZNFF-6液体地膜与燕新液体地膜处理的籽棉产量甚至高于塑料地膜覆盖的处理，但差异未达显著水平。

喷施液体地膜对单铃重和衣分影响不大，只有塑料地膜覆盖处理衣分偏低；单株铃数塑料地膜覆盖处理和裸地对照都偏低，喷施液体地膜各处理单株铃数增加1.4～1.7个。

表 2-2-9 不同处理棉花产量及产量构成

处理	单株铃数	单铃重（g）	衣分（%）	实收籽棉产量（kg/hm^2）	皮棉产量（kg/hm^2）
ZNFF-6	12.7	5.4	40.5	3 529.5a	1 429.5
燕新	12.8	5.3	40.8	3 499.5ab	1 428.0
塑膜	11.1	5.4	39.9	3 412.5ab	1 362.0
满地宝	12.5	5.3	40.5	3 379.5ab	1 368.0
裸地	11.1	5.3	40.5	3 310.5b	1 341.0

注：表中同列数据后不同小写字母表示0.05水平差异显著。

液体地膜具有明显的保水效果，尤其是在出现少量降水的情况下，塑料地膜阻止了雨水在小行间的下渗，而液体地膜则使小行间土壤含水量增加，在整个棉花苗期都表现出较强的保水作用。液体地膜有一定的增温作用，在棉花苗期使5cm土层温度较裸地对照增加1℃左右，但其增温效果不如塑料地膜，塑料地膜与裸地对照相比，增温幅度在2.2℃。进入现蕾期棉花开始封垄后，无论是塑料地膜还是液体地膜，都逐渐失去了增温的作用。

塑料地膜覆盖对棉花的促早作用明显，首先是使棉花出苗时间缩短，棉花苗期生长加快，在7月15日前其各项生育指标均高于裸地对照与喷施液体地膜的处理，但与早发伴随的往往是棉花的早衰；从7月15日进入盛花期以后，喷施液体地膜处理的棉花各项生育指标开始超过塑料地膜覆盖的处理，具有明显的后发优势，致使最终产量与塑料地膜覆盖处理持平，除喷施ZNFF－6液体地膜处理的籽棉产量显著高于裸地对照外，其他各处理之间的产量水平差异不明显。液体地膜具有一定的应用价值，但其产品性能仍需要进一步完善，其用量与使用方法也需进一步研究。

（三）播期与地膜覆盖对冀863棉株不同果枝节位衣分的影响

棉花衣分是籽棉纤维重量占籽棉重量的比例，是反映棉花经济产量的重要指标。关于棉花衣分形成的遗传学机理，前人做了大量研究（易成新等，2001；张培通等，2005；杨六六等，2009），而棉花衣分的高低，除了受遗传影响之外，环境因素如光照、温度、水分等条件也对衣分影响很大。王朝晖等（2008）研究认为，温度、日照时数与衣分呈负相关，降水与衣分关联系数大；张金帮等（2000）研究认为，在影响衣分的环境因子中，积温影响最大，其次是日照时数和降水量；张翠英等（2011）研究认为，棉花衣分与7月降水量呈显著负相关；张晓洁等（2014）研究认为，前期收获籽棉衣分最高（9月26日收获为前期，10月25日收获为中期，11月13日收获为后期），霜后收获籽棉衣分最低，主要是受温度影响较大，随着气温下降，棉纤维干物质积累受到影响，成熟度差，纤维质量下降，衣分明显降低；田海燕等（2014）研究认为，中后期如遇连阴雨，棉花烂铃增加，烂铃会导致衣分提高，增幅达到1.31%；李春平等（2014）研究认为，衣分与7月下旬和8月上旬的高温呈极显著正相关；万燕等（2009）认为有效太阳辐射总量对衣分有相对重要的影响。前人关于衣分的研究，多集中在气候条件对棉花总体衣分的影响，尚未见单株上衣分在不同果枝、不同果节上的变化规律研究，为此，设置了早播（4月15日）、适期播种（4月25日）和晚播（5月5日）三个播期，以及地膜覆盖与裸地播种两种模式，测定衣分在棉株上的分布规律，探明播期、覆膜等因素对衣分在棉株分布的影响规律。

1. 棉花生育期间气象条件及棉花发育特点 由表2－2－10可知，两年气象数据差异较大，2018年4月下旬至5月下旬，平均温度较2017年同期低1.1℃，较2017年6月同期则高1.6℃，尤其是6月下旬高2.3℃，7月与8月为棉花结铃盛期，2018年总体温度高于2017年，但进入9月以后，温度则较2017年明显降低，尤其是9月下旬低4.6℃；从日照时数来看，4月下旬至5月下旬，2018年日照时数较2017年同期少121.4h，而6月则高

表 2-2-10　棉花生育期间温度、降水量与日照时数

年份	项目	4月	5月			6月			7月			8月			9月			10月		
		下旬	上旬	中旬	下旬	上旬	中旬	下旬	上旬	中旬	下旬	上旬	中旬	下旬	上旬	中旬	下旬	上旬	中旬	下旬
2017	温度（℃）	18.5	20.5	24.3	24.7	23.3	26.6	26.2	29.3	29.3	24.6	28.4	25.9	23.3	23.3	23.4	22.2	15.3	13.4	12.2
	降水量（mm）	0	18.9	7.0	14.0	17.3	8.9	25.4	18.4	19.4	35.6	45.9	71.5	27.8	0	0	0	57.3	6.4	0
	日照时数（h）	103.6	84.4	109.5	116.6	76.3	88.5	82.2	73.6	69.3	16.2	76.0	52.4	36.6	53.0	83.8	63.3	25.6	31.3	59.1
2018	温度（℃）	18.5	20.2	22.0	23.0	25.9	26.5	28.5	28.3	29.0	29.4	29.9	26.6	25.4	23.7	20.5	17.6	16.3	12.9	12.2
	降水量（mm）	90.0	2.2	31.9	38.2	33.4	3.3	15.4	8.8	100.7	85.5	1.7	31.8	0	0	28.5	7.0	0	0	0
	日照时数（h）	63.5	86.8	33.8	108.6	84.2	91.1	87.6	61.6	62.1	79.3	67.6	55.5	80.3	83.2	25.7	87.6	93.1	73.0	84.7

15.9h，7月与8月高82.3h，进入9月以后，除9月中旬低于2017年同期58.1h外，其他时间比2017年高189.3h，2017年10月中上旬日照时数明显偏低，仅有25.6h与31.3h；从降水量来看，2018年属多雨年份，前中期（4月下旬至8月下旬）降水量达到442.9mm，基本可满足棉花生长需求，而2017年同期仅282.3mm，且多为无效降水（1次降水量小于20mm），属严重干旱年份，进入9月后，2017年10月上中旬降水量分别为57.3mm与6.4mm，而2018年则在9月中下旬降水分别为28.5mm与7.0mm，其他时段均无降水。

2. 4月15日播期衣分分布规律 4月15日播期覆膜处理2017年下部1～4果枝由内围果节向外围果节，衣分逐渐降低，差异达显著水平，且差值较大，第3果枝第4果节下降幅度达到了11.0个百分点；上部3个果枝则是由内围果节向外围果节衣分升高，第12果枝第4果节升高幅度也在5.3个百分点，差异显著；中部5～9果枝随果节向外衣分降低，但第4果节衣分又有升高，总体来看，与下部果枝和上部果枝相比，中部果枝各果节间的衣分差值较小（图2-2-3）。裸地处理衣分在果枝与果节上的分布与覆膜处理相似，由内围果节向外围果节来看，基本呈现下部果枝衣分逐渐降低，上部果枝衣分升高，而中部果枝衣分差异较小，但下部、中部、上部三种分布规律所包含的果枝数量略有不同，且上部果枝由内围向外围果节衣分升高幅度小于覆膜处理（图2-2-4）。2018年覆膜处理所有果枝均由内围果节向外围果节衣分降低，同果枝不同果节间衣分最大差值在2.7～8.5个百分点，差异均达显著水平。裸地处理呈相似规律（图2-2-5、图2-2-6）。

从上下分布规律来看，2017年覆膜处理第1果节与第2果节由下至上衣分均呈下降趋势，最大差值分别为10.7与8.5个百分点，第3果节由下至上衣分变化规律不明显，差异不大，最大差值为2.6个百分点，第4果节由下至上呈升高趋势，第12果枝较第3果枝增加6.7个百分点。裸地处理第1果节由下至上衣分呈先下降后升高趋势，以第8果枝衣分33.6%最低，第2果节除1～2果枝偏高外，其他果枝间差异不大，第3果节除2～3果枝偏低外，其他果枝间差异不大，第4果节由下至上衣分呈先下降后升高趋势。2018年覆膜处理第1果节由下至上衣分呈先增加后降低的趋势，以第6果枝的40.2%最高，第2果节第1～6果枝间差异不大，在37.8%～38.7%，自第9果枝以上衣分下降趋势明显，第12果枝较第9果枝衣分低2.9个百分点；第3果节自第2～12果枝衣分先上升后降低，以中部第6、7果枝最高，分别达到37.2%与37.3%，上部10～12果枝衣分明显偏低，只有31.4%～31.7%；第

37.9a	35.1b	34.9b	32.6c				
				33.6c	34.7b	35.2b	37.2a
35.5a	35.1a	35.1a	34.8b				
				35.2b	34.3c	34.6c	36.5a
35.3a	34.7a	33.3b	35.8a				
				38.8a	34.2c	35.2b	35.5b
34.1b	34.6b	35.1b	39.6a				
				41.5a	36.3b	32.8d	34.9c
32.6d	34.2c	38.7b	42.7a				
				42.2a	37.7b	35.4c	31.2d
—	34.8c	41.8b	43.3a				
				42.9a	41.1b	—	—

图 2-2-3　2017 年覆膜 4 月 15 日播种衣分分布

36.9a	34.9b	35.5 b	36.8a				
				35.4b	35.9b	36.7a	36.4a
37.0a	35.7c	36.3b	34.3d				
				34.4b	35.3a	34.6b	34.8b
34.7a	34.9a	34.2b	33.6c				
				35.3b	35.0b	35.4b	35.9a
33.7d	34.6c	35.5a	35.8a				
				38.2a	35.5b	34.4c	34.4c
—	34.7c	35.6b	40.9a				
				41.6a	35.5b	32.9c	32.5c
—	30.1c	38.0b	41 .3a				
				41.8a	38.8b	—	—

图 2-2-4　2017 年裸地 4 月 15 日播种衣分分布

4 果节第 1～6 果枝（34.2%～36.3%）高于第 7～12 果枝（28.9%～33.0%）。裸地处理与覆膜处理规律相似。

3.　4 月 25 日播期衣分分布规律　如图 2-2-7 所示，2017 年覆膜处理下部 1～2 果枝随果节向外，衣分逐渐降低，差异显著，第 2 果枝第 4 果节下降幅度达到了 6.3 个百分点；其他果枝不同果节间差异较小，变化规律不明显，不同果枝果节间衣分最大差值在 0.7～2.9 个百分点。裸地处理与覆膜处理规律相似（图 2-2-8）。

2018 年覆膜处理第 1～4 果枝不同果节间衣分变化呈波浪形，但差异较小，最大差值在 1.2～1.9 个百分点；第 5～12 果枝，随果节向外，衣分呈明

29.7d	31.7c	34.4b	36.5a				
				37.2a	35.6b	31.4c	29.6d
28.9c	31.4b	36.8a	37.4a				
				37.9a	37.3a	34.3b	31.3c
32.4d	35.5c	37.0b	38.9a				
				39.5a	36.7b	37.3b	33.0c
34.7c	37.2b	38.1b	40.2a				
				39.6a	38.7a	36.2b	36.3b
35.4b	34.9b	38.6a	38 .5a				
				38.4a	37.8a	35.8b	35.7b
34.2d	35.4c	38.7a	37.8b				
				38.2a	38.4a	37.3b	34.6c

图 2-2-5 2018 年覆膜 4 月 15 日播种衣分分布

30.4d	32.0c	35.3b	37.3a				
				37.8a	34.9b	33.9c	31.0d
30.9d	35.6c	36.7b	37.9a				
				37.7a	37.3a	35.5b	32.6c
34.6c	37.3b	37.6b	38.3a				
				39.0a	37.5b	37.0c	36.5d
35.5d	36.7c	37.4b	40.1a				
				39.9a	37.7b	36.1c	35.5c
35.0c	37.1a	37.1b	38.6a				
				38.9a	37.3b	35.9c	35.7c
35.3c	37.3b	37.5b	38.6a				
				37.3a	37.0a	34.8c	36.0b

图 2-2-6 2018 年裸地 4 月 15 日播种衣分分布

显降低趋势，且果枝节位越高，衣分降低趋势越大，最大差值在 3.7～9.9 个百分点，差异达显著水平（图 2-2-9）。裸地处理 1～6 果枝由内围果节向外围果节衣分变化呈现先下降后上升的 V 形，最低值出现在第 2 或第 3 果节，第 7～10 果枝由内围果节向外围果节衣分变化呈波浪形，与覆膜处理1～4果枝相似，11～12 果枝由内向外衣分呈降低趋势，与覆膜处理 5～12 果枝相似（图 2-2-10）。

从上下分布规律来看，2017 年覆膜处理第 1 果节由下至上衣分变化不大，均在 35.4%～36.7%，第 2 果节由下至上衣分先升高后降低，以第 8 果枝衣分 36.8%最高，第 1 果枝 32.8%最低；第 3 果节除第 2 果枝偏低外，其他果

36.1a	35.9a	35.5a	35.4a				
				35.5a	35.0a	35.3a	36.0a
36.1a	35.0a	36.0a	36.0a				
				36.7a	36.0ab	35.2b	35.7b
35.8a	35.1a	36.8a	35.7a				
				36.2a	36.7a	36.9a	35.1b
34.8b	36.5a	35.6a	36.0a				
				35.5a	35.8a	35.8a	34.9a
34.2b	35.5a	33.4b	36.3a				
				36.3a	33.4c	35.5b	34.2c
29.9d	31.2c	33.0b	36.2a				
				35.8a	32.8b	—	—

图 2-2-7 2017 年覆膜 4 月 25 日播种衣分分布

36.7a	36.3a	36.8a	35.2b				
				36.3b	36.0b	35.9b	37.1a
36.9a	35.9b	35.9b	36.7a				
				36.7a	35. 9b	35.9b	36.9a
36.2a	35.3b	36.2a	36.1a				
				36.8a	36.2b	35.1c	36.9a
33.9c	36.9a	36.7a	35.6b				
				36.1b	35.7b	36.9a	35.7b
35.2a	34.6b	35.7a	35.2a				
				36.1a	34.9b	35.1b	36.1a
—	32.2b	32.2b	35.2a				
				36.8a	33.2b	31.7c	—

图 2-2-8 2017 年裸地 4 月 25 日播种衣分分布

枝差异不大，均在 35.0%～36.9%；第 4 果节除第 2 果枝偏低外，其他果枝间最大差值为 1.9 个百分点，差异不大。裸地处理第 1 果节与覆膜处理相似，第 2 果节 1～3 果枝偏低，4～12 果枝相差不大，与覆膜第 3 果节变化相似，第 3 果节 1～2 果枝偏低，3～12 果枝间相差不大，第 4 果节 3～12 果枝衣分差异不大。

2018 年覆膜处理第 1 果节衣分中部（5～8 果枝）高于上部（9～12 果枝）与下部（1～4 果枝）果枝；第 2 果节变化规律与第 1 果节类似；第 3 果节除第 1 果枝偏低外，自第 2 果枝向上呈降低趋势，尤以第 10～12 果枝衣分

30.7c	34.0b	36.4a	36.7a				
				37.9a	36.7b	33.0c	28.7d
28.8d	34.3c	36.5b	38.7a				
				37.9a	37.2b	36.6b	29.9c
31.3c	36.7b	37.5b	39.3a				
				39.1a	38.0b	37.0c	32.2d
33.7c	37.2b	38.6a	38.9a				
				39.5a	38.7ab	37.9b	35.8c
36.8ab	37.7a	36.4b	38.3a				
				38.3a	36.4c	37.7ab	36.8bc
37.6 a	38.0a	36.7b	37.4ab				
				36.8a	37.1a	35.9b	37.1a

图 2-2-9　2018 年覆膜 4 月 25 日播种衣分分布

28.2b	36.3a	36.5a	36.9a				
				38.4a	37.5b	36.2c	31.3d
31.8c	38.5a	36.9b	38.4a				
				38.4a	36.9b	38.5a	31.8c
32.9d	40.2a	38.6c	39.3b				
				39.7a	38.3c	39.1b	36.1d
38.6b	38.1c	38.6b	39.0a				
				39.4b	38.2c	38.0c	40.9a
39.7a	38.4b	35.7c	38.4b				
				38.2b	35.8c	38.6b	39.9a
39.6a	37.1c	35.7d	38.3b				
				37.1b	36.6b	33.3c	39.5a

图 2-2-10　2018 年裸地 4 月 25 日播种衣分分布

明显偏低（33.0%～34.3%），第 4 果节自下至上衣分降低趋势明显，第 9～11 果枝衣分甚至低于 30.0%。裸地处理第 1 果节与第 3 果节由下至上衣分先升高后降低，第 2 果节中部 5～8 果枝衣分偏高，下部与上部衣分明显偏低，第 4 果节 1～5 果枝间衣分差异不大，但从第 6 果枝向上，衣分直线下降。

4. 5 月 5 日播期衣分分布规律　2017 年覆膜处理仅有第 1 果枝由内围果节向外围果节衣分降低，差异显著，第 2～12 果枝不同果节间衣分变化规律不明显，除个别节位衣分超过 38.0%以外，其他果枝不同果节间差异较小，在 0.6～3.3 个百分点（图 2-2-11）。裸地处理 1～3 果枝、7～8 果枝衣分随果节向外，衣分降低，4～6 果枝以第 2 果节衣分最高，9～12 果枝呈先降低后升高的 V 形变化（图 2-2-12）。

37.2a 36.0b 36.1b 37.1a
36.7b 36.3b 35.2c 38.1a
36.5b 36.2b 37.0ab 37.5a
37.2a 37.3a 34.6c 36.1b
34.9b 35.8b 37.2a 37.1a
36.4b 38.1a 36.2b 34.8c
34.9c 37.1b 38.1a 35.5c
35.2b 36.3a 36.9a 35.9ab
35.5a 35.7a 35.9a 36.1a
36.7a 35.3b 36.3a 35.1b
35.7b 34.5c 35.4 b 37.4a
37.0a 35.0b 29.9c —

图 2-2-11 2017 年覆膜 5 月 5 日播种衣分分布

38.4a 37.3b 35.9c 36.8b
36.8b 36.1c 36.1c 38.1a
37.1a 35.5b 37.5a 37.3b
38.2a 37.3b 34.8d 35.5c
36.4c 36.9b 37.0b 38.2a
38.3a 37.8b 37.5b 35.1c
35.3c 36.4b 38.0a 35.7c
36.1c 38.2a 35.6c 36.8b
34.7c 35.6b 36.6a 35.8b
36.1a 35.8a 34.6b 33.3c
— — 35.0b 37.0a
37.0a 35.3b — —

图 2-2-12 2017 年裸地 5 月 5 日播种衣分分布

从图 2-2-13 中可以看出，2018 年覆膜处理第 1～3 果枝由内围果节向外围果节衣分降低，降低幅度分别为 3.4、3.3 与 1.2 个百分点，差异显著；第 4～7 果枝由内围果节向外围果节衣分呈先降低后升高的 V 形变化；第 8～12 果枝衣分变化不大，部分果枝果节间差异未达显著水平。裸地处理除个别果枝外，基本呈现由内围果节向外围果节衣分逐渐降低的趋势（图 2-2-14）。

从上下分布规律来看，2017 年覆膜处理第 1 果节不同果枝间差异不大，除第 5 果枝与第 6 果枝衣分低于 36.0%以外，其他果枝衣分分布在 36.1%～37.5%；第 2 果节自下至上衣分先升高后降低，以第 6、7 果枝的 38.1%为最高；第 3 果节除第 1 果枝衣分偏低外，自下至上果枝间变化规律不明显；第 4 果节第 2～8 果枝衣分分布在 34.8%～35.9%，略低于第 9～12 果枝的 36.1%～38.1%。裸地处理第 1 果节除 7～9 果枝衣分超过 38.0%以外，其他

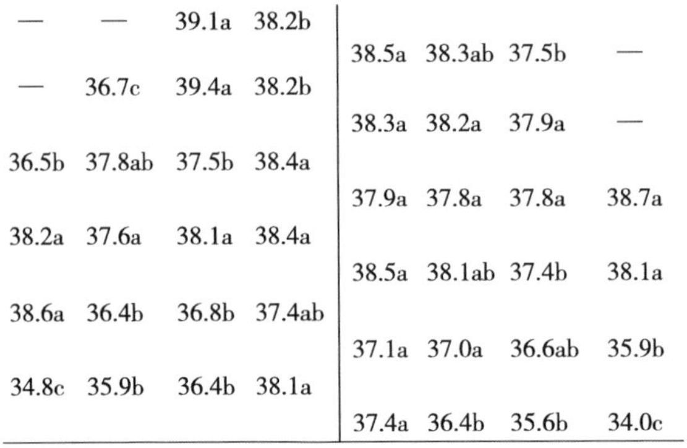

—	—	39.1a	38.2b	38.5a	38.3ab	37.5b	—
—	36.7c	39.4a	38.2b	38.3a	38.2a	37.9a	—
36.5b	37.8ab	37.5b	38.4a	37.9a	37.8a	37.8a	38.7a
38.2a	37.6a	38.1a	38.4a	38.5a	38.1ab	37.4b	38.1a
38.6a	36.4b	36.8b	37.4ab	37.1a	37.0a	36.6ab	35.9b
34.8c	35.9b	36.4b	38.1a	37.4a	36.4b	35.6b	34.0c

图 2-2-13　覆膜 2018 年 5 月 5 日播种衣分分布

27.0d	30.9c	36.3b	37.6a	37.6a	36.5b	33.3c	27.3d
27.3d	33.3c	36.5b	37.6a	37.1b	37.8a	38.2a	32.7c
34.1c	38.0a	37.4b	38.4a	37.9b	37.5b	38.7a	35.0c
34.7d	36.6c	37.1b	37.7a	38.6a	37.9b	36.4c	36.1c
36.4b	36.3b	36.9b	39.3a	37.9a	36.8b	36.2b	34.7c
36.4b	35.1c	36.2b	37.9a	38.1a	37.0b	34.1c	34.7c

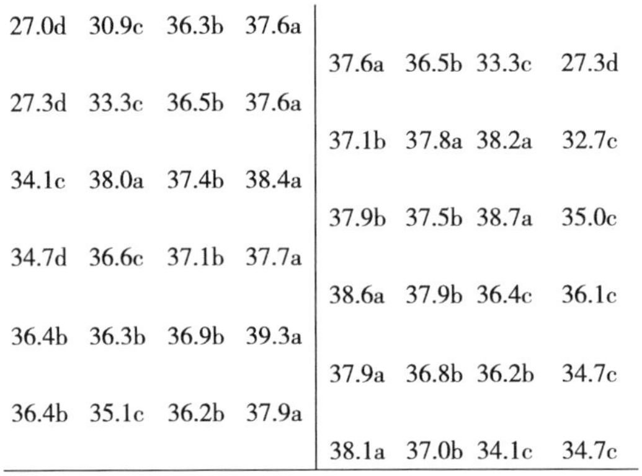

图 2-2-14　裸地 2018 年 5 月 5 日播种衣分分布

果枝基本在 37.0%左右，差异不大，第 2 果节由下至上先升高后降低，以 5～6 果枝衣分最高，超过 38.0%，第 3 果节与 4 果节由下至上基本呈升高趋势。

2018 年覆膜处理第 1 果节由下至上衣分变化不大，不同果枝最大差值为 1.4 个百分点；第 2 果节自下至上呈波动上升趋势，第 12 果枝较第 1 果枝衣分增加 2.7 个百分点；第 3 果节第 1～9 果枝衣分呈小幅上升趋势，升高幅度为 2.3 个百分点；第 4 果节第 1～7 果枝衣分升高趋势明显，达到 4.7 个百分点。裸地处理第 1 果节由下至上衣分变化不大，第 2 果节同样变化不大，第 3 果节由下至上衣分先升高后降低，第 4 果节 1～8 果枝衣分上下波动，9 果枝以上衣分呈明显下降趋势。

5. 播期与覆膜对衣分高低分布的影响　衣分（以 L 表示）由小到大划分为 5 个范围，分别是 L≤35.0%，35.0%<L≤37.0%，37.0%<L≤39.0%，39.0%<L≤41.0%，L>41.0%，将每个处理株式图上的果节衣分按照上面 5

个范围分组，计数每组内的果节个数，用上述果节个数除以该处理总果节数，得到该组内的果节数占全株果节数比例。从表 2-2-11 中衣分高低分布的范围可以看出，播期与覆膜均对衣分高低分布有显著影响，但播期的影响明显大于覆膜的影响。从 3 个播期平均来看，早播（4 月 15 日）使衣分在 5 个范围内分布更加均衡，适期播种（4 月 25 日）衣分在 35.0%<L≤37.0%范围内的果节数比例高达 51.1%，显著高于其他两个播期，而晚播（5 月 5 日播种）衣分分布在 37.0%<L≤39.0%范围内的果节数比例为 39.9%，显著高于早播与适期播种，3 个播期衣分 L>39.0%的果节数所占比例均较低。随着播期推迟，衣分较高的果节数所占比例有增加的趋势。不同年份间，播期对衣分高低分布也有较大影响，例如衣分在 35.0%<L≤37.0%范围内，2017 年适期播种所占比例最高，3 个播期间差异均达显著水平，而在 2018 年 3 个播期间差异较 2017 年明显降低；衣分在 37.0%<L≤39.0%范围内，2017 年果节数所占比例明显低于 2018 年。

表 2-2-11　播期与覆膜对衣分分布范围的影响

年份	覆盖方式	播期	L≤35.0%	35.0%<L≤37.0%	37.0%<L≤39.0%	39.0%<L≤41.0%	L>41.0%
2017	裸地	4.15	38.6a	43.2c	9.1b	2.3a	6.8a
		4.25	15.2b	82.6a	2.2c	0.0b	0.0b
		5.5	11.4c	56.8b	31.8a	0.0b	0.0b
	覆膜	4.15	40.0a	31.1c	11.1b	2.2a	15.6a
		4.25	28.3b	71.7a	0.0c	0.0b	0.0b
		5.5	16.7c	58.3b	25.0a	0.0b	0.0b
2018	裸地	4.15	20.8b	31.3a	43.8a	4.2b	0.0a
		4.25	12.5c	20.8b	43.8a	22.9a	0.0a
		5.5	27.1a	29.2a	41.7a	2.1b	0.0a
	覆膜	4.15	31.3a	25.0b	37.5c	6.3a	0.0a
		4.25	18.8b	31.3a	43.8b	6.3a	0.0a
		5.5	4.7c	25.6b	62.8a	7.0a	0.0a
平均	裸地		20.9a	43.5a	29.1a	5.4a	1.1b
	覆膜		23.4a	40.6a	29.9a	3.6a	2.5a
	4.15		32.4a	32.4c	25.9b	3.8b	5.4a
	4.25		18.6b	51.1a	22.9b	7.4a	0.0b
	5.5		15.3c	42.6b	39.9a	2.2b	0.0b

注：L：衣分；不同字母表示差异显著（$P<0.05$）。

覆膜对衣分分布的影响受年际间与播期影响较大。2017 年覆膜 3 个播期下均增加了在 L≤35.0%范围内的果节数比例，增加幅度分别为 1.4、13.1 与 5.3 个百分点；覆膜降低了早播与适期播种在 35.0%<L≤37.0%范围内的果节数比例，晚播条件下覆膜与裸地相差不大；覆膜增加了早播在 37.0%<L≤39.0%范围内果节数比例，降低适期播种于晚播的果节数比例。2018 年覆膜增加了早播与适期播种在 L≤35.0%范围内的果节数比例，但大幅降低了晚播的比例，降幅达到了 22.4 个百分点；覆膜增加了适期播种在 35.0%<L≤37.0%范围内的果节数比例，但降低了早播与晚播的果节数比例；覆膜大幅度增加了晚播在 35.0%<L≤37.0%范围内的果节数比例，对其他两个播期影响不大；适期播种裸地在 39.0%<L≤41.0%范围内果节数比例高达 22.9%，而覆膜只有 6.3%。以上结果表明，覆膜对衣分的影响在不同年份以及不同播期条件下，差异较大，规律性不明显。

6. 播期与覆膜对果节衣分的影响 播期与覆膜对衣分影响的计算：以 4 月 15 日播期处理各果节衣分减去 4 月 25 日播期处理各对应果节衣分，所得数值为正值、负值、零三种情况，分别归为升高、降低、持平三个范围内，以每个范围内的果节数除以果节总数，即得到升高、降低、持平三个范围比例。5 月 5 日播期处理数据作相同处理，同样用覆膜处理减去裸地处理后对数据作统计，即得到覆膜对果节衣分的影响。

从表 2-2-12 中可以看出，与适期播种相比，裸地条件下早播导致衣分降低的果节数比例，2017 年与 2018 年分别达到 61.4%和 66.0%，覆膜条件下早播导致衣分降低的果节数比例两年分别达到 53.3%与 50.0%，结果基本一致；因此早播使半数以上果节衣分降低。而晚播对衣分的影响两年间不同，2017 年裸地衣分升高的果节数占到 72.7%，覆膜衣分升高的果节数占到 81.8%，而 2018 年裸地衣分降低的果节数达到 75.0%，覆膜则为 50.0%，因此晚播对果节衣分的影响与两年不同的气象条件密切相关。

覆膜对衣分的影响随播期不同而不同（表 2-2-13）。早播条件下覆膜对果节衣分的影响两年间表现不同，2017 年升高作用明显，为 54.5%，2018 年果节衣分降低的占到 56.3%；适期播种覆膜两年分别降低了 68.9%与 70.8%果节的衣分，结果基本一致，而晚播后覆膜两年结果不同，2017 年果节衣分降低了 50%，2018 年果节衣分升高了 72.1%。

表 2-2-12　播期对果节衣分的影响

年份	覆膜方式	两个播期相减	升高（%）	降低（%）	持平（%）
2017	裸地	4.15—4.25	38.6	61.4	0.0
		5.5—4.25	72.7	22.7	4.6
	覆膜	4.15—4.25	44.4	53.3	2.3
		5.5—4.25	81.8	18.2	0.0
2018	裸地	4.15—4.25	34.0	66.0	0.0
		5.5—4.25	25.0	75.0	0.0
	覆膜	4.15—4.25	43.8	50.0	6.2
		5.5—4.25	47.6	50.0	2.4

表 2-2-13　覆膜对果节衣分的影响

年份	日期	升高（%）	降低（%）	持平（%）
2017	4.15	54.5	40.9	4.5
	4.25	28.9	68.9	2.2
	5.5	43.2	50.0	6.8
2018	4.15	39.6	56.3	4.2
	4.25	25.0	70.8	4.2
	5.5	72.1	23.3	4.7

7. 衣分影响因素综合分析　衣分同时受纤维发育状况与种子发育状况的影响，较高的温度、充足的光照和适宜的土壤水分，有利于棉花纤维的发育，使衣分较高，但在严重环境胁迫下，由于籽指下降，也能使衣分相对提高，因此环境条件对衣分的影响涉及棉籽发育及棉纤维发育两个方面，而棉铃衣分的高低是其发育期间光温水资源条件好坏的直接反映。

关于气象条件（温度、日照时数、降雨量）对衣分的影响，前人做了大量研究（张荣霞等，2002；李伟明等，2005），段鹏飞等（2013）研究认为，衣分与7月平均温度、8～9月降水成负相关关系，与6～9月日照成正相关关系；李秋芝等（2002）研究认为，8月中旬、9月下旬日照时数和8月上中旬、9月中旬降水量能够较大地影响棉花衣分，8月上旬光照时数、9月上旬降水量对棉花衣分也有一定的影响。

2017年与2018年气候条件的不同直接导致了衣分差异。2017年4月15日播期1～5果枝内围铃衣分明显高于2018年，这与2017年前期干旱、日照时数偏高、温度较高相关；上部4个果枝内围铃2017年衣分低于2018年，与棉花生长后期2017年9月与10月日照时数偏低有关；4月25日播期与5月5日播期衣分分布相似，均是2017年低于2018年，仅2018年上部5个果枝的第4果节衣分明显偏低，这与2018年9月下旬与10月中旬温度偏低有关。

衣分在棉株上的分布规律受气候条件、播期、覆膜等因素影响较大。衣分在果枝上由内向外的分布规律大致分为三种，第一种是由内围果节向外围果节，衣分呈降低趋势，下部果枝表现尤其明显，但呈现这一规律的下部果枝数量随气候、播期的不同而差异较大，播期早、8月中下旬多雨寡照年份（2017年，下部烂铃多）下部果枝受影响数量多，由内围果节向外围果节衣分降低幅度大。第二种是由内围果节向外围果节，衣分呈升高趋势，多出现在上部少数果枝，原因是上部果枝成铃发育期间（2017年10月）气温低、日照时数偏少导致棉籽及纤维发育不足，棉籽质量降低幅度大于纤维降低幅度，棉纤维所占比例相对升高，导致衣分升高，越靠外的成铃受影响越大，当10月日照充足、温度偏高时（2018年10月），棉籽发育接近正常，则呈现随果节由内向外衣分降低的趋势。第三种是四个果节间衣分差异不大，多为中部果枝（部分果枝出现第4果节衣分较高的现象，应为棉籽发育不足引起），中部果枝棉铃发育期间光温水资源较为充足，内围铃与外围铃生育期间所处环境条件相似，因此衣分接近。

衣分在同一果节上的纵向分布规律性差异较大。第一种是自下而上呈现降低趋势，第二种是中部果枝高，上下部果枝低，或下部果枝高，上部果枝低，第三种是自下而上衣分呈升高（或波动升高）趋势。第四种是上下果枝间差异不大。由于同一果节自下而上不同果枝上的棉铃发育时间差异很大，其发育期间所处的光温水资源条件也差异很大，所以造成衣分分布的规律性不一致。

播期与覆膜均对衣分有较大的影响，但播期的影响明显大于覆膜的影响，且影响程度与气象条件密切相关。与适期播种相比，早播对果节衣分降低作用比较明显，而晚播对果节衣分的影响随年份间气象条件的不同而不同。覆膜对果节衣分的影响与播期有关，早播与晚播条件下覆膜对衣分的影响不稳定，适期播种条件下覆膜对两年果节衣分均呈现出降低作用。

二、土壤养分调控措施

（一）密度、肥料和化控对棉花生育性状及产量的影响

棉花生长发育受到多种因素的制约和影响，其中，光照、温度、降水量和土壤等因素难以人为控制，而密度、肥料和化控等因素可根据不同棉花产区的

具体生产情况人为进行调节。关于密度、肥料和化控单项措施对棉花生长发育的影响，前人已进行过很多研究，如新疆地区棉花以高密度栽培为特点（王冀川等，2001；贾玉玲等，2004；朱玉国等，2004；陈康谓等，2005；吕新等，2005），而长江流域地区棉花则是稀植大棵（汪先红等，2006；牛巧鱼，2007；周桂生等，2007；别墅等，2010；李玉芳等，2011；刘瑞显等，2011；余隆新等，2011）；在冀南地区，棉花密度为 5.1 万～10.5 万株/hm^2时产量差异不显著（王树林等，2010），而当氮肥用量为 225.0kg/hm^2同时配合有机肥施用时棉花可获得最高产量（王树林等，2011）；不同地区棉田对氮肥需求量不尽相同（余德谦等，1990；薛晓萍等，2006；李祥云等，2009）；缩节胺化控调节也已成为我国棉花生产上应用最广泛的植物生长调节技术，但不同地区的用法和用量差异较大（马宗斌等，2006；毛新萍，2006；陈德华，2006；冯国艺等，2012）。以上结论多是针对单项因素研究得出的结果，而综合 3 个因素共同对棉花生育的影响研究较少。在前人单项研究的基础之上确定密度、肥料（有机肥、干鸡粪）和化控 3 个因素共同作用对棉花生长发育的影响，为实现棉花高产高效提供理论依据，试验设计参考表 2-2-14。

表 2-2-14　正交设计 L_9 (3^4) 试验内容

处理	水平			实施内容					
	密度	肥料	化控	密度（万株/hm^2）	施肥量（kg/hm^2）				缩节胺用量（g/hm^2）
					有机肥	N	P_2O_5	K_2O	
$A_1B_1C_1$	1	1	1	3.00	1 500	150	75.0	180	30
$A_1B_2C_2$	1	2	2	3.00	2 250	225	112.5	270	60
$A_1B_3C_3$	1	3	3	3.00	3 000	300	150.0	360	90
$A_2B_1C_2$	2	1	2	6.75	1 500	150	75.0	180	60
$A_2B_2C_3$	2	2	3	6.75	2 250	225	112.5	270	90
$A_2B_3C_1$	2	3	1	6.75	3 000	300	150.0	360	30
$A_3B_1C_3$	3	1	3	10.50	1 500	150	75.0	180	90
$A_3B_2C_1$	3	2	1	10.50	2 250	225	112.5	270	30
$A_3B_3C_2$	3	3	2	10.50	3 000	300	150.0	360	60

1. 密度、肥料和化控对棉花主茎功能叶片光合速率的影响　从 3 个因素不同水平叶片光合速率的极差（表 2-2-15）可以看出，密度和肥料对光合速率影响最大，极差均为 4.4μmol/(m^2 · s)；缩节胺化控对光合速率影响较小，极差为 2.3μmol/(m^2 · s)。3 个因素均以水平 2 处理光合速率最高，表明

密度、施肥量和缩节胺用量均控制在水平 2 时最为适宜，高于或低于该水平时均会明显降低主茎功能叶片的光合速率。

表 2 - 2 - 15　不同处理的棉花主茎功能叶片光合速率

处理	水平			光合速率［μmol/(m² · s)］
	密度	肥料	化控	
$A_1B_1C_1$	1	1	1	34.0
$A_1B_2C_2$	1	2	2	35.8
$A_1B_3C_3$	1	3	3	28.6
$A_2B_1C_2$	2	1	2	34.9
$A_2B_2C_3$	2	2	3	35.1
$A_2B_3C_1$	2	3	1	30.0
$A_3B_1C_3$	3	1	3	28.8
$A_3B_2C_1$	3	2	1	29.3
$A_3B_3C_2$	3	3	2	28.5
K_1	98.4	97.7	93.3	
K_2	100.0	100.2	99.2	
K_3	86.6	87.1	92.5	
k_1	32.8	32.6	31.1	
k_2	33.3	33.4	33.1	
k_3	28.9	29.0	30.8	
极差	4.4	4.4	2.3	

注：K 为各因素水平指标求和；k 为各因素水平指标和的平均值，$k_1=K_1/3$，$k_2=K_2/3$，$k_3=K_3/3$。下同。

2. 密度、肥料和化控对棉花株高和果枝数的影响　从 3 个因素不同水平棉花株高的极差（表 2 - 2 - 16）可以看出，影响棉花株高的因素顺序为缩节胺化控>密度>施肥量。化控水平 2 处理控制株高效果明显，株高较水平 1 处理降低了 3.6cm，但与水平 3 处理差异不大；随着密度增大，株高呈逐渐增加趋势，但水平 2 处理与水平 3 处理差异不显著；肥料用量对株高影响最小，极差只有 0.9cm，可能与肥料施用量未达到使棉花疯长的程度有关。

从 3 个因素不同水平棉花果枝数的极差（表 2 - 2 - 17）可以看出，密度对棉花果枝数影响显著，随着密度增大，果枝数明显减少，极差达到 2.7 台；而肥料和缩节胺用量对果枝数影响均不大。

表 2-2-16　不同处理的棉花株高

处理	水平			株高（cm）
	密度	肥料	化控	
$A_1B_1C_1$	1	1	1	91.9
$A_1B_2C_2$	1	2	2	89.3
$A_1B_3C_3$	1	3	3	89.3
$A_2B_1C_2$	2	1	2	91.7
$A_2B_2C_3$	2	2	3	89.6
$A_2B_3C_1$	2	3	1	95.4
$A_3B_1C_3$	3	1	3	92.7
$A_3B_2C_1$	3	2	1	94.8
$A_3B_3C_2$	3	3	2	90.1
K_1	270.5	276.4	282.1	
K_2	276.7	273.7	271.1	
K_3	277.7	274.7	271.6	
k_1	90.2	92.1	94.0	
k_2	92.2	91.2	90.4	
k_3	92.6	91.6	90.5	
极差	2.4	0.9	3.6	

表 2-2-17　不同处理的棉花果枝数

处理	水平			果枝数（台/株）
	密度	肥料	化控	
$A_1B_1C_1$	1	1	1	14.5
$A_1B_2C_2$	1	2	2	14.8
$A_1B_3C_3$	1	3	3	14.8
$A_2B_1C_2$	2	1	2	12.9
$A_2B_2C_3$	2	2	3	12.4
$A_2B_3C_1$	2	3	1	12.7
$A_3B_1C_3$	3	1	3	11.9
$A_3B_2C_1$	3	2	1	12.1
$A_3B_3C_2$	3	3	2	11.9
K_1	44.1	39.3	39.2	
K_2	38.0	39.3	39.6	
K_3	35.8	39.4	39.1	
k_1	14.7	13.1	13.1	
k_2	12.7	13.1	13.2	
k_3	11.9	13.1	13.0	
极差	2.7	0.0	0.2	

3. 密度、肥料和化控对棉花产量构成的影响 从 3 个因素不同水平棉花单位面积成铃数的极差（表 2-2-18）可以看出，密度对棉花单位面积成铃数影响显著，随着密度增大，单位面积成铃数增加，水平 2 处理与水平 3 处理差异不大，只有水平 1 处理的单位面积成铃数明显偏低；而肥料和缩节胺用量对单位面积成铃数影响均不大。

表 2-2-18 不同处理的棉花单位面积成铃数

处理	水平			单位面积成铃数（万个/hm^2）
	密度	肥料	化控	
$A_1B_1C_1$	1	1	1	80.6
$A_1B_2C_2$	1	2	2	78.0
$A_1B_3C_3$	1	3	3	79.5
$A_2B_1C_2$	2	1	2	91.1
$A_2B_2C_3$	2	2	3	91.7
$A_2B_3C_1$	2	3	1	92.3
$A_3B_1C_3$	3	1	3	91.8
$A_3B_2C_1$	3	2	1	90.8
$A_3B_3C_2$	3	3	2	94.5
K_1	238.1	263.5	263.7	
K_2	275.1	260.5	263.6	
K_3	277.1	266.3	263.0	
k_1	79.4	87.8	87.9	
k_2	91.7	86.8	87.9	
k_3	92.4	88.8	87.7	
极差	13.0	1.9	0.2	
最优方案	3	3	1	

从 3 个因素不同水平棉花单铃重的极差（表 2-2-19）可以看出，密度对棉花单铃重影响最大，随着密度增大，单铃重呈逐渐降低趋势；而肥料和缩节胺用量对单铃重影响均较小。

表 2-2-19 不同处理的棉花单铃重

处理	水平			单铃重(g)
	密度	肥料	化控	
$A_1B_1C_1$	1	1	1	5.0
$A_1B_2C_2$	1	2	2	4.8
$A_1B_3C_3$	1	3	3	5.0
$A_2B_1C_2$	2	1	2	4.8
$A_2B_2C_3$	2	2	3	4.8
$A_2B_3C_1$	2	3	1	4.7
$A_3B_1C_3$	3	1	3	4.7
$A_3B_2C_1$	3	2	1	4.5
$A_3B_3C_2$	3	3	2	4.6
K_1	14.9	14.4	14.1	
K_2	14.3	14.1	14.3	
K_3	13.7	14.3	14.5	
k_1	5.0	4.8	4.7	
k_2	4.8	4.7	4.8	
k_3	4.6	4.8	4.8	
极差	0.4	0.1	0.1	
最优方案	1	1	3	

4. 密度、肥料和化控对棉花籽棉产量的影响 从3个因素不同水平棉花籽棉产量的极差（表2-2-20）可以看出，密度对棉花籽棉产量影响最大，其中水平2处理产量最高，水平3处理产量略低，方差分析显示二者差异不显著，但显著高于水平1处理；而肥料和缩节胺用量对籽棉产量影响均不大。

5. 三因素最佳组合 从不同化控水平调节上看，缩节胺对控制棉花株高效果明显，但对棉花其他生育性状、产量构成及产量影响均不大。说明施用缩节胺作为调节棉花营养生长的技术措施，在一定用量范围内，对棉花产量构成不形成直接影响，仅对株高调节起到积极作用。从用量来看，用量30g/hm^{2}时控制效果较差，用量60g/hm^{2}与90g/hm^{2}时控制效果相当。

从不同密度处理上看，3.00万株/hm^{2}处理因单位面积成铃数过低而导致产量显著降低；10.50万株/hm^{2}处理的单位面积成铃数较6.75万株/hm^{2}处理稍高，但单铃重降低，最终产量稍低于6.75万株/hm^{2}处理，方差分析结果显示二者产量差异不显著。但从田间管理及种子成本考虑，认为密度为6.75万株/hm^{2}更为适宜。

表 2-2-20 不同处理的棉花籽棉产量

处理	水平			籽棉产量（kg/hm²）
	密度	肥料	化控	
$A_1B_1C_1$	1	1	1	3 468.0c
$A_1B_2C_2$	1	2	2	3 369.0cd
$A_1B_3C_3$	1	3	3	3 247.5d
$A_2B_1C_2$	2	1	2	3 609.0b
$A_2B_2C_3$	2	2	3	3 807.0a
$A_2B_3C_1$	2	3	1	3 625.5b
$A_3B_1C_3$	3	1	3	3 664.5b
$A_3B_2C_1$	3	2	1	3 607.5b
$A_3B_3C_2$	3	3	2	3 696.0ab
K_1	10 084.5	10 741.5	10 701.0	
K_2	11 041.5	10 783.5	10 674.0	
K_3	10 968.0	10 569.0	10 719.0	
k_1	3 361.5b	3 580.5a	3 567.0a	
k_2	3 680.5a	3 594.5a	3 558.0a	
k_3	3 656.0a	3 523.0a	3 573.0a	
极差	319.0	71.5	15.0	
最优方案	2	2	3	

注：同列数据后，小写字母不同，表示处理间差异显著（$P<0.05$）；小写字母相同，表示处理间差异不显著（$P>0.05$）。

从不同肥料施用量上看，3 个肥料用量水平对棉花株高、果枝数、单位面积成铃数、单铃重和籽棉产量均未产生显著影响，各指标差异均未达到显著水平。

在三因素组合中，$A_2B_2C_3$ 组合表现最优，籽棉产量最高。该组合的主茎功能叶片光合速率、单位面积成铃数和单铃重均处于较高水平，从而形成了高产的物质基础。密度、肥料和化控的最佳组合为：密度 6.75 万株/hm^2，底施鸡粪 2 250kg/hm^2、N225kg/hm^2、P_2O_5 112.5kg/hm^2、K_2O270kg/hm^2，初花期喷施缩节胺 90g/hm^2进行化控。

（二）冀南地区棉田适宜氮肥用量研究

河北省农林科学院棉花研究所在邢台市威县东张庄村进行了棉花氮肥用量定位试验，旨为确定冀南地区棉花生产中适宜的氮肥施用量，为棉花科学施肥提供参考。

1. 氮肥用量对土壤全氮含量的影响　施氮处理的土壤全氮含量均高于CK；除2008年盛花期外，土壤全氮含量均以配施有机肥处理（处理F）最高；而不同化肥施氮量的4个处理间差异很小，变化规律也不明显（表2－2－21）。可见，不施氮肥导致土壤全氮含量下降；施N量为112.5～450.0kg/hm^{2}时，土壤全氮含量并未随施氮量的增加而增加，而是保持相对稳定；而配施有机肥处理的土壤全氮含量始终保持在较高水平。

表2－2－21　氮肥用量对0～20cm土壤全氮含量的影响（g/kg）

处理	2008年		2009年	
	盛花期	吐絮期	盛花期	吐絮期
A	0.562	0.525	0.632	0.567
B	0.623	0.535	0.674	0.594
C	0.571	0.556	0.652	0.615
D	0.613	0.558	0.674	0.618
E	0.627	0.556	0.675	0.606
F	0.625	0.566	0.724	0.630

注：处理A：CK，不施氮肥；处理B：施N112.5kg/hm^2；处理C：施N225.0kg/hm^2；处理D：施N337.5kg/hm^2；处理E：施N450.0kg/hm^2；处理F：施干鸡粪1 500kg/hm^2（N含量为22.5kg/hm^2）＋N202.5kg/hm^2，该处理总施N量与处理C相同。除施用的有机肥外，其他氮肥均施用普通尿素。下同。

2. 氮肥用量对棉株各器官全氮含量的影响　施氮处理的植株器官全氮含量均明显高于CK，但不同施N量处理的差异很小且变化规律不明显，配施有机肥处理也未表现出明显优势（表2－2－22）。表明氮肥施用过多并不能被棉花充分吸收利用。

表2－2－22　氮肥用量对棉株不同器官全氮含量的影响（%）

处理	2008年			2009年		
	根茎叶	籽棉	倒1叶	根茎	籽棉	叶片
A	1.08	1.98	2.96	0.51	2.36	1.71
B	1.39	2.47	3.00	0.80	2.81	2.36
C	1.74	2.56	3.15	0.85	2.88	2.25
D	1.33	2.60	3.10	0.88	2.85	2.19
E	1.52	2.33	3.18	0.79	2.83	2.29
F	1.69	2.43	3.19	0.85	2.73	2.07

注：2008年吐絮期测定根茎叶混合样和籽棉中的全氮含量，8月16日测定倒1叶中的全氮含量；2009年吐絮期测定根茎、籽棉和叶片中的全氮含量。

3. 氮肥用量对棉花株高和果枝数的影响 连续两年的6月15日调查结果均显示，所有处理的棉花株高差异不大。2008年施氮处理的7月15日株高均明显高于CK，但不同施N水平处理间的差异不明显；2009年施氮处理的7月15日株高均明显高于CK，且株高有随着施N量增加而增加的趋势，施N量为337.5kg/hm^2（处理D）时株高最大，再增加氮肥量，株高反而降低，该结果与前人研究结果（李文炳，1992；吴美华等，1993）基本一致。两年的8月15日与7月15日株高规律相似，表明在棉花生长前期，氮肥对棉花株高影响不大；到棉花生长中后期，缺氮会导致棉花株高明显降低。在试验第1年受土壤基础地力的影响，施氮量对株高的影响没有表现出来；定位至第2年时，施氮量对棉花株高的影响开始显现。配施有机肥处理对棉花株高影响不大（表2-2-23）。

表2-2-23 氮肥用量对株高的影响（cm）

处理	2008年			2009年		
	6月15日	7月15日	8月15日	6月15日	7月15日	8月15日
A	32.7	77.5	78.5	32.1	67.0	71.8
B	33.2	83.1	86.5	33.4	70.0	76.3
C	32.9	82.0	85.6	31.4	70.6	79.8
D	32.4	82.4	86.4	33.3	71.2	81.2
E	33.6	82.5	85.7	32.6	70.3	80.0
F	32.1	82.5	85.2	32.9	71.1	80.7

氮肥对棉花果枝数的影响与其对株高的影响基本相似。在棉花生长前期，不同处理下棉花真叶数变化规律不明显；到棉花生长中后期，施氮处理的果枝数明显多于CK，且有随施N量增加而增加的趋势（表2-2-24）。

表2-2-24 氮肥用量对果枝数的影响（台/株）

处理	2008年			2009年		
	6月15日	7月15日	8月15日	6月15日	7月15日	8月15日
A	3.8	12.2	12.3	4.3	11.5	13.0
B	3.8	12.6	12.8	4.4	11.8	13.6
C	3.7	12.7	12.8	4.2	11.9	13.6
D	4.0	12.7	13.0	4.4	12.3	14.1
E	3.7	12.6	13.0	4.4	12.2	14.1
F	3.8	12.6	12.7	4.3	12.2	13.8

注：6月15日调查主茎真叶数，7月15日和8月15日调查果枝数。

4. 氮肥用量对棉花单株蕾铃数的影响 2年调查结果显示，6月15日单株现蕾数和7月15日单株成铃数，各处理均差异不大，且变化规律不明显；8月15日和9月10日单株成铃数，2年结果基本一致，均为施氮处理明显高于CK，且有随施氮量增加而增加的趋势（表2-2-25）。2008年施用有机肥处理的单株蕾铃数与施等量氮肥的处理C基本相同，而2009年施用有机肥处理的单株成铃数高于其他各施氮处理，表现出了明显的优势。随着氮肥用量的增加，单株烂铃数有增加的趋势，原因是氮肥充足条件下棉花营养生长旺盛，造成田间郁闭，从而增加了烂铃数。

表2-2-25 氮肥用量对单株蕾铃数的影响

处理	2008年					2009年				
	6月15日	7月15日	8月15日	9月10日	烂铃	6月15日	7月15日	8月15日	9月10日	烂铃
A	4.6	3.4	9.2	10.7	0.3	7.8	3.9	11.9	11.6	1.2
B	4.8	3.3	10.5	11.4	0.9	8.2	3.9	13.2	14.7	1.8
C	4.6	3.3	11.1	11.6	0.9	8.0	3.4	14.0	14.5	1.9
D	4.7	3.4	11.1	12.4	1.1	7.9	4.0	14.8	15.9	2.3
E	4.7	3.5	12.2	12.6	1.2	8.3	4.7	14.3	15.4	2.2
F	4.6	3.4	11.1	11.7	0.8	8.2	4.3	15.4	16.2	1.8

注：6月15日调查单株现蕾数，7月15日、8月15日和9月10日调查单株成铃数，收获前调查单株烂铃数。

5. 氮肥用量对棉花产量及产量构成的影响 从2年试验结果来看（表2-2-26），施氮处理的单铃重均明显高于CK，但不同施氮水平处理的差异不大；各处理间衣分均无明显差异；籽棉产量和皮棉产量的方差分析结果一致，即施氮处理均极显著高于CK，但施氮各处理间的差异不显著。2008年以施N450.0kg/hm^{2}处理产量最高，配施有机肥处理棉花产量未表现出增产效果；而2009年以配施有机肥处理产量最高，籽棉、皮棉分别较单纯施用等量化学纯N的处理C增产93kg/hm^{2}和51kg/hm^2。表明施N225.0kg/hm^{2}再配施有机肥效果最好，即棉花最佳施肥方式为施干鸡粪1 500kg/hm^2+N202.5kg/hm^2。

表 2-2-26 氮肥用量对棉花产量构成的影响

处理	2008 年				2009 年			
	单铃重 (g)	衣分 (%)	籽棉产量 (kg/hm²)	皮棉产量 (kg/hm²)	单铃重 (g)	衣分 (%)	籽棉产量 (kg/hm²)	皮棉产量 (kg/hm²)
A	6.1	43.4	4 001b	1 737b	5.1	42.8	3 010b	1 287b
B	6.3	43.3	4 257a	1 846a	5.4	42.3	3 558a	1 504a
C	6.3	43.6	4 367a	1 905a	5.5	42.1	3 585a	1 511a
D	6.3	43.4	4 329a	1 878a	5.6	42.1	3 550a	1 493a
E	6.4	43.6	4 383a	1 913a	5.5	41.9	3 524a	1 477a
F	6.4	43.6	4 297a	1 874a	5.5	42.5	3 678a	1 562a

注：表中同列数据后不同小写字母表示 0.05 水平差异显著。

6. 氮肥适宜用量 不施氮肥会导致土壤全氮含量降低，同时棉株各器官氮素积累量也明显降低；当施 N 量为 112.5～450.0kg/hm^{2}时，0～20cm 土壤全氮含量差异不大，棉株各器官氮素积累量差异也不明显。表明氮肥施用过多并不能被植物充分吸收利用，也未在土壤中积累，而是以挥发、渗漏、分解等不同形式损失，这与叶优良等（2010）研究结果一致。而配施有机肥使土壤全氮含量明显偏高，但对棉株各器官中的氮素积累量影响不大，表明配施有机肥明显提高了土壤全氮含量，该结果与宇万太等（2009）研究结果一致。

不施氮肥对棉花生长发育性状影响较大，棉花株高、果枝数、成铃数和单铃重均明显降低，其中籽棉产量和皮棉产量均显著低于各施氮处理；施 N 量为 112.5～450.0kg/hm^{2}时，随氮肥用量的增加，棉花株高、果枝数、成铃数和烂铃数有逐渐增加的趋势，但在棉花生长前期该效果并不明显；配施有机肥对棉花株高、果枝、单铃重和衣分影响不大，但明显增加了单株成铃数、籽棉产量和皮棉产量。

氮肥用量对棉花生长发育及产量有重要影响，但过多施用氮肥会导致肥料浪费严重，对增产无益。根据 2 年试验结果，认为冀南地区棉田适宜施 N 量为 225.0kg/hm^{2}左右，同时配合施用有机肥效果更佳。

（三）磷肥用量定位 6 年对土壤和棉株磷素吸收及棉花产量的影响

棉花是河北省重要经济作物，近年来棉花种植面积在 20 万 hm^{2}左右，在棉花种植过程中，肥料合理施用是影响棉花产量的重要因素，而随着国家对生态环境的日益重视，农业部提出了“双减”目标，即减少化肥农药的施用量，以降低过量施用化肥对土壤及环境的污染。在棉花所需的三大营养元素中，磷是植物生长过程中必不可少的营养元素，施磷能加快棉花生长发育进程，提高棉花产量（范术丽等，1999；辛承松等，2010），但不同地区施磷量对棉花的增产效应不尽一致。李银水等（2010）研究发现，与不施磷相比，施磷能显著提高籽棉产量，但不同磷肥用量之间差异不显著；戴婷婷等（2010）研究认为，增施磷肥可以增加棉花干物质量、产量和氮磷钾素的积累量，但过量施用磷肥增加效果并不明显；虽然过量施用磷肥对棉花产量影响并不明显，但对土壤磷素积累却有明显作用，张立花等（2013）研究表明，土壤有效磷含量随施磷量增加呈递增趋势，颜晓等（2013）在稻田试验结果表明，施磷量为 30.0kg/hm^{2}时土壤有效磷长期稳定在 10.1kg/hm^{2}左右，当施磷量达到 60.0kg/hm^{2}和 90.0kg/hm^{2}时土壤有效磷含量分别达到 26.9mg/kg 和 33.2mg/kg，均高于临界值浓度；同时，土壤磷素有效性与磷肥种类和用量（耿玉辉等，2013；庄远红等，2009）、土壤质地直接相关（陈波浪等，2010），磷肥的增产效果受土壤基础地力影响较大。河北省中南部棉区在 2000 年前后有过重施磷肥的时期，导致土壤有效磷含量偏高。从长期定位试验入手，研究土壤有效磷平衡与棉花磷素吸收状况，以及土壤有效磷含量对棉花产量性状的影响。通过不同磷肥用量的长期定位，探索不同磷肥施用量对土壤磷素积累、棉株磷素的吸收以及棉花产量的变化规律，明确河北省中南部棉区棉田适宜施肥量，为合理施用磷肥、减少化肥用量提供理论依据。

1. 不同用量定位施肥对土壤有效磷含量的影响 从图 2-2-15 可以看出，经过 6 年定位后，不同处理 0～20cm 土壤有效磷含量形成明显的梯度，且差异达到极显著水平。不施磷肥对照 P0 有效磷含量为 3.1mg/kg，P7 有效磷含量达到 65.4mg/kg，随着磷肥施用量的增加，土壤中有效磷的含量持续增加，其中磷肥施用量 90.0kg/hm^{2}处理的土壤有效磷含量与定位前土壤有效磷含量（18.5mg/kg）相当，磷肥用量超过 90.0kg/hm^{2}后，导致土壤中磷素出现过剩积累，而磷肥用量低于 90.0kg/hm^{2}时，土壤中有效磷呈消耗式下降。

2. 不同磷肥量定位施用对棉株各器官磷素吸收及田间携出量的影响 棉株不同器官中籽棉磷素含量最高，其次是叶片，秸秆中磷素含量最低。叶片中磷素含量随磷肥用量增加呈逐渐上升趋势，由 2.4g/kg 升高至 3.0g/kg，当磷肥用量超过 90.0kg/hm^{2}后继续增施磷肥，叶片磷素含量在 2.8～3.0g/kg 变化不大，不同用量处理间方差分析差异不显著（表 2-2-27）。叶片磷素田间携出量随磷肥用量增加先升高后趋于稳定，磷肥用量超过 90.0kg/hm^{2}后叶片磷素田间携出量之间差异不显著，但显著高于不施磷肥对照、施磷量 30.0kg/hm^{2}与 60.0kg/hm^{2}三个处理。

秸秆中磷素含量仅不施磷肥对照显著低于各施磷处理，而不同施磷量处理

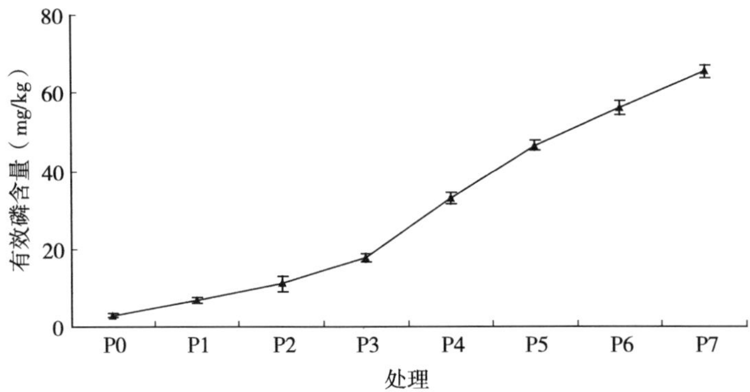

图 2-2-15　定位施肥 6 年后土壤 0～20cm 土层有效磷含量

注：每公顷 P_2O_5 用量为，P0：0kg；P1：30kg；P2：60kg；P3：90kg；P4；120kg；P5：150kg；P6：180kg；P7：210kg。下同

之间秸秆磷素含量差异不显著，在 1.6～1.8g/kg，秸秆磷素田间携出量随磷肥用量增加呈相似变化规律。籽棉中磷素含量不施磷肥对照显著低于各施磷处理，随着磷肥用量增加磷素含量有先增加后趋于稳定的趋势，但不同磷肥用量间差异不显著；P_2O_5 田间携出量不同处理在 51.8～61.7kg/hm^2，同样呈现随磷肥用量增加先增加后稳定的趋势。

表 2-2-27　不同处理叶片、秸秆与籽棉磷素含量与五氧化二磷携出量

处理	P 含量（g/kg）			P_2O_5 携出量（kg/hm^2）		
	叶片	秸秆	籽棉	叶片	秸秆	籽棉
P0	2.4c	1.3b	6.0b	20.3b	9.1b	51.8b
P1	2.5c	1.6a	6.4a	20.9b	10.3a	58.6a
P2	2.7b	1.6a	6.5a	21.8b	10.9a	59.4a
P3	2.9a	1.7a	6.7a	23.5a	11.8a	61.2a
P4	2.8ab	1.8a	6.5a	23.1a	11.4a	59.6a
P5	2.9a	1.6a	6.6a	24.4a	11.4a	59.4a
P6	2.8ab	1.6a	6.7a	23.1a	10.8a	60.7a
P7	3.0a	1.70a	6.6a	24.4a	11.9a	61.7a

注：表中同列数据后不同小写字母表示 0.05 水平差异显著。下同。

3. 不同磷肥用量定位施用对棉花产量性状的影响　不同用量磷肥定位对单株铃数、籽棉产量与皮棉产量均有影响，而对单铃重与衣分影响不大。单株铃数各施磷处理间差异不显著，但均显著高于不施磷对照，籽棉产量不施磷对照为 3 773.0kg/hm²，显著低于各施磷处理，当磷肥用量在 30.0～210.0kg/hm²时，籽棉产量变化幅度不大，各处理之间差异未达显著水平，较对照增产幅度在 4.2%～8.2%，皮棉产量表现出相同规律（表 2-2-28）。这一结果表明，由于棉花对磷素需求量较低，增加磷肥用量对提高棉花产量效果不明显。

表 2-2-28 不同处理棉花产量性状

处理	单株铃数	单铃重 (g)	衣分 (%)	籽棉产量 (kg/hm²)	皮棉产量 (kg/hm²)
P0	12.7b	5.1a	36.2a	3 773.0b	1 366.0b
P1	14.1a	5.3a	36.4a	4 001.0a	1 456.0a
P2	14.4a	5.2a	36.2a	3 990.0a	1 444.0a
P3	14.1a	5.3a	36.8a	3 990.0a	1 468.0a
P4	14.3a	5.2a	36.2a	4 007.0a	1 451.0a
P5	14.2a	5.3a	36.3a	3 930.0a	1 427.0a
P6	14.4a	5.1a	36.9a	3 959.0a	1 461.0a
P7	14.4a	5.2a	36.5a	4 081.0a	1 490.0a

磷肥在植物所需要的氮磷钾三种大量营养元素中，一般被认为利用率最低（鲍士旦，2005），原因是磷酸盐易被酸性土壤中的铁铝氧化物及石灰性土壤中的碳酸钙化合物固定，从而成为作物难以利用的吸附态磷（吴平等，2001），因此出现大量施用磷肥的现象；而由于长期施用磷肥，事实上大多数农业土壤已成为潜在的磷库（王平等，2005）。关于棉田磷肥最佳用量，通过 6 年定位试验发现，当磷肥施用量低于 90.0kg/hm²时，土壤有效磷含量出现消耗式下降，当磷肥施用量超过 90.0kg/hm²后，土壤中有效磷即出现过剩式累积，通过对河北省中南部棉区调查发现，棉农在 2000 年前后普遍存在大量施用磷酸二铵的传统，导致土壤磷素大量积累，而据宋春等（2009）报道，从 1990—2010 年间，中国农田土壤磷素平衡的盈余量以每年 11%的速度在不断扩大，这也导致目前土壤磷素过剩。

另一方面，从棉花产量角度来看，磷肥不同用量对棉花产量影响不大，究其原因是土壤中的有效磷含量过剩，当磷肥施用量不能满足棉花需求时，土壤中有效磷可被棉花吸收利用，从而满足棉花正常生长需求，同时消耗了土壤中的有效磷导致土壤有效磷含量持续下降；由于肥料增产效果与土壤基础养分含量直接相关，王刚等（2016）研究表明，当土壤有效磷含量超过 9.0mg/kg 后，施磷对棉花生长不再具有促进作用。土壤有效磷含量在 3.1mg/kg 时（P0），籽棉产量显著下降，有效磷含量在 7.0mg/kg 时（P1），籽棉产量未有明显下降。

从磷素田间携出量来看（由于叶片与秸秆粉碎还田，因此叶、秆不予考虑），籽棉田间携出量（P_2O_5）在 51.8～61.7kg/hm^2，为保证土壤磷素平衡，磷肥用量应不低于 60.0kg/hm^2，而从土壤磷素积累结果来看，当磷肥用量在 90.0kg/hm^{2}时，土壤磷素基本处于平衡状态，考虑到磷肥利用率以及叶片秸秆还田后短时间内不能矿化分解为植物可利用磷素，棉田磷肥用量范围在 60.0～90.0kg/hm^2（根据土壤有效磷含量高低确定具体数量），可实现土壤磷素平衡与棉花产量稳定的目标。过量施用磷肥导致土壤中磷素积累，对棉花产量提高作用不明显，在棉田土壤磷素丰富地区，可减少磷肥用量，充分利用土壤中的磷素达到减施肥料的目的；在河北省中南部棉区，磷肥用量范围在 60.0～90.0kg/hm^2（根据土壤有效磷含量高低确定具体数量），可实现土壤磷素平衡与棉花产量稳定的目标。

（四）黄腐酸钾定位施肥对棉花产量及品质性状的影响

近年来，黄腐酸在国外农业研究中应用渐多，且其功效被不断开发。黄腐酸是腐殖酸类物质碱溶—酸析后留在酸性溶液中的可溶性有机酸（李仲谨等，2009），对植物生长具有调节作用。多项研究表明，黄腐酸除了能影响植物内源激素外（陈玉玲等，1999；陈玉玲等，2000），还能直接作用于植物，如促进植物细胞伸长、减小气孔开度，提高植物抗旱能力（祝国强等，1998；周莉娜等，2012）等；而黄腐酸钾作为一种含黄腐酸的肥料，它既能起到对植物生长的调节作用，又能为植物生长提供钾元素（赵永长等，2016）。近年来，黄腐酸钾作为一种提高植物抗逆性的生长调节剂在玉米（沈浜觊等，2013；王红等，2015）、大豆（栾白等，2010）、小麦（周毅等，2003）、花生（王文颇，2000）和番茄（姚东伟，2003）等植物的研究中已有报道，但前人研究多集中在黄腐酸（钾）叶面喷施方面，针对黄腐酸钾肥料与化肥配施的研究较少，而在棉花上的定位施肥研究则未见报道，因此采用黄腐酸钾与化肥配合施用，并进行 4 年的定位，以期探讨黄腐酸钾对棉花生长发育及产量品质的影响，为黄腐酸钾的合理施用提供理论依据。

1. 不同处理株高与果枝 从表 2-2-29 可知，连续 4 年不施肥对照棉花株高与果枝数在不同生育期内均显著低于各施肥处理；从 6 月 15 日株高来看，单施化肥对照与配施黄腐酸钾处理间差异不大，规律性不明显，7 月 15 日与 8 月 15 日配施黄腐酸钾各处理株高略高于单施化肥处理，但差异不显著；配施黄腐酸钾各处理果枝数与单施化肥相比差异不大，规律性不明显。这一结果表明，与单施化肥相比，黄腐酸钾处理棉花后期株高略高，但总体来看，对营养生长影响不显著。

表 2-2-29 不同处理棉花株高与果枝数

处理	株高（cm）			果枝数（台/株）		
	6月15日	7月15日	8月15日	6月15日	7月15日	8月15日
CK	29.4b	83.2b	85.3b	2.7b	11.8b	12.8b
F	31.8a	87.1a	93.1a	3.5a	12.5a	13.7a
F+H1	31.5a	88.9a	93.3a	3.3a	12.5a	13.7a
F+H2	31.0a	88.6a	93.7a	3.3a	12.5a	13.5a
F+H3	31.0a	88.3a	94.0a	3.3a	12.7a	13.6a
F+H4	31.9a	89.0a	94.5a	3.2a	12.5a	13.8 a

注：CK：不施肥对照，处理 F：每公顷施肥尔德复合肥 750kg，处理 F+H1：每公顷施肥尔德复合肥 750kg，黄腐酸钾复合肥 75kg，处理 F+H2：每公顷施肥尔德复合肥 750kg，黄腐酸钾复合肥：150kg，处理F+H3：每公顷施肥尔德复合肥 750kg，黄腐酸钾复合肥 300kg，处理 F+H4：每公顷施肥尔德复合肥 750kg，黄腐酸钾复合肥 450kg。表中同列数据后不同小写字母表示 0.05 水平差异显著。下同。

2. 不同处理“三桃”比例 从表 2-2-30 中可以看出，连续 4 年不施肥处理（对照）显著降低了棉花的伏前桃、伏桃与秋桃数；单施化肥与配施黄腐酸钾各处理对棉花伏前桃数影响不大，但增加了伏桃数与秋桃数，尤其是对秋桃数量与比例都有了显著的提高；这一结果表明黄腐酸钾对于棉花的后期生长有明显的促进作用，使棉花保持了较好的后发优势，为棉花增产奠定了基础。

表 2-2-30 棉花“三桃”比例

处理	伏前桃		伏桃		秋桃	
	个数（个）	占比（%）	个数（个）	占比（%）	个数（个）	占比（%）
CK	3.1b	36.0a	5.4c	62.9a	0.1c	1.2c
F	3.7a	35.3a	6.6b	62.2a	0.3b	2.5b
F+H1	3.6a	34.2ab	6.6b	62.6a	0.3b	3.2b
F+H2	3.6a	30.8c	7.2a	61.8a	0.9a	7.3a
F+H3	3.6a	30.7c	7.3a	62.7a	0.8a	6.5a
F+H4	3.9a	32.6b	7.2a	59.9a	0.9a	7.5 a

3. 产量构成 从表 2-2-31 可知，定位 4 年后，不施肥对照单株铃数、单铃重、籽棉产量与皮棉产量均显著低于各施肥处理，但衣分却显著增高；从单株铃数来看，与单施化肥相比，配施黄腐酸钾增加了单株铃数，且随着施用量的增加，单株铃数呈增加的趋势，以配施 450kg/hm^2 黄腐酸钾处理单株

铃数最高，但当黄腐酸钾用量超过 150kg/hm^{2}后单株铃数差异不显著；单铃重则是配施黄腐酸钾处理较单施化肥高 0.1g，但不同处理间差异均不显著；配施黄腐酸钾降低了棉花的衣分，但与单施化肥相比差异不显著；籽棉产量公顷配施 75kg、150kg、300kg、450kg 黄腐酸钾较单施化肥处理分别提高 3.3%、5.4%、5.2%与 9.0%，其中配施 450kg/hm^2 黄腐酸钾处理籽棉产量显著高于其他处理。皮棉产量仅不施肥处理（对照）显著降低，其他处理间差异不显著。

表 2-2-31　不同处理棉花产量与产量构成

处理	铃数（个/株）	单铃重（g）	衣分（%）	籽棉产量（kg/hm^2）	皮棉产量（kg/hm^2）
CK	8.6c	4.3b	38.9a	2 634d	1 025b
F	10.5b	4.7a	36.3b	3 339c	1 212a
F+H1	10.6b	4.8a	35.8b	3 449b	1 235a
F+H2	11.6a	4.8a	35.7b	3 518b	1 256a
F+H3	11.6a	4.8a	35.2b	3 512b	1 236a
F+H4	12.0a	4.8a	35.5b	3 638a	1 291 a

4. 纤维品质　从表 2-2-32 可知，连续 4 年不施肥对照对棉花纤维品质有显著影响，主要是降低了棉花纤维长度与纺纱均匀性指数，提高了马克隆值，且与配施黄腐酸钾处理差异均达显著水平。配施黄腐酸钾对纺纱均匀性指数提高作用最为明显，随施用量增加纺纱均匀性指数呈持续增加趋势，配施 300kg/hm^2、450kg/hm^2 黄腐酸钾纺纱均匀性指数达到 132 与 133，显著高于配施 75kg/hm^2、150kg/hm^2 处理，不施肥对照与单施化肥两个处理纺纱均匀性指数最低；单施化肥与黄腐酸钾不同配施量间棉花纤维上半部平均长度与马克隆值差异不大，而配施黄腐酸钾对断裂比强度与整齐度指数略有提高作用，但差异不显著。

表 2-2-32　不同处理纤维品质

处理	上半部平均长度（mm）	断裂比强度（cN/tex）	马克隆值	整齐度指数（%）	纺纱均匀性指数
CK	26.5b	28.9a	5.2a	81.6a	112c
F	27.3a	28.7a	4.8b	81.6a	113c
F+H1	27.5a	29.0a	4.8b	81.5a	121b
F+H2	27.8a	29.3a	4.8b	82.1a	125b
F+H3	27.8a	29.7a	4.7b	82.2a	132a
F+H4	27.4a	29.8a	4.8b	82.1a	133a

连续定位施用黄腐酸钾有机肥对于棉花的生产发育及产量品质都有明显的正效应。可以看出，配施黄腐酸钾对于棉花中后期株高有一定的促进作用，使棉花后期仍可保持较好营养生长状况，从而进一步促进棉花后期的生殖生长，具体表现为棉花伏桃、秋桃数量的提高，尤其是秋桃数量与比例均显著高于单施化肥处理；从产量构成结果来看，配施黄腐酸钾提高了棉花单株铃数、单铃重、籽棉产量与皮棉产量，但降低了衣分，其原因一方面是不施肥（对照）与单施化肥处理棉花后期营养生长偏弱，棉花早衰影响了棉籽发育，另一方面是田间郁闭程度轻，下部烂铃少，因此出现衣分偏低的情况；从品质来看，配施黄腐酸钾对于棉纤维纺纱均匀性指数有显著的提高作用，对于纤维长度、断裂比强度也有一定的正效应，降低了马克隆值（马克隆值最佳范围为 3.7～4.2，过高或过低均降低棉花品质），提升了纤维品质。综上，棉花黄腐酸钾适宜用量以 450kg/hm^2 为宜。

参考文献

鲍士旦，2005. 土壤农化分析［M］. 北京：中国农业出版社：263 - 271.

别墅，余隆新，王孝刚，等，2010. 抗虫杂交棉增密栽培技术［J］. 中国棉花，37（8）：33 - 34.

陈波浪，盛建东，蒋平安，等，2010. 不同质地棉田土壤对磷吸附与解吸研究［J］. 土壤通报，41（2）：303 - 307.

陈德华，陈源，杨长琴，等，2002. 氮肥与缩节胺配合对 Bt 棉源库特征和铃重的影响［J］. 棉花学报，14（3）：147 - 150.

陈康谓，王萍，刘敏，2005. 棉花高密度滴灌丰产栽培实践［J］. 新疆农业科技（1）：15.

陈文，胡浩，王玉华，等，2009. 鲁棉研 21 号适宜播期、密度和施肥量的研究［J］. 山东农业科学（7）：56 - 58.

陈玉玲，曹敏，李云荫，等，2000. 干旱条件下黄腐酸对冬小麦幼苗中内源 ABA 和 IAA 水平以及 SOD 和 POD 活性的影响（简报）［J］. 植物生理学通讯，36（4）：311 - 314.

陈玉玲，曹敏，周燮，等，1999. 黄腐酸对冬小麦幼苗 IAA、ABA 水平的影响及作用机理的探讨［J］. 植物生理学通报，16（5）：587 - 590.

戴敬，郑伟，杨善举，2003. 棉花叶枝的生长及利用研究进展［J］. 中国棉花，30（6）：2 - 5.

戴婷婷，盛建东，陈波浪，2010. 磷肥不同用量对棉花干物质及氮磷钾吸收分配的影响［J］. 棉花学报，22（5）：466 - 470.

董合忠，李维江，李振怀，等，2003. 棉花营养枝的利用研究［J］. 棉花学报，15（5）：313 - 317.

董合忠，李振怀，李维江，等，2003. 抗虫棉保留利用营养枝的效应和技术研究［J］. 山

东农业科学 (3): 6-10.

董合忠, 李振怀, 罗振, 等, 2010. 密度和留叶枝对棉株产量的空间分布和熟相的影响 [J]. 中国生态农业学报, 18 (4): 792-798.

段鹏飞, 杜明伟, 徐东永, 等, 2013. 密度和日照对冀中地区棉花产量和纤维品质的影响 [J]. 河北农业大学学报, 36 (4): 1-6.

范术丽, 许玉璋, 张朝军, 1999. 氮磷钾对棉花伏桃发育的影响 [J]. 棉花学报, 11 (1): 24-30.

冯国艺, 姚炎帝, 杜明伟, 等, 2012. 缩节胺 (DPC) 对干旱区杂交棉冠层结构及群体光合生产的调节 [J]. 棉花学报, 24 (1): 44-51.

高峻岭, 李祥云, 宋朝玉, 等, 2008. 密度、播期、有机肥对棉花产量及部分纤维品质性状的影响 [J]. 山东农业科学 (6): 20-23.

耿玉辉, 曹国军, 叶青, 等, 2013. 磷肥不同施用方式对土壤有效磷及春玉米磷素吸收和产量的影响 [J]. 华南农业大学学报, 34 (4): 470-474.

韩迎春, 宋美珍, 张朝军, 等, 1999. 棉花留叶枝对生殖生长的影响 [J]. 中国棉花, 26 (12): 13-14.

胡亦端, 吴云康, 1980. 棉花腋芽的发生及其演化 [J]. 中国农业科学, 13 (1): 39-47.

贾玉玲, 2004. 棉花超高密度栽培试验与示范 [J]. 新疆农业大学学报, 27 (4): 60-62.

李成奇, 郭旺珍, 张天真, 等, 2009. 衣分不同陆地棉品种的产量及产量构成因素的遗传分析 [J]. 作物学报, 35 (11): 1990-1999.

李春平, 赵萍, 刘忠山, 等, 2014. 棉花不同阶段温度与产量和衣分的相关性研究 [J]. 棉花科学, 36 (5): 8-13.

李国锋, 何循宏, 徐立华, 等, 2001. 棉花留叶枝密度与产量及构成产量诸因子关系的分析 [J]. 江西棉花, 23 (5): 19-22.

李秋芝, 杨中旭, 高东玉, 等, 2002. 气候因子对棉花衣分的影响 [J]. 江西棉花, 24 (5): 30-32.

李伟明, 刘素恩, 王志忠, 等, 2005. 棉花纤维品质年际间变化及气象因素影响分析 [J]. 棉花学报, 17 (2): 103-106.

李文炳, 潘大陆, 1992. 棉花实用新技术 [M]. 济南: 山东科学技术出版社.

李祥云, 宋朝玉, 王瑞英, 等, 2009. 氮磷钾不同配比对棉花生物学性状和产量的影响 [J]. 山东农业科学 (4): 68-73.

李银水, 鲁剑巍, 李小坤, 等, 2010. 湖北省棉花磷肥效应研究 [J]. 湖北农业科学, 49 (2): 310-313, 337.

李玉芳, 李景龙, 杨春安, 等, 2011. 种植密度对杂交棉农艺性状及产量构成因素的影响 [J]. 湖南农业科学 (5): 38-40, 50.

李元华, 刘学锋, 2006. 河北省近 50 年 0℃界限温度积温变化特征分析 [J]. 干旱区资源与环境, 20 (4): 12-15.

李仲谨，李铭杰，王海峰，等，2009. 腐殖酸类物质应用研究进展［J］. 化学研究，20（4）：103－107.

刘冬青，张世贵，李素英，2003. 山东棉花覆盖栽培的节水增产效应研究［J］. 棉花学报，15（4）：201－204.

刘金生，梁建修，1993. 我国地膜植棉技术的演进［J］. 中国棉花（1）：7－9.

刘瑞显，史伟，徐立华，等，2011. 种植密度对棉花干物质、氮素累积与分配的影响［J］. 江苏农业学报，27（2）：250－257.

娄善伟，张鹏忠，刘宁，等，2010. 不同密度下棉花果枝、叶枝特征及产量的研究［J］. 新疆农业科学，47（7）：1391－1396.

卢合全，李振怀，董合忠，等，2009. 杂交棉种植密度与留叶枝对产量及其构成因素的互作效应研究［J］. 山东农业科学（11）：11－15.

栾白，高同国，姜峰，等，2010. 微生物降解褐煤产生的黄腐酸对大豆种子萌发及主要抗氧化酶活性的影响［J］. 大豆科学，29（4）：607－610.

吕新，张伟，曹连莆，等，2005. 不同密度对新疆高产棉花冠层结构光合特性和产量形成的影响［J］. 西北农业学报（1）：142－148.

马宗斌，李伶俐，谢德意，等，2006. 施肥与缩节胺配合对麦后直播夏棉光合特性及产量的影响［J］. 中国生态农业学报，14（10）：94－97.

毛树春，2009. 我国棉花种植技术的应用和发展［J］. 中国棉花，36（9）：17－22.

毛新萍，2006. 北疆棉区棉花系列化调技术浅谈［J］. 中国棉花，33（5）：24.

谬启龙，丁园圆，王勇，等，2009. 气候变暖对中国热量资源分布的影响分析［J］. 自然资源学报，24（5）：934－944.

宁新柱，林海，宿俊古，等，2011. 不同种植密度对棉花产量性状的影响［J］. 安徽农业科学，39（15）：8878－8880.

牛巧鱼，2007. 关于杂交棉种植密度的思考［J］. 江西棉花，29（4）：18－21.

申贵方，王景会，王宗文，等，2008. 不同生态区抗虫杂交棉稀植留叶枝效应研究［J］. 山东农业科学（5）：34－37.

沈浜觊，肖龙云，冯乃杰，等，2013. 黄腐酸和 AM 真菌对玉米幼苗抗旱性的影响［J］. 江苏农业科学，41（5）：64－66.

宋春，韩晓增，2009. 长期施肥条件下土壤磷素的研究进展［J］. 土壤，41（1）：21－26.

孙孝贵，刘文江，甘润伟，2005. 新疆棉田残膜危害及其治理对策［J］. 中国棉花，33（2）：7－8.

陶运强，余永凤，2005. 棉田秸秆覆盖应用初报［J］. 现代农业科技（8）：30－32.

田海燕，崔瑞敏，刘存敬，等，2014. 烂铃对棉花产量因子及纤维品质的影响［J］. 河北农业科学，18（2）：42－45，63.

万燕，冯艳波，丁时永，等，2009. 温光气象因子影响棉铃产量和纤维品质性状的相关效应研究［J］. 棉花学报，21（2）：100－106.

汪先红，包克勤，宋莉萍，2006. 棉花稀植栽培中存在的问题及改进措施［J］. 安徽农学通报（6）：100.

王朝晖，钟林光，李景龙，等，2008. 气象因子对湖南省棉花经济性状影响的研究［J］. 中国农学通报，24（7）：113－118.

王刚，郑苍松，李鹏程，等，2016. 土壤有效磷含量对棉花幼苗干物质积累和碳氮代谢的影响［J］. 棉花学报，28（6）：609－618.

王汉霞，范希峰，田晓莉，等，2010. 黄河流域棉区北部留叶枝栽培的适宜密度研究［J］. 棉花学报，22（5）：430－436.

王恒铨，1992. 河北棉花［M］. 石家庄：河北科学技术出版社.

王红，李放，宋东涛，等，2015. 叶面喷施黄腐酸钾对夏玉米产量的影响［J］. 腐殖酸（4）：37.

王冀川，张杰，赵旭东，等，2001. 南疆棉花高密度栽培技术要点［J］. 新疆农垦科技（5）：3－5.

王建红，丁能飞，傅庆林，2002. 液体地膜使用效果简报［J］. 浙江农业科学（1）：18.

王平，陈新平，田长彦，等，2005. 新疆南部地区棉花施肥现状及评价［J］. 干旱区研究，6（2）：264－268.

王树林，林永增，祁虹，等，2010a. 冀南地区不同密度对棉花生长发育及产量品质的影响［J］. 山东农业科学（11）：24－27.

王树林，刘金华，孙国荣，等，2010b. 冀东棉区棉花适宜种植密度筛选研究［J］. 河北农业科学，14（1）：6－7.

王树林，祁虹，林永增，等，2011. 冀南地区棉田适宜氮肥用量研究［J］. 河北农业科学，15（1）：47－49.

王文颇，2000. 喷施黄腐酸对花生生长发育的影响［J］. 花生科技（1）：25－27.

王志学，2007. 玉米垄侧栽培技术［J］. 吉林农业（3）：15.

王宗文，王景会，申贵芳，等，2008. 鲁棉研 21 号留叶枝处理效应研究［J］. 山东农业科学（4）：34－35.

吴美华，1993. 不同施氮水平对棉花生育及产量的影响［J］. 江西棉花（3）：19－21.

吴平，印莉萍，张立平，等，2001. 植物营养分子生理学［M］. 北京：科学出版社.

辛承松，董合忠，罗振，等，2010. 黄河三角洲盐渍土棉花施用氮、磷、钾肥的效应研究［J］. 作物学报，36（10）：1698－1706.

徐立华，何循宏，李国峰，等，2002. 留叶枝棉花的成铃规律［J］. 江苏农业学报，18（1）：37－41.

薛晓萍，陈兵林，郭文琦，等，2006. 棉花临界需氮量动态定量模型［J］. 应用生态学报，17（12）：2363－2370.

颜晓，王德建，张刚，等，2013. 长期施磷稻田土壤磷素累积及其潜在环境风险［J］. 中国生态农业学报，21（4）：393－400.

杨六六，刘惠民，曹美莲，等，2009. 棉花产量和纤维品质性状的遗传研究［J］. 棉花学报，21（3）：179－183.
杨青华，韩锦峰，2003. 液体地膜对棉花生长发育的影响［J］. 华北农学报，18（1）：47－49.
杨青华，韩锦峰，贺德先，等，2008. 液体地膜覆盖保水效应研究［J］. 水土保持学报，18（4）：29－32.
姚东伟，2003. 黄腐酸对番茄生长、产量及光合特性的影响［D］. 太谷：山西农业大学.
叶尧良，2009. 从棉花区试结果看品种变化趋势［J］. 江西棉花，31（4）：42－43.
叶优良，王贵良，朱云集，等，2010. 施氮对高产小麦群体动态、产量和土壤氮素变化的影响［J］. 应用生态学报，21（2）：351－358.
易成新，张天真，郭旺珍，等，2001. 陆地棉衣分 QTL 的形态和 RAPD 分子标记筛选［J］. 作物学报，27（6）：781－786.
余德谦，陈布圣，1990. 棉花高产适宜施氮量研究［J］. 中国棉花（3）：16－18.
余隆新，张教海，夏松波，等，2011. 湖北抗虫杂交棉高产栽培优化组合模式研究［J］. 中国棉花，38（10）：6－8.
宇万太，姜子绍，马强，等，2009. 施用有机肥对土壤肥力的影响［J］. 植物营养与肥料学报，15（5）：1057－1064.
张冬梅，李维江，唐薇，等，2010. 种植密度与留叶枝对棉花产量和早熟性的互作效应［J］. 棉花学报，22（3）：224－230.
张金帮，王勇，毛允峰，2000. 气象因素对棉花铃重、衣分的影响［J］. 江西棉花，22（2）：29－32.
张翠英，郝振华，景安华，等，2011. 气候因素对鲁西南棉花生产、产量和品质的影响［J］. 中国农业气象，32（S1）：100－103.
张立花，张辉，黄玉芳，等，2013. 施磷对玉米吸磷量、产量和土壤磷含量的影响及其相关性［J］. 中国生态农业学报，21（7）：801－809.
张立桢，李亚兵，王桂平，等，1998. 留营养枝棉花根系生长发育与分布规律的研究［J］. 棉花学报，10（6）：322－328.
张培通，朱协飞，郭旺珍，等，2005. 陆地棉衣分及相关性状遗传和 QTL 分子标记［J］. 江苏农业学报，21（4）：264－271.
张荣霞，王书同，徐军，等，2002. 气象条件对棉花主要产量因素的影响［J］. 中国棉花，29（11）：17－18.
张香云，李俊兰，2003. 河北棉花育种现状及对策［J］. 河北农业科学，7（S）：111－114.
张晓洁，王爱玉，王志伟，等，2014. 不同采收时间棉花衣分和纤维品质的比较分析［J］. 山东农业科学，46（8）：29－32.
赵静，赵伟，2006. 地膜覆盖存在的问题及对策［J］. 河南农业（2）：49.
赵永长，宋文静，邱春丽，等，2016. 黄腐酸钾对渗透胁迫下烤烟幼苗生长和光合荧光特性的影响［J］. 中国烟草学报，22（4）：98－106.

中国农业科学院棉花研究所，1983. 中国棉花栽培学［M］. 上海：上海科学技术出版社.
中国农业科学院棉花研究所，2013. 中国棉花栽培学［M］. 上海：上海科学技术出版社.
周桂生，于建平，陈刚，等，2007. 关于长江流域棉花适宜种植密度的思考［J］. 中国棉花（5）：51－52.
周莉娜，孙丽蓉，毛晖，等，2012. 黄腐酸抗旱营养剂对小麦和玉米生长的影响［J］. 干旱地区农业研究，30（1）：154－158.
周毅，王传江，曹一平，等，2003. 两种黄腐酸钾对增强冬小麦抗旱性状的效果与评价［J］. 腐殖酸（2）：24－28.
朱永歌，2010. 棉花合理密度的抉择分析［J］. 江西棉花（1）：43－45.
朱玉国，2004. 棉花高密度栽培在棉花高产县及新疆的实践［J］. 中国农学通报，20（6）：153－155.
祝国强，刘合民，郭玉华，等，1998. 发酵黄腐酸对小麦生长影响的研究［J］. 邯郸农业高等专科学校学报，15（1）：4，14－15.
庄远红，吴一群，李延，等，2009. 不同种类磷肥施用对蔬菜地磷素淋失的影响研究［J］. 漳州师范学院学报（自然科学版），22（1）：97－100.
Booker J，Chatfield S，Leyser O，2003. Auxin acts in xylemassociated or medullary cells to mediate apical dominance［J］. The Plant Cell，15（2）：495－507.
Carabelli M，Possenti M，Sessa G，et al，2007. Canopy shade causes a rapid and transient arrest in leaf development through auxin－induced cytokinin oxidase activity［J］. Genes and Developement，21：1863－1868.
Cline MG，1991. Apical dominance［J］. The Botanical Review，57（4）：318－358.
Cline MG，1996. Exogenous auxin effects on lateral bud outgrowth in decapitated shoots［J］. Annals of Botany，78（2）：255－266.
Emery RJN，Longnecker NE，Atkins CA，1998. Branch development in Lupinus angustifolius L. II. Relationship with endogenous ABA，IAA and cytokinins in axillary and main stem buds［J］. Journal of Experimental Botany，49（320）：555－562.
Friml J，2005. Auxin transport－shaping the plant［J］. Current Opinion in Plant Biology，6（1）：7－12.
Geisler M，Murphy AS，2006. The ABC of auxin transport：The role of p－glycoproteins in plant development［J］. FEBS Letters，580（4）：1094－1102.
Intergovermental Panelon Climate Change（IPCC），2001. Climate Change 2001. The Scientific Basic［M］. Cambridge，UK Cambridg University Press：1－15.
Jones RJ，Schreiber BMN，1997. Role and function of cytokinin oxidase in plants［J］. Plant Growth Regulation，23（1－2）：123－134.
Kakimoto T，2001. Identification of plant cytokinin biosynthetic enzymes as dimethylallyl diphosphate：ATP/ADP isopentenyltransferases［J］. Plant and Cell Physiology，42（7）：

677－685.

Kitazawa D, Miyazawa Y, Fujii N, et al, 2008. The gravity－regulated growth of axillary buds is mediated by a mechanism different from decapitation－induced release [J]. Plant and Cell Physiology, 49 (6): 891－900.

Leyser O, 2005. The fall and rise of apical dominance [J]. Current Opinion in Genetics and Development, 15 (4): 468－471.

Ljung K, Bhalerao RP, Sandberg G, 2001. Sites and homeostatic control of auxin biosynthesis in Arabidopsis during vegetative growth [J]. The Plant Journal, 28 (4): 465－474.

Medford JI, Horgan R, El－Sawi Z, et al, 1989. Alterations of endogenous cytokinins in transgenic plants using a chimeric isopentenyl transferase gene [J]. The Plant Cell, 1 (4): 403－413.

Miguel LC, Longnecker NE, Ma Q, et al, 1998. Branch development in *Lupinus angustifolius* L. I. Not all branches have the same potential growth rate [J]. Journal of Experimental Botany, 49 (320): 547－553.

Miyawaki K, Matsumoto－Kitano M, Kakimoto T, 2004. Expression of cytokinin biosynthetic isopentenyltransferase genes in Arabidopsis: Tissue specificity and regulation by auxin, cytokinin, and nitrate [J]. The Plant Journal, 37 (1): 128－138.

Ongaro V, Leyser O, 2008. Hormonal control of shoot branching [J]. Journal of Experimental Botany, 59 (1): 67－74.

Paponov IA, Teale WD, Trebar M, et al, 2005. The PIN auxin efflux facilitarors: Evolutionary and functional perspectives [J]. Trends in Plant Science, 10 (4): 170－177.

Parry G, Marchant A, May S, et al, 2001. Quick on the uptake: Characterization of a family of plant auxin influx carriers: Recent advances in auxin biology [J]. Journal of Plant Growth Regulation, 20 (3): 217－225.

Shimizu－Sato S, Tanaka M, Mori H, 2009. Auxin－cytokinin interactions in the control of shoot branching [J]. Plant Molecular Biology, 69 (4): 429－435.

Snowden KC, Napoli CA, 2003. A quantitative study of lateral branching in petunia [J]. Functional Plant Biology, 30 (9): 987－994.

Takei K, Sakakibara H, Sugiyama T, 2001. Identification of genes encoding adenylate isopentenyltransferase, a cytokinin biosynthesis enzyme, in Arabidopsis thaliana [J]. The Journal of Biological Chemistry, 276 (28): 26405－26410.

Tanaka M, Takei K, Kojima M, et al, 2006. Auxin controls local cytokinin biosynthesis in the nodal stem in apical dominance [J]. The Plant Journal, 45 (6): 1028－1036.

Teale WD, Paponov IA, Palme K, 2006. Auxin in action: signaling, transport and the control of plant growth and development [J]. Nature Reviews Molecular Cell Biology (7): 847－859.

Turnbull CGN, Raymond MAA, Dodd IC, et al, 1997. Rapid increases in cytokinin concentration in lateral buds of chickpea (Cicer arietinum L.) during release of apical dominance [J]. Planta, 202 (3): 271-276.

Werner T, Motyka V, Strnad M, et al, 2001. Regulation of plant growth by cytokinin [J]. Proceedings of the National Academy of Sciences of the United States of America, 98 (18): 10487-10492.

Zubko E, Adams CJ, Macháèková I, et al, 2002. Activation tagging identifies a gene from petunia hybrida responsible for the production of active cytokinins in plants [J]. The Plant Journal, 29 (6): 797-808.

第三章

冀南棉区麦棉套作种植制度及地力培肥技术

第一节　冀南棉区麦棉套作种植制度栽培要点

一、冀南棉区麦棉套作品种筛选

（一）棉花品种筛选（以多雨寡照极端年份为例）

20 世纪 50 年代，麦棉两熟种植技术在我国长江流域棉区得以使用并加以报道，形式为冬小麦（元麦）-棉花直播（中国农业科学院棉花研究所，1999）。20 世纪 60 年代，黄河流域棉区两熟种植制度进入试验，以麦棉套种为主（刁光中，1990），并于 20 世纪 90 年代后成为该区主要种植模式（何旭平等，2007）。但随着小麦联合收割机的应用，麦棉套作种植模式由于不适应小麦联合收割机的使用而导致面积迅速萎缩，因此，进入 21 世纪后，关于麦棉套作种植技术的研究多集中于基础理论方面，如套作对土壤生态系统（孙磊等，2006；2007）与棉花根系生长的影响（王瑛等，2007），而对麦棉套作的应用性研究不多。近年来，随着国家对粮食安全问题的日益重视以及粮棉争地矛盾的日益尖锐，麦棉套作种植模式被重新提及，在解决了小麦联合收割机应用的问题后，麦棉套作模式推广前景广阔。由于麦棉套作模式存在棉花晚熟导致霜前花率不高的问题（霍克斌等，1991；张金帮等，2005），尤其是棉花生长中期遭遇阴雨寡照天气的时候。因此，筛选出适宜麦棉套作模式的棉花早熟品种十分重要。2013 年棉花生育中期多雨寡照，筛选出多雨寡照年份适宜麦棉套作模式的棉花品种，对提高麦棉套作模式下棉花的霜前花率与霜前籽棉、皮棉产量，具有重要指导作用。

1. 试验年份气候情况及供试品种　2013 年属于典型的多雨寡照年份。5～10 月的日照时数均低于历年平均日照时数，尤其是 7～9 月的日照时数分别为历年平均日照时数的69.3%、71.1%与56.2%。5、6月降水量与历年基本持平，7、8月降水量分别为历年平均降水量的2.1倍、1.2倍（表3-1-1）。

表3-1-1　2013年棉花生育期间日照时数与降水量

月份	日照时数（h）		降水量（mm）	
	2013年	历年平均	2013年	历年平均
5	195.5	256.7	31.4	31.9
6	184.1	244.8	54.5	56.3
7	144.6	208.6	288.3	136.8
8	153.1	215.2	133.6	109.8
9	116.5	207.3	24.4	35.6
10	194.1	208.7	6.0	27.8

供试棉花品种及来源见表3-1-2，其中超早1号为国家半干旱农业工程技术研究中心提供的零式果枝早熟品系（翟学军等，2007），其他品种均为通过审定的品种。

表3-1-2　供试棉花品种（系）

品种名称	审定生育期（d）	选育单位
中棉所50	110	中国农业科学院棉花研究所、中国农业科学院生物技术研究所
超早1号	105～110	国家半干旱农业工程技术研究中心
邯7860	118	邯郸市农业科学院、中国农业科学院生物技术研究所
中植棉2号	125	中国农业科学院植物保护研究所、新乡县七里营新植原种场、中国农业科学院生物技术研究所
鲁棉研28	138	山东棉花研究中心
中棉所79	123	中国农业科学院棉花研究所
冀228	124	河北省农林科学院棉花研究所、中国农业科学院生物技术研究所
冀杂1号	135	河北省农林科学院棉花研究所、中国农业科学院生物技术研究所
农大棉6号	129	河北农业大学
冀棉958	139	河北省农林科学院棉花研究所、中国农业科学院生物技术研究所

2. 不同棉花品种（系）的株高与果枝性状　中棉所50和超早1号成熟期株高在10个品种（系）中偏低，分别为72.4cm和91.0cm；农大棉6号、冀

棉958与冀杂1号株高较高，均大于110.0cm。从株高增长动态来看，6月15日中棉所50、超早1号株高分别为其最终株高的29.7%、28.5%，其他品种在22.5%～25.8%；7月15日中棉所50、超早1号、邯7860与中棉所79株高分别为其最终株高的85.1%、84.2%、84.4%与83.1%，其他品种在69.9%～79.3%。因此可以看出，生育期越短的品种（系），前期株高增长比例越大（表3-1-3）。

主茎真叶数和果枝数同株高趋势相似。6月15日超早1号和中棉所50主茎真叶数较高，分别为7.2和6.9，其他品种主茎真叶数均小于6.0；7月15日超早1号果枝数最多，为10.2台，其次为中棉所50、邯7860与中棉所79，果枝数均不低于9.5；到8月15日除超早1号果枝数为13.7台外，其他品种果枝数均在11.0～11.9，差异不大。以上表明，在麦棉套作模式下，尤其是多雨寡照年份，棉花营养生长集中在6月下旬到7月中上旬，且生育期越长的品种，营养生长高峰越晚。

表3-1-3　不同棉花品种（系）生育性状

品种	株高（cm）			主茎真叶（果枝）数（台）		
	6月15日	7月15日	8月15日	6月15日	7月15日	8月15日
中棉所50	21.5	61.6	72.4	6.9	9.9	11.9
超早1号	25.9	76.6	91.0	7.2	10.2	13.7
邯7860	25.0	85.3	101.1	5.5	9.6	11.9
中植棉2号	24.9	72.0	102.8	5.2	9.0	11.2
鲁棉研28	24.0	80.3	102.8	5.1	9.0	11.3
中棉所79	24.8	82.0	98.7	5.6	9.5	11.5
冀228	25.6	83.7	105.5	5.6	9.0	11.8
冀杂1号	25.4	80.6	113.0	5.4	8.5	11.5
农大棉6号	30.1	86.0	116.8	5.3	8.9	11.0
冀棉958	28.7	79.5	113.8	5.8	8.7	11.7

3. 不同棉花品种（系）的“三桃”比例　“三桃”比例基本上能够反映出棉花经济产量在时间进程上的分配关系，对于衡量品种是否适应某一地区的气候条件具有重要意义（王树林等，2011）。超早1号伏前桃1.3个，伏前桃占比7.4%，而其他品种均没有伏前桃。中棉所50和超早1号伏桃数较多，分别为5.0个和4.8个，伏桃占比分别为27.0%和27.3%；邯7860伏桃个数

与占比低于以上两个品种（系），但明显高于其他几个品种；冀杂 1 号和冀棉 958 伏桃占比较低，仅分别为 3.0%和 2.7%。秋桃构成了棉花产量的主体，10 个品种（系）秋桃占比由低到高依次是超早 1 号、中棉所 50、邯 7860、中植棉 2 号、鲁棉研 28、农大棉 6 号、中棉所 79、冀 228、冀杂 1 号、冀棉 958，因此可以看出，随着棉花品种（系）生育期的延长，秋桃占比有增大的趋势（表 3-1-4）。

表 3-1-4　不同棉花品种（系）“三桃”比例

品种	伏前桃		伏桃		秋桃	
	个数（个）	占比（%）	个数（个）	占比（%）	个数（个）	占比（%）
中棉所 50	0	0.0	5.0	27.0	13.5	73.0
超早 1 号	1.3	7.4	4.8	27.3	11.5	65.3
邯 7860	0	0.0	2.2	13.7	13.9	86.3
中植棉 2 号	0	0.0	1.1	8.3	12.2	91.7
鲁棉研 28	0	0.0	1.3	8.1	14.8	91.9
中棉所 79	0	0.0	1.0	7.0	13.3	93.0
冀 228	0	0.0	0.7	4.7	14.2	95.3
冀杂 1 号	0	0.0	0.5	3.0	16.0	97.0
农大棉 6 号	0	0.0	1.2	7.9	13.9	92.1
冀棉 958	0	0.0	0.4	2.7	14.7	97.3

4. 不同棉花品种（系）的产量及产量构成　生育期最短的 2 个品种（系）中棉所 50 和超早 1 号单株铃数分别达到了 18.5 个和 17.6 个，其次是冀杂 1 号、鲁棉研 28 和邯 7860，单株铃数均超过了 16 个，中植棉 2 号最少，仅有 13.3 个。邯 7860、中棉所 79 和冀棉 958 的单铃重均达到了 4.5g，其他品种（系）在 4.1～4.3g，差异不大。中棉所 50 的衣分最高，为 38.3%，且明显高于其他品种（系）。不同品种（系）间霜前花率差别较大，整体来看，品种生育期越短，霜前花率越高，中棉所 50 和超早 1 号霜前花率分别达到了 83.4%与 88.2%，在多雨寡照年份表现较好，邯 7860 霜前花率次之，为 67.9%；其他品种霜前花率均小于 60%，不适宜多雨寡照年份种植。根据籽棉产量结果，中棉所 50 表现最好，达到了 3 814.1kg/hm^2，且显著高于其他品种（系），超早 1 号、邯 7860 与冀杂 1 号的产量差异不显著，但显著高于其他品种（表 3-1-5）。

表 3-1-5　不同棉花品种（系）产量及产量构成

品种	铃数（个/株）	单铃重（g）	衣分（%）	霜前花率（%）	籽棉产量（kg/hm²）
中棉所 50	18.5	4.2	38.3	83.4	3 814.1a
超早 1 号	17.6	4.1	34.1	88.2	3 542.2b
邯 7860	16.1	4.5	34.1	67.9	3 556.4b
中植棉 2 号	13.3	4.3	34.8	55.0	2 807.3g
鲁棉研 28	16.1	4.1	32.4	43.2	3 230.2d
中棉所 79	14.3	4.5	33.7	51.4	3 158.8de
冀 228	14.9	4.1	33.1	45.8	2 988.7f
冀杂 1 号	16.5	4.3	31.7	42.6	3 472.2b
农大棉 6 号	15.1	4.2	31.3	46.9	3 113.1e
冀棉 958	15.1	4.5	33.3	43.2	3 324.5c

注：表中同列数据后不同小写字母表示 0.05 水平差异显著。

5. 不同棉花品种（系）的纤维品质　农大棉 6 号、鲁棉研 28 和冀棉 958 的纤维上半部平均长度均大于（等于）31.0mm；邯 7860、中植棉 2 号、冀杂 1 号、中棉所 79 和冀 228 的纤维上半部平均长度在 30.0～31.0mm 之间；中棉所 50 和超早 1 号的纤维上半部平均长度分别为 28.7mm 和 27.5mm，在所有品种（系）中偏短。中植棉 2 号、中棉所 50 和邯 7860 的断裂比强度均大于 31 cN/tex，表现较好。马克隆值作为反映纤维成熟度和细度的综合指标，其最优区间为 3.7～4.2（中国农业科学院棉花研究所，2013）。超早 1 号和中棉所 50 的马克隆值分别达到 5.4 和 4.6，成熟度高，与生产上的单作春棉接近（王树林等，2010）；邯 7860、冀棉 958 和中棉所 79 马克隆值次之，分别为 3.9、3.7 和 3.4，成熟度较好；其他品种（系）的纤维成熟度较差。纺纱均匀性指数前3 位分别为中植棉 2 号（172）、邯 7860（163）、鲁棉研 28（159）；超早 1 号纺纱均匀性指数仅有 127，表现较差。冀棉 958 伸长率达到了 7.9%，表现最好，超早 1 号仅为 5.5%，表现最差；其他品种差异较小。除此之外，各品种（系）间的整齐度指数、反射率、黄度差异不明显（表 3-1-6）。

麦棉套作种植模式下，小麦遮阴对棉苗生长影响较大（周治国等，2001；刘锋等，2008），尤其在多雨寡照年份，棉花前期生长慢（孙本普等，1997），株高和果枝增长高峰期在 6 月下旬至 7 月上中旬，且生育期越长，其营养生长高峰越晚。从生殖生长来看，麦棉套作种植模式普遍存在棉花霜前花率过低的问题。2013 年属于典型的多雨寡照年份，尤其是棉花生育中后期日照不足。

目前生产上应用的主推品种在多雨寡照年份均存在晚熟问题，成铃主体为秋桃，霜前花率过低，不适宜在麦棉套作模式中应用。夏播品种中棉所 50 由于生育期短，能够较好地适应多雨寡照年份的气候特点，在麦棉套作模式下伏桃占比较高，霜前花率达到了 83.4%，纤维品质较好，其产量也达到了 3 814.1kg/hm^2，显著高于其他品种（系）。因此，在多雨寡照年份，中棉所 50 适宜在麦棉套作模式下种植。

表 3-1-6　不同棉花品种（系）纤维品质

品种	纤维上半部平均长度（mm）	整齐度指数（%）	马克隆值	伸长率（%）	反射率（%）	黄度	纺纱均匀性指数	断裂比强度（cN/tex）
中棉所 50	28.7	85.1	4.6	6.0	74.1	8.2	147	31.9
超早 1 号	27.5	83.1	5.4	5.5	72.7	8.6	127	28.9
邯 7860	30.6	85.0	3.9	6.6	73.9	8.8	163	31.2
中植棉 2 号	30.6	85.8	2.9	6.2	76.9	8.4	172	32.0
鲁棉研 28	31.2	83.7	2.7	6.3	77.7	8.1	159	29.7
中棉所 79	30.4	83.8	3.4	6.6	76.2	8.3	142	26.9
冀 228	30.2	81.2	2.8	6.3	75.6	8.5	140	26.5
冀杂 1 号	30.5	83.6	2.6	6.3	74.2	8.7	149	27.5
农大棉 6 号	31.6	84.1	2.4	6.7	76.2	8.2	154	26.5
冀棉 958	31.0	85.6	3.7	7.9	77.2	8.8	153	28.0

（二）小麦品种筛选与边行优势

20 世纪 60 年代，黄河流域棉区两熟种植制度进入试验，以麦棉套种为主，首先出现在豫东南和淮河北部棉区，逐步向北扩展，1976 年北方六省市麦棉两熟约占棉田总面积的 15%（刁光中，1990）；随着棉花早熟品种和地膜覆盖技术的推广，在 20 世纪 80 年代中期进入快速发展期，1984 年仅河南（含南襄盆地）、山东两省，合计达到 123.3 万 hm^2，占全国麦棉两熟面积的 57.2%（王国平等，2012）。但随着小麦联合收割机的应用，麦棉套作种植模式由于不适应小麦联合收割机的使用而导致面积迅速萎缩。近年来，随着国家对粮食安全问题的日益重视以及粮棉争地矛盾的日益尖锐，麦棉套作种植模式被重新提及，在解决了小麦联合收割机应用的问题后，麦棉套作模式推广前景广阔。通过研究不同小麦品种在麦棉套作模式中的边行优势与产量表现差异，为筛选适宜麦棉套作模式的高产小麦品种提供依据。

1. 不同小麦品种株高　麦棉套作模式下，小麦株高越高，对棉花苗期生长的影响越大。10 个小麦品种中，冀麦 585 平均株高最高，为 83.4cm，显著高于其他品种；鲁源 502、济麦 22、邯麦 13、邯 6172、婴泊 700、石麦 18 的平均株高为 76.7～79.1cm，差异不显著，植株较矮的三个品种分别是良星 66、衡观 35 和矮抗 58，平均株高分别为 71.6cm、68.6cm 和 63.7cm。受边行优势影响，不同小麦品种边行株高均高于内行，10 个品种边行株高较内行平均增加 1.2cm（表 3-1-7）。

表 3-1-7 不同小麦品种株高（cm）

品种	边行	内行	边行内行差	平均
邯麦 13	78.8	77.0	1.8	77.9b
石麦 18	77.6	75.9	1.7	76.7b
冀麦 585	84.4	82.4	2.0	83.4a
衡观 35	69.6	67.6	2.0	68.6c
邯 6172	77.7	77.5	0.2	77.6b
良星 66	71.7	71.6	0.1	71.6c
济麦 22	78.6	77.7	0.9	78.1b
鲁源 502	79.1	79.0	0.1	79.1b
矮抗 58	65.4	62.1	3.3	63.7d
婴泊 700	77.1	77.0	0.1	77.1 b

注：表中同列数据后不同小写字母表示 0.05 水平差异显著。

2. 不同小麦品种单位面积穗数 套作小麦具有明显的边行优势是麦棉套作模式实现麦棉双高产的理论基础（陈雨海等，1999），从表 3-1-8 中可以看出，不同小麦品种边行穗数均高于内行，表现出了明显的边行优势。其中，边行优势最大的品种为石麦 18，边行较内行每公顷增加了 218.6 万穗，邯 6172 和良星 66 边行内行差分别是 187.3 万穗和 187.1 万穗，边行优势较小的三个品种是邯麦 13、鲁源 502 和冀麦 585，10 个品种边行较内行每公顷平均增加 172.1 万穗。从单位面积穗数来看，婴泊 700 平均穗数最多，达到了 537.7 万穗/hm^2，石麦 18 略低为 533.4 万穗/hm^2，超过 500 万穗/hm^2的品种还有济麦 22 与冀麦 585，这 4 个品种间单位面积穗数方差分析差异不显著，衡观 35、邯麦 13、矮抗 58、鲁源 502、邯 6172 四个品种单位面积穗数较少，但其差异不显著。单位面积穗数越多，表明在麦棉套作模式下分蘖能力越强，成穗率越高。

表 3-1-8　不同小麦品种单位面积穗数（万穗/hm^2）

品种	边行	内行	边行内行差	平均
邯麦 13	488.5	338.1	150.4	413.3d
石麦 18	642.8	424.1	218.7	533.4a
冀麦 585	586.5	429.6	156.9	508.1ab
衡观 35	491.6	327.5	164.1	409.6d
邯 6172	543.5	356.3	187.2	449.9cd
良星 66	575.0	387.9	187.1	481.4bc
济麦 22	601.9	425.6	176.3	513.8ab
鲁源 502	519.0	368.5	150.5	443.8cd
矮抗 58	499.6	337.3	162.3	418.4d
婴泊 700	621.6	453.8	167.8	537.7a

注：表中同列数据后不同小写字母表示 0.05 水平差异显著。

3. 不同小麦品种穗粒数　根据刘安能等研究结果，套作小麦边行穗粒数较内行有明显提高，表现出明显的边际效应（刘安能等，2005），从表 3-1-9 中可以看出，10 个小麦品种边行穗粒数均高于内行穗粒数，平均高 5.7 粒，与前人结果一致；其中矮抗 58 边行内行差最大，为 7.7 粒，其次是冀麦 585、衡观 35 和良星 66，边行与内行差值分别为 6.7 粒、6.6 粒与 6.2 粒，济麦 22、邯 6172 与鲁源 502 边行与内行差值较小，仅为 3.7 粒、4.3 粒与 4.4 粒。10 个小麦品种中平均穗粒数以衡观 35 最多，多达 52.1 粒，冀麦 585 平均穗粒数也超过了 50 粒，两个品种间差异不显著；邯麦 13、邯 6172、石麦 18 与矮抗 58 四个品种平均穗粒数为 47.8～48.7 粒，差异不显著，平均穗粒数最少的品种是济麦 22，只有 42.5 粒，但与鲁源 502、婴泊 700 间差异也不显著。

表 3-1-9　不同小麦品种穗粒数（粒/穗）

品种	边行	内行	边行内行差	平均
邯麦 13	51.7	45.7	6.0	48.7bc
石麦 18	50.8	44.9	5.9	47.9bcd
冀麦 585	53.7	47.0	6.7	50.4ab
衡观 35	55.4	48.8	6.6	52.1a
邯 6172	50.9	46.5	4.4	48.7bc
良星 66	49.0	42.8	6.2	45.9cde
济麦 22	44.3	40.6	3.7	42.5f
鲁源 502	47.1	42.7	4.4	44.9def
矮抗 58	51.6	43.9	7.7	47.8bcd
婴泊 700	47.2	41.8	5.4	44.5ef

注：表中同列数据后不同小写字母表示 0.05 水平差异显著。

4. 不同小麦品种千粒重　10个小麦品种千粒重边行均高于内行，平均高2.3g，表现出了一定的边行优势，从表3-1-10可以看出，在10个品种中，石麦18边行与内行千粒重差值最大，达到了3.6g，济麦22、鲁源502与良星66边行与内行千粒重差值为2.7～2.9g，差异不大，边行优势较小的品种是邯麦13和婴泊700，边行与内行千粒重只有1.3g与1.0g。从平均千粒重来看，鲁源502达到了48.8g，显著高于其他品种，其次是婴泊700、济麦22和衡观35，这三个品种千粒重差异不显著，石麦18千粒重最低，且显著低于其他品种。

表3-1-10　不同小麦品种千粒重（g）

品种	边行	内行	边行内行差	平均
邯麦13	43.0	41.7	1.3	42.4cd
石麦18	40.9	37.3	3.6	39.1e
冀麦585	43.0	40.5	2.5	41.8d
衡观35	44.1	42.3	1.8	43.2bcd
邯6172	42.6	40.5	2.1	41.6d
良星66	43.0	40.1	2.9	41.6d
济麦22	45.1	42.4	2.7	43.8bc
鲁源502	50.2	47.4	2.8	48.8a
矮抗58	43.4	41.6	1.8	42.5cd
婴泊700	44.7	43.7	1.0	44.2b

注：表中同列数据后不同小写字母表示0.05水平差异显著。

5. 不同小麦品种产量　从表3-1-11中可以看出，10个品种边行小麦产量均高于内行小麦产量，平均高3 421kg/hm²，边行较内行增产68.2%；婴泊700边行优势最明显，边行较内行产量增加4 963kg/hm²，平均产量婴泊700达到了7 710kg/hm²，显著高于其他品种，剩余9个品种产量由高到低依次是鲁源502＞济麦22＞冀麦585＞石麦18＞邯6172＞衡观35＞邯麦13＞良星66＞矮抗58；其中边行产量与内行产量差异较大的济麦22、冀麦585、鲁源502，其平均产量也较高，分别达到了6 994kg/hm²、6 961kg/hm²、7 003kg/hm²，而平均产量较低的矮抗58、良星66，其边行与内行产量差也偏低。由此可见，在麦棉套作模式下，小麦产量的高低与边行优势的大小关系密切，边行与内行产量差异越大的品种，其平均产量也越高。

表 3-1-11　不同小麦品种小麦产量（kg/hm²）

品种	边行	内行	边行内行差	平均
邯麦 13	8 118	4 883	3 235	6 501bcd
石麦 18	8 417	4 903	3 514	6 660bc
冀麦 585	8 627	5 295	3 332	6 961b
衡观 35	8 135	4 875	3 261	6 505bcd
邯 6172	8 212	5 002	3 210	6 607bc
良星 66	7 739	4 761	2 978	6 250cd
济麦 22	8 839	5 148	3 691	6 994b
鲁源 502	8 693	5 313	3 380	7 003b
矮抗 58	7 409	4 759	2 650	6 084d
婴泊 700	10 192	5 229	4 963	7 711a

注：表中同列数据后不同小写字母表示 0.05 水平差异显著。

6. 不同小麦品种单位面积穗数边行优势　从表 3-1-12 中可以看出，6 个小麦品种的边行穗数均高于内行穗数，邢麦 4 号边行与内行穗数差值最高，达到了 132.0 万穗/hm²，边行优势最为明显，其次是济麦 22，为 121.5 万穗/hm²，邯麦 14 差值最小，只有 69.0 万穗/hm²；边行优势越明显的品种，其平均穗数一般也越高，如邢麦 4 号平均穗数高达 607.5 万穗/hm²，而邯麦 14 平均穗数仅有 486.0 万穗/hm²，比邢麦 4 号少 20.0%。方差分析结果显示，邢麦 4 号、济麦 22 与衡 0682 三个品种单位面积穗数差异不显著，但显著高于其他三个品种，鲁原 502 显著高于山农 20 与邯麦 14。

表 3-1-12　不同小麦品种单位面积穗数（万穗/hm²）

品种	边行	内行	边行内行差	平均
鲁原 502	567.0	469.5	97.5	518.3b
山农 20	505.5	418.5	87.0	462.0c
邯麦 14	520.5	451.5	69.0	486.0c
邢麦 4 号	673.5	541.5	132.0	607.5a
济麦 22	654.0	532.5	121.5	593.3a
衡 0682	631.5	550.5	81.0	591.0a

注：表中同列数据后不同小写字母表示 0.05 水平差异显著。

7. 不同小麦品种穗粒数边行优势　从表 3-1-13 中可以看出，6 个小麦品种边行穗粒数均高于内行穗粒数，与前人结果一致，其中邢麦 4 号边行与内行穗粒数差值最大，为9.1粒，其次是鲁原502与济麦22，穗粒数差值分别为7.0粒与6.5粒，邯麦14、山农20与衡0682差值较小；穗粒数边行优势明显的品种，平均穗粒数并未表现出明显的优势，邯麦14平均穗粒数最高，方差分析显著高于其他品种，但边行与内行穗粒数差值却低于邢麦4号、鲁原502与济麦22。

表3-1-13　不同小麦品种穗粒数（粒/穗）

品种	边行	内行	边行内行差	平均
鲁原502	34.2	27.2	7.0	30.7c
山农20	34.2	30.4	3.8	32.3b
邯麦14	37.6	32.1	5.5	34.9a
邢麦4号	37.0	27.9	9.1	32.5b
济麦22	34.1	27.6	6.5	30.9c
衡0682	33.2	29.8	3.4	31.5c

注：表中同列数据后不同小写字母表示0.05水平差异显著。

8. 不同小麦品种千粒重边行优势　6个小麦品种千粒重边行均高于内行，表现出了一定的边行优势，从表3-1-14可以看出，邢麦4号边行与内行千粒重差值达到了7.8g，在6个品种中差值最大，鲁原502与山农20千粒重差值分别为7.3g与6.9g，与邢麦4号差异不大，边行优势均比较突出，衡0682与邯麦14边行优势较小，边行与内行千粒重差值均为4.8g；从平均千粒重来看，6个小麦品种中鲁原502、山农20和济麦22千粒重都在44.0g上下，差异不显著，但显著高于其他三个品种；衡0682、邢麦4号与邯麦14千粒重分别为42.7、42.3、42.2g，3个品种间差异不显著。

表3-1-14　不同小麦品种千粒重（g）

品种	边行	内行	边行内行差	平均
鲁原502	48.2	40.9	7.3	44.6a
山农20	47.4	40.5	6.9	44.0a
邯麦14	44.6	39.8	4.8	42.2b
邢麦4号	46.2	38.4	7.8	42.3b
济麦22	46.5	40.6	5.9	43.6a
衡0682	45.1	40.3	4.8	42.7b

注：表中同列数据后不同小写字母表示0.05水平差异显著。

9. 不同小麦品种产量边行优势　从表3-1-15中可以看出，6个小麦品种边行小麦产量均高于内行小麦产量，邢麦 4 号边行优势最明显，边行与内行产量差值为 3 734.0kg/hm²，邯麦 14 边行与内行差值最小，为 1 805.0kg/hm²；6 个小麦品种平均产量由大到小依次是邢麦 4 号＞济麦 22＞衡 0682＞山农 20＞鲁原 502＞邯麦 14，邢麦 4 号平均产量达到了 6 919.0kg/hm²，显著高于其他 5 个品种，邯麦 14 则产量最低，显著低于其他 5 个品种。

从上面的结果可以看出，边行与内行产量差值越大，平均产量也越大，随着边行与内行产量差值越小，平均产量也有降低的趋势。因此，在麦棉套作种植模式中，边行优势越突出的品种其产量潜力也越大。

表 3-1-15 不同品种小麦产量（kg/hm²）

品种	边行	内行	边行内行差	平均
鲁原 502	7 894.5	5 116.5	2 778.0	6 505.5c
山农 20	7 464.0	5 548.5	1 915.5	6 506.3c
邯麦 14	7 067.5	5 262.5	1 805.0	6 165.0d
邢麦 4 号	8 786.0	5 052.0	3 734.0	6 919.0a
济麦 22	8 391.0	5 203.5	3 187.5	6 797.3b
衡 0682	8 515.5	4 936.5	3 579.0	6 726.0b

注：表中同列数据后不同小写字母表示 0.05 水平差异显著。

在麦棉套作模式下，小麦株高越低，对棉花苗期生长的影响越大。矮抗 58、衡观 35 和良星 66 小麦品种的株高较低，但其产量也明显偏低，因此不宜在麦棉套作模式下种植；婴泊 700 株高适中，公顷穗数、穗粒数和千粒重分别为 537.7 万穗、44.5 粒和 44.2g，小麦产量达到 7 711kg/hm²，单位面积穗数较高，表现出了分蘖能力强、成穗率高的特点，千粒重在所有品种中也表现较好，尽管穗粒数偏低，但最终小麦产量显著高于其他品种，适于在麦棉套作模式下种植；另外，济麦 22、冀麦 585 和鲁源 502 三个品种产量也较高，由于各小麦品种在不同气候条件下稳定性可能不同，因此还需继续在不同年份间种植以进一步筛选出稳定性好的小麦品种。

在麦棉套作模式下关于小麦的边行优势，前人已做过很多研究，结论不尽相同，赵秉强等认为，小麦品种与边际效应具有密切相关性，在预留行较窄的情况下，株矮、分蘖力强、多穗小穗型品种更有利于发挥边行优势的增产作用，而间套行较宽时，则中间型或大穗型品种更有利于发挥边行优势的增产效果（赵秉强等，1997）；本试验中，在棉花预留行为 80cm 的条件下，不同小麦品种边行优势差异较大，其中邢麦 4 号边行优势最突出，小麦产量也最高，济麦 22 与衡 0682 也有明显的边行优势，而鲁原 502、山农 20 和邯麦 14 边行优势较小，小麦产量也偏低，这一结果表明，不同小麦品种边行优势大小不同，在麦棉套作模式中所具有的产量潜力也不尽相同。

对于三个产量构成因素的边行优势对小麦产量的贡献大小，安玉林研究认为，边行小麦比内行小麦显著高产，增产的主要因素是穗粒数较多和千粒重较高（安玉林，2006），而杨铁刚等则认为，麦棉不同套种规格对小麦单产有一定的边行优势效应，其边行效应主要反映在单位面积穗数方面，而对小麦的穗粒数和千粒重无明显影响（杨铁刚等，2000），在麦棉套作种植模式下不同小麦品种边行穗数、穗粒数、千粒重三个因素均显著高于内行，表现出了明显的边行优势；但在三个产量构成因素中，单位面积穗数边行优势越明显的品种，其最终产量也越高，对产量贡献起主要作用，千粒重边行优势越大的品种，其产量也有越高的趋势，但规律性并不明显，而穗粒数边行优势大小与最终产量没有必然的关系，这一结果表明，在麦棉套作模式中，为充分发挥边行优势的作用，应选择单位面积穗数边行优势明显的品种，即分蘖力较强的品种，才能发挥麦棉套作边行优势，获得更高的小麦产量。邢麦 4 号边行优势明显，小麦产量达到6 919.0kg/hm^2，是麦棉套作种植模式中的优选品种。

二、小麦密度调控

（一）小麦产量构成

棉花是河北省重要的经济作物，常年种植面积在 50 万 hm^2 左右（邓祥顺等，2009），近年来，随着棉花价格的持续下降，棉花种植面积已不足原来的一半（李艳等，2013；李悦有等，2016；王晓媛等，2016），如何提高植棉收益、稳定棉花种植面积成为亟待解决的重要问题。麦棉套作一年两熟种植模式曾是 20 世纪 90 年代黄河流域主推的技术（刁光中，1990；王国平等，2012），进入 21 世纪，随着小麦收割机大面积推广，麦棉套作模式因不适应机械化的要求导致了种植面积萎缩。近年来，棉花价格持续下降导致植棉收益降低，麦棉套作模式重新引起重视，在小麦联合收割机上安装护苗挡板解决了机械收割的问题后，麦棉套作模式推广重现曙光（王树林等，2015）。进入 21 世纪，麦棉套作的试验多着眼于基础性研究（孙磊等，2006，2007；王瑛等，2007），而应用性研究不多，麦棉套作模式棉花预留行的存在导致小麦实际种植面积减少，因此，提高小麦产量是提高麦棉套作效益的关键。关于匀播与条播技术对小麦产量构成的影响，刘保华等（2012）在冬小麦单作模式下进行了试验研究，认为匀播单位面积穗数增加，但穗粒数减少，千粒重降低，导致小麦减产；

乔蕊清等（2001）研究结果认为，冬小麦匀播单位面积穗数增加，千粒重提高，而穗粒数基本持平，具有一定的增产效果；而李娜娜等（2007）则认为，匀播较条播显著减产，匀播前期小麦分蘖力过高，导致群体数量增加，穗粒数与千粒重大幅下降；关于适宜小麦播量的试验多是针对冬小麦单作模式开展（王夏等，2011；刘萍等，2013），匀播与条播技术在麦棉套作下的研究较少。在麦棉套作模式下设置了小麦匀播与不同播量处理，通过研究小麦边行与内行产量构成性状的特点，为麦棉套作模式下选择适宜的播种方式与播量提供理论依据。

1. 播种方式与播量对小麦基本苗数的影响 由表 3-1-16 可见，2015 年与 2016 年试验结果基本一致，无论边行还是内行，基本苗数均随播量增加而增加，且不同播量之间差异均达显著水平，而播种方式对基本苗数影响不大。

表 3-1-16 不同播种方式与播量小麦边行与内行基本苗数（万/hm^2）

年份	播种方式	播量	边行	内行	边行内行差	平均
2015	Y	R1	203.5d	211.7d	−8.2	207.6d
		R2	238.3c	229.6c	8.7	234.0c
		R3	264.6b	263.3b	1.3	264.0b
		R4	299.9a	287.7a	12.2	293.8a
		平均	251.6a	248.1a	3.5	249.8a
	T	R1	208.7d	215.4d	−6.7	212.1d
		R2	242.2c	237.6c	4.6	239.9c
		R3	259.8b	265.7b	−5.9	262.8b
		R4	299.9a	285.4a	14.5	292.7a
		平均	252.7a	251.0a	1.6	251.8a
2016	Y	R1	224.7d	228.1d	−3.4	226.4d
		R2	265.8c	273.1c	−7.3	269.5c
		R3	299.3b	295.2b	4.1	297.3b
		R4	368.4a	376.3a	−7.9	372.4a
		平均	289.6a	293.2a	−3.6	291.4a
	T	R1	230.8d	223.8d	7.0	227.3d
		R2	275.0c	287.0c	−12.0	281.0c
		R3	296.5b	309.2b	−12.7	302.9b
		R4	321.7a	331.8a	−10.1	326.8a
		平均	281.0a	288.0a	−7.0	284.5a

注：播种方式：Y 为匀播，T 为条播；播量设置：R1 为 187.5kg/hm^2，R2 为 225.0kg/hm^2，R3 为 262.5kg/hm^2，R4 为 300.0kg/hm^2。表中同列数据后英文字母不同，表示在 5%水平上差异显著。下同。

2. 播种方式与播量对小麦单位面积穗数的影响　由表 3-1-17 可见，2015 年匀播边行平均单位面积穗数达到 684.3 万穗/hm^2，较条播边行平均单位面积穗数少 17.7 万穗/hm^2，差异不显著；内行匀播平均单位面积显著高于条播平均单位面积，边行与内行差值条播显著高于匀播，平均单位面积穗数匀播显著高于条播，随播量增加，平均单位面积穗数有增加趋势，但 R2（225.0kg/hm^2）、R3（262.5kg/hm^2）、R4（300.0kg/hm^2）三个播量间差异不大；2016 年匀播边行平均单位面积穗数显著低于条播，但匀播内行平均单位面积穗数却显著高于条播，匀播边行较内行穗数高 138.9 万穗/hm^2，条播则为 215.4 万穗/hm^2，而随播量增加，除 R1 穗数偏低外，其他三个播量间差异不显著。

表 3-1-17　不同播种方式与播量小麦边行与内行单位面积穗数（万穗/hm^2）

年份	播种方式	播量	边行	内行	边行内行差	平均
2015	Y	R1	607.3c	474.6b	132.7	541.0c
		R2	672.3b	533.5a	138.8	602.9b
		R3	718.5a	550.0a	168.5	634.3a
		R4	739.0a	557.9a	181.1	648.5a
		平均	684.3a	529.0a	155.3	606.6a
	T	R1	654.4b	353.9b	300.6	504.1b
		R2	704.6a	390.4a	314.2	547.5a
		R3	724.8a	389.6a	335.2	557.2a
		R4	724.0a	398.1a	325.8	561.1a
		平均	702.0a	383.0b	319.0	542.5b
2016	Y	R1	533.3b	398.6b	134.7	466.0b
		R2	551.4ab	421.6a	129.8	486.5a
		R3	566.5a	419.7a	146.8	493.1a
		R4	560.0a	415.7a	144.3	487.9a
		平均	552.8b	413.9a	138.9	483.4a
	T	R1	555.9b	343.0b	212.9	449.5b
		R2	573.6a	364.7a	208.9	469.2a
		R3	580.0a	364.2a	215.8	472.1a
		R4	585.8a	361.8a	224.0	473.8a
		平均	573.8a	358.4b	215.4	466.1b

这一结果表明，条播具有明显的边行优势，而匀播更有利于提高内行小麦的分蘖成穗率，最终使单位面积穗数高于条播。而随着播量增加，单位面积穗数虽呈

增加趋势，但播量超过 R2（225.0kg/hm²）后，单位面积穗数差异并不明显，表明小麦可通过调节自身分蘖成穗率，使单位面积穗数在较大播量范围内保持相对稳定。

3. 播种方式与播量对小麦穗粒数的影响 由表 3-1-18 可见，2015 年匀播与条播边行穗粒数均为 45.8 粒，匀播内行较条播内行穗粒数高 1.4 粒，差异不显著，2016 年匀播边行与内行穗粒数均高于条播，边行差异不显著，而内行差异则达显著水平；边行与内行差值两年均表现为条播高于匀播，表明条播在穗粒数方面的边行优势大于匀播，而匀播则提高了内行的穗粒数；从播量结果来看，随着播量增加，边行与内行穗粒数均呈下降趋势，R1（187.5kg/hm²）穗粒数均显著高于 R4（300.0kg/hm²）穗粒数，另外，随播量增加边行穗粒数下降幅度较大，而内行穗粒数下降幅度则较小，两年结果基本一致。这一结果表明，在穗粒数方面，匀播能够在保持边行优势的同时，提高内行的穗

表 3-1-18 不同播种方式与播量小麦边行与内行穗粒数（粒/穗）

年份	播种方式	播量	边行	内行	边行内行差	平均
2015	Y	R1	48.1a	42.8a	5.3	45.5a
		R2	46.1b	42.2a	3.9	44.26b
		R3	44.5b	41.7a	2.8	43.1c
		R4	44.3b	41.5a	2.8	42.9c
		平均	45.8a	42.1a	3.7	43.9a
	T	R1	47.4a	40.9a	6.5	44.2a
		R2	46.6ab	40.9a	5.6	43.8a
		R3	44.6b	40.4a	4.2	42.5b
		R4	44.6b	40.1a	4.5	42.4b
		平均	45.8a	40.6a	5.2	43.2a
2016	Y	R1	40.4a	37.7a	2.7	39.1a
		R2	39.8b	37.6a	2.2	38.7a
		R3	39.4b	36.0b	3.4	37.7b
		R4	38.3c	35.9b	2.4	37.1b
		平均	39.5a	36.8a	2.7	38.1a
	T	R1	39.5a	35.5a	4.0	37.5a
		R2	39.0ab	35.2a	3.8	37.1a
		R3	38.4bc	35.2a	3.2	36.8ab
		R4	38.2c	35.0a	3.2	36.6b
		平均	38.8a	35.2b	3.6	37.0b

粒数，有利于提高麦棉套作下小麦的产量。

4. 播种方式与播量对小麦千粒重的影响　由表 3－1－19 可见，2015 年匀播边行与内行千粒重均比条播高 0.2g，差异均不显著，2016 年匀播边行千粒重较条播高 1.6g，而均播内行千粒重较条播高 1.0g，差异均达到显著水平；边行与内行差值 2015 年匀播为 3.9g，条播为 3.8g，2016 年匀播和条播分别为 1.3g 与 0.7g，这一结果表明，播种方式对边行与内行千粒重及千粒重差值的影响趋势一致，与条播相比，匀播不仅提高了套作模式下内行的千粒重，对边行千粒重也有提高，但不同年份间幅度变动较大。

表 3－1－19　不同播种方式与播量小麦边行与内行千粒重（g）

年份	播种方式	播量	边行	内行	边行内行差	平均
2015	Y	R1	46.0a	43.8a	2.2	44.9a
		R2	45.8a	41.5b	4.3	43.7b
		R3	45.5a	41.1b	4.4	43.3b
		R4	45.0a	40.5c	4.5	42.8b
		平均	45.6a	41.7a	3.9	43.7a
	T	R1	46.3a	43.8a	2.5	45.1a
		R2	45.8ab	41.8b	4.0	43.8b
		R3	45.0ab	40.8c	4.2	42.9bc
		R4	44.3b	39.8d	4.5	42.1c
		平均	45.4a	41.6a	3.8	43.5a
2016	Y	R1	39.3a	38.2a	1.1	38.8a
		R2	39.0ab	37.3b	1.7	38.2ab
		R3	38.6b	37.2b	1.4	37.9b
		R4	38.4b	37.3b	1.1	37.9b
		平均	38.8a	37.5a	1.3	38.2a
	T	R1	38.0a	37.7a	0.3	37.9a
		R2	37.0b	36.0b	1.0	36.5b
		R3	37.0b	36.1b	0.9	36.6b
		R4	36.7b	36.0b	0.7	36.4b
		平均	37.2b	36.5b	0.7	36.9b

从不同播量结果来看，随播量增加，边行与内行千粒重有降低趋势，2015 年匀播与条播边行与内行千粒重下降幅度较大，尤其是内行千粒重差异达显著

水平，2016 年边行与内行千粒重则下降幅度较小，仅 R1 显著高于其他三个播量，而 R2、R3、R4 三个播量间差异不显著。总的来看，播量对边行千粒重的影响小于内行，2015 年匀播边行与内行 R1 较 R4 分别高 1.0g 和 3.3g，条播边行与内行千粒重 R1 较 R4 分别高 2.0g 与 4.0g，2016 年匀播边行与内行 R1 较 R4 分别高 0.9g 和 0.9g，条播边行与内行千粒重 R1 较 R4 分别高 1.3g 与 1.7g。

5. 播种方式与播量对小麦产量的影响 如表 3－1－20 所示，2015 年匀播较条播边行产量高 3.3%，差异不显著，而匀播较条播内行产量高 8.4%，差异达到显著水平，2016 年匀播较条播边行与内行产量分别高 0.3%与 15.2%与 2015 年差异显著水平一致；2015 年匀播与条播的边行优势相当，条播略高，2016 年匀播大幅度提高了内行产量，边行与内行差值为 2 717.2kg/hm^2，而条播边行优势明显，边行与内行产量差值达到了 3 389.7kg/hm^2。

表 3－1－20 不同播种方式与播量小麦边行与内行产量（kg/hm^2）

年份	播种方式	播量	边行	内行	边行内行差	平均
2015	Y	R1	8 920bc	5 227a	3 693	7 074ab
		R2	9 158a	5 409a	3 749	7 284a
		R3	8 998ab	5 376a	3 622	7 187ab
		R4	8 759c	4 985a	3 774	6 872b
		平均	8 959a	5 249a	3 710	7 104a
	T	R1	8 478b	4 840a	3 638	6 659a
		R2	8 794a	4 736a	4 058	6 765a
		R3	8 995a	4 945a	4 050	6 970a
		R4	8 413b	4 857a	3 556	6 635a
		平均	8 670a	4 845b	3 826	6 758a
2016	Y	R1	8 089.7a	4 978.5c	3 111.2	6 534.1a
		R2	8 013.1a	5 258.3b	2 754.8	6 635.7a
		R3	8 023.5a	5 325.4ab	2 698.1	6 674.5a
		R4	7 709.3b	5 404.6a	2 304.7	6 557.0a
		平均	7 958.9a	5 241.7a	2 717.2	6 600.3a
	T	R1	7 847.3b	4 390.7b	3 456.6	6 119.0b
		R2	7 919.4ab	4 556.5a	3 362.9	6 238.0ab
		R3	7 946.5a	4 603.6a	3 342.9	6 275.1a
		R4	8 038.2a	4 641.9a	3 396.3	6 340.1a
		平均	7 937.9a	4 548.2b	3 389.7	6 243.0b

从播量结果看，2015 年匀播边行产量以 R2 最高，随播量增加产量下降，内行产量与此趋势一致，平均产量也以 R2 最高，显著高于 R4 处理，但与 R1、R3 间差异不显著；条播边行产量、内行产量和平均产量均以 R3 处理最高，但内行产量、平均产量 4 个播量间差异不显著。2016 年匀播 R1、R2、R3 边行产量差异不显著，R4 产量显著降低，随播量增加内行产量增加趋势明显，以 R4 产量最高，平均产量以 R3 最高，但不同播量间差异不显著。条播边行和内行产量均随播量增加而增加，平均产量也以 R4 最高，但 R2、R3、R4 三个播量间差异不显著。

小麦匀播（亦称立体匀播）技术，近年来备受关注，但各地研究结果不尽相同。李娜娜（2007）、刘保华等（2012）认为，匀播降低了穗粒数与千粒重，从而导致减产，而陈留根（2015）、乔蕊清等（2001）认为，匀播增加了单位面积有效穗数与千粒重，穗粒数基本持平，最终产量有所提高。在麦棉套作模式下，小麦存在明显的边行优势，安玉林（2006）认为，边行效应主要表现为穗粒数较多和千粒重较高，而杨铁钢（2006）则认为，边行优势主要反映在单位面积成穗数方面，对小麦穗粒数和千粒重影响不大，但研究结果均是针对条播小麦，通过对麦棉套作模式下条播与匀播小麦边行优势的分析得出，匀播较条播边行单位面积穗数显著降低，但内行单位面积穗数显著提高，而匀播也提高了平均单位面积穗数；播种方式对穗粒数与千粒重的影响与单位面积穗数相似；从产量结果看，匀播边行产量与条播相差不大，而内行产量则显著高于条播，而 2015 年与 2016 年匀播较条播平均产量分别提高 5.1%与 5.7%。

关于播量对小麦产量的影响，前人研究结果多认为存在一个适宜播量范围，在该播量范围内小麦产量差异不大，原因在于小麦自身可协调其产量三要素的构成（杨兵等，2000；马小凤等，2010；王夏等，2011），随着播量增加，单位面积穗数呈增加趋势，穗粒数与千粒重呈降低趋势，2015 年匀播最高播量处理产量偏低，而条播四个播量间差异不大，2016 年匀播四个播量间差异不大，条播最低播量处理产量偏低。究其原因，2015 年春季属于多雨年份（小麦返青后降雨量 113.6mm），小麦返青后气候条件适宜，2016 年春季属干旱年份（小麦返青后降雨量 42.2mm），小麦返青后降雨偏少，多次受到干旱胁迫，由此可见，在气候适宜小麦生长的年型，播量过大不利于产量提高，而在气候不适宜小麦生长的年型，加大播量有利于保障产量。但播量过大，容易导致个体发育不良（方大法，2004），降低小麦抗倒伏能力，进而影响小麦产量（冯盛烨等，2016），因此，在不影响产量的前提下，尽可能减少播种量，以降低小麦倒伏风险。匀播有利于提高小麦的内行穗数、穗粒数、千粒重与产量，边行穗数在干旱年型（2016 年）显著低于条播，而千粒重显著高于条播，其他产量性状与条播差异不大；随播量增加单位面积穗数呈增加趋势，穗粒数、千粒重呈下降趋势，在多雨年型降低播量有利于产量提高，在干旱年型增加播量有利于产量形成，在不同降雨年型，播量控制在 225.0～262.5kg/hm^{2}时较为适宜。

（二）灌浆特性

在麦棉套作模式下，由于小麦播幅仅占总幅宽的一半，因此，如何采取措施利用有限的土地面积提高小麦产量是需要重点研究的课题；关于撒播对小麦个体发育及产量的影响，近年来，在冬小麦栽培中已进行了不少研究（乔蕊清等，2001；李娜娜等，2007；刘保华等，2012），但结果不尽相同，可能是由试验的播种量不同而引起的，且前人研究未涉及不同播种方式下的小麦灌浆特性；而小麦播量研究也有大量报道，但研究对象均是针对普通种植模式下的冬小麦（王夏等，2011；刘萍等，2013），麦棉套作下的适宜播量研究甚少，仅有王树林等（2010）研究认为，在麦棉套作模式下，播量对套作小麦产量三因素影响的大小依次为穗数、穗粒数和千粒重，麦棉套作小麦适宜播量在 225.0～262.0kg/hm^2。将小麦撒播与麦棉套作模式相结合，并加入了不同播量处理，通过研究边行与内行小麦灌浆特性及产量性状，为麦棉套作模式下选择适宜播种方式与播量提供理论依据。

1. 播种方式与播量对小麦灌浆特性的影响 不同播种方式与播量下小麦籽粒干物质积累的动态变化呈 S 形曲线，通过三次多项式对其进行拟合，千粒重与花后天数的模拟方程决定系数在 0.996 2～0.999 7，均达到极显著水平，说明模拟方程可以客观地反映小麦粒重的形成过程。播种方式对小麦的持续灌浆期和平均灌浆速率影响显著，撒播小麦边行与内行的持续灌浆期均高于条播小麦，撒播（4 个播量平均）比条播边行与内行分别多 3.3d 和 0.6d，撒播对边行灌浆期持续的影响大于内行；从不同播量结果看，随着播量增加，小麦持续灌浆期呈增加趋势，撒播与条播、边行与内行趋势基本相同。撒播小麦边行平均灌浆速率（4 个播量平均）为 1.35mg/(粒·d)，明显低于条播边行的 1.53mg/(粒·d)，而两种播种方式内行小麦平均灌浆速率差异不大，仅相差 0.02mg/(粒·d)；随着播量的增加，平均灌浆速率呈降低趋势。撒播小麦边行最大灌浆速率（4 个播量平均）出现在开花后的 21.4d，与条播差异不大，撒播小麦内行最大灌浆速率出现在花后 21.5d，较条播延后 0.6d；随着播量增加，最大灌浆速率出现时间有推迟的趋势，但规律性不明显。撒播比条播小麦边行最大灌浆速率低 0.26mg/(粒·d)，撒播与条播小麦内行最大速率差异不显著；随播量增加，撒播与条播、边行与内行最大灌浆速率均呈下降趋势；撒播边行最大灌浆速率为 1.95mg/(粒・d)，较内行低 0.1mg/(粒・d)，条播边行最大灌浆速率则较内行高 0.17mg/(粒・d)。条播边行优势更明显，撒播则使内行与边行的最大灌浆速率差距减小，表明其更有利于内行籽粒的生长发育。撒播理论最大粒重高于条播，撒播小麦边行和内行粒重分别较条播高 0.8g 和 1.7g，表明撒播更有利于内行小麦的籽粒发育；随着播量的增加，理论最大粒重呈明显下降趋势，撒播边行比内行理论最大粒重高 2.4g，条播边行比内行理论最大粒重高 3.3g，条播边行优势更明显，而撒播明显增加了内行的理论最大粒重，使边行与内行的差值减小（表 3-1-21）。

表 3-1-21　不同播种方式与播量条件下小麦边行与内行灌浆参数

播种方式	播量	持续灌浆期 (d)		理论最大千粒重（g）		平均灌浆速率 [mg/(粒・d)]		最大灌浆速率出现时间（d）		最大灌浆速率 [mg/(粒・d)]	
		边行	内行	边行	内行	边行	内行	边行	内行	边行	内行
S	B1	32.5	30.6	47.5	46.8	1.39	1.43	21.0	21.6	2.02	2.08
	B2	33.9	30.2	47.6	44.4	1.41	1.47	21.2	21.1	2.04	2.12
	B3	35.4	31.2	46.3	43.0	1.29	1.42	21.6	21.3	1.88	2.06
	B4	35.3	32.4	46.0	43.7	1.29	1.41	21.7	22.1	1.87	2.05
	平均	34.3	31.1	46.9	44.5	1.35	1.43	21.4	21.5	1.95	2.08
T	B1	29.9	29.5	46.7	45.8	1.59	1.43	20.9	21.3	2.29	2.07
	B2	30.3	30.5	46.4	44.0	1.57	1.44	20.9	21.0	2.27	2.09
	B3	31.3	30.4	45.7	42.1	1.48	1.43	21.3	20.8	2.13	2.07
	B4	32.5	31.7	45.6	39.3	1.48	1.33	21.8	20.5	2.14	1.92
	平均	31.0	30.5	46.1	42.8	1.53	1.41	21.2	20.9	2.21	2.04

注：播种方式：S：撒播，T：条播；播量设置为：B1：187.5kg/hm²，B2：225.0kg/hm²，B3：262.5kg/hm²，B4：300.0kg/hm²。下同。

2. 播种方式与播量对单位面积穗数的影响　从表 3-1-22 可以看出，撒播边行平均单位面积穗数达到 684.3 万穗/hm²，较条播边行少 17.7 万穗/hm²，但差异不显著；内行撒播平均单位面积穗数显著高于条播，边行与内行差值则是条播显著高于撒播，平均穗数撒播亦显著高于条播；这一结果表明，条播具有明显的边行优势，而撒播更有利于提高内行小麦的分蘖成穗率，最终使单位面积穗数高于条播。从播量结果看，无论撒播还是条播，随着播量增加单位面积穗数均呈增加趋势，但增幅随播量增加逐渐减小；撒播 4 个播量处理中，播量 225.0kg/hm² 与 300.0kg/hm² 两个处理差异不显著，但显著高于两个低播量处理，条播 4 个播量处理中，只有 187.5kg/hm²播量处理显著低于其他三个处理，而三个高播量处理间差异不显著。

表 3-1-22　不同播种方式与播量小麦边行与内行单位面积穗数（万穗/hm²）

播种方式	播量	边行	内行	边行内行差	平均
S	B1	607.3c	474.6b	132.7b	540.9c
	B2	672.3b	533.5a	138.8ab	602.9b
	B3	718.5a	550.0a	168.5ab	634.3a
	B4	739.0a	557.9a	181.0a	648.4a
	平均	684.3a	529.0a	155.3b	606.6a
T	B1	654.4b	353.8b	300.6a	504.1b
	B2	704.6a	390.4a	314.2a	547.5a
	B3	724.8a	389.6a	335.2a	557.2a
	B4	724.0a	398.1a	325.8a	561.0a
	平均	702.0a	383.0b	319.0a	542.5b

3. 播种方式与播量对穗粒数的影响　根据表 3-1-23 结果，撒播与条播边行穗粒数均为 45.8 粒，内行撒播较条播穗粒数高 1.5 粒，但差异不显著；边行内行差条播较撒播穗粒数高 1.5 粒，在穗粒数方面，条播仍具有一定的边行优势，但差异不显著；平均穗粒数撒播较条播高 0.7 粒，差异不显著。从播量结果看，随播量增加穗粒数降低趋势明显，撒播边行穗粒数不同播量间差异显著，条播边行穗粒数不同播量间亦差异显著，但撒播与条播的内行穗粒数不同播量间差异均不显著。四个播量从低到高，撒播与条播间平均穗粒数的差值分别是 1.2 粒、0.4 粒、0.6 粒和 0.5 粒，表明播量对撒播与条播间穗粒数的差值有较大影响，低播量撒播与条播穗粒数差异较大，高播量时撒播与条播穗粒数差异较小。

4. 播种方式与播量对千粒重的影响　撒播比条播边行千粒重（4 个播量平均）高 0.2g，差异不显著，撒播比条播内行千粒重高 0.1g，差异也不显著；撒播与条播边行内行差均为 3.9g，这一结果表明，播种方式对小麦千粒重的影响不大。从播量结果看，随着播量的增加，小麦千粒重逐渐降低，撒播边行 4 个播量间千粒重差异不显著，内行 4 个播量间千粒重差异显著，187.5kg/hm²处理较 300.0kg/hm²处理千粒重高 3.3g；条播四个播量间边行和内行千粒重差异均达显著水平。4 个播量从低到高撒播与条播间平均千粒重的差值分别是 −0.2g、−0.1g、0.4g 和 0.8g，低播量时条播千粒重高于撒播，高播量时撒播千粒重高于条播（表 3-1-24）。

表 3-1-23　不同播种方式与播量小麦边行与内行穗粒数（粒/穗）

播种方式	播量	边行	内行	边行内行差	平均
S	B1	48.1a	42.8a	5.3a	45.4a
	B2	46.1b	42.2a	3.9a	44.1b
	B3	44.5b	41.7a	2.8a	43.1c
	B4	44.3b	41.5a	2.8a	42.9c
	平均	45.8a	42.1a	3.7a	43.9a
T	B1	47.4a	40.9a	6.5a	44.2a
	B2	46.6ab	40.9a	5.6a	43.7a
	B3	44.6b	40.4a	4.3a	42.5b
	B4	44.6b	40.1a	4.5a	42.4b
	平均	45.8a	40.6a	5.2a	43.2a

表 3-1-24　不同播种方式与播量小麦边行与内行千粒重（g）

播种方式	播量	边行	内行	边行内行差	平均
S	B1	46.0a	43.8a	2.3b	44.9a
	B2	45.8a	41.5b	4.3a	43.7b
	B3	45.5a	41.1b	4.4a	43.3b
	B4	45.0a	40.5c	4.5a	42.8b
	平均	45.6a	41.7a	3.9a	43.7a
T	B1	46.3a	43.8a	2.5b	45.1a
	B2	45.8ab	41.8b	4.1ab	43.8b
	B3	45.0ab	40.8c	4.3ab	42.9bc
	B4	44.3b	39.8d	4.5a	42.0c
	平均	45.4a	41.6a	3.9a	43.5a

5. 播种方式与播量对小麦产量的影响　撒播较条播边行产量（4 个播量平均）高 3.3%，差异不显著，而撒播较条播内行产量高 8.4%，差异达到显著水平；边行与内行差值条播比撒播高 116.0kg/hm^2，具有一定的边行优势，但差异未达显著水平；平均产量撒播较条播高 347.0kg/hm^2，增幅达到 5.1%，差异未达显著水平。从播量结果看，撒播边行产量以 225.0kg/hm^{2}播量处理最高，随播量增加产量下降，内行产量亦是如此，平均产量也以 225.0kg/hm^{2}播量处理最高，显著高于 300.0kg/hm^{2}播量处理，但与另外两个播量间差异不显著；条播边行产量、内行产量和平均产量均以 262.5kg/hm^{2}播量处理最高，但内行产量

和平均产量 4 个播量间差异不显著，边行产量差异达到了显著水平，225.0kg/hm² 和 262.5kg/hm² 两个播量处理显著高于其他两个处理（表 3-1-25）。

表 3-1-25　不同播种方式与播量小麦边行与内行产量（kg/hm²）

播种方式	播量	边行	内行	边行内行差	平均
S	B1	8 920bc	5 227a	3 693a	7 074ab
	B2	9 158a	5 409a	3 749a	7 283a
	B3	8 998ab	5 376a	3 623a	7 187ab
	B4	8 759c	4 985a	3 774a	6 872b
	平均	8 959a	5 249a	3 710a	7 104a
T	B1	8 478b	4 840a	3 639a	6 659a
	B2	8 794a	4 736a	4 058a	6 765a
	B3	8 995a	4 945a	4 050a	6 970a
	B4	8 413b	4 857a	3 556a	6 635a
	平均	8 670a	4 844b	3 826a	6 757a

近年来，小麦撒播技术备受关注，各地科研人员做了大量相关研究，但结果不尽相同。李娜娜等（2007）认为，撒播较条播显著减产，原因主要是前期过高的分蘖力导致群体数量增加，降低了个体干物质积累，穗粒数及粒重大幅度下降所致；刘保华等（2012）也得出了类似的结论；陈留根等（2015）认为，生育前期撒播小麦茎蘖发生快，叶面积指数高，群体相对较大，生育中后期条播小麦群体结构更加合理，生长速度加快，叶面积指数较高，干物质累积量大，最终产量显著增加；乔蕊清等（2001）研究认为，冬小麦撒播与条播栽培相比，在产量因素构成上明显地表现出“两增一平”的特点，即单位面积有效穗数增多，一般增加 12%～15%，粒重增高，千粒重平均增加 1.5～2.0g，而穗粒数基本持平，但撒播栽培对品种类型的选择有一定的要求，应选用分蘖成穗率低的主茎优势型品种和春季分蘖力弱的冬前一次分蘖高峰型品种，如选用分蘖成穗率高的多穗型品种，应适当减低播量。综合前人研究结果，撒播增加单位面积穗数的研究结论基本一致，但对穗粒数和千粒重的影响的结论不一致，造成结果不一致的原因可能与播种量的不同有关。在麦棉套作模式下，撒播边行单位面积穗数有所降低，但显著增加了内行单位面积穗数，平均单位面积穗数显著高于条播，该结果与前人研究一致；撒播对边行穗粒数影响不大，但内行穗粒数增加，平均穗粒数也有所提高，该结果与前人研究结果不同，原因在于麦棉套作模式下，存在着明显的边行优势；千粒重撒播较条播有所增

加，但差异不明显，该结果与前人研究结论基本一致；从产量结果看，撒播边行产量高于条播，但差异不显著，撒播内行产量显著高于条播，平均产量撒播较条播提高5.1%。从小麦的灌浆特性看，与条播相比，撒播延长了边行与内行小麦的灌浆期，但降低了边行的平均灌浆速率和最大灌浆速率，推迟了最大灌浆速率出现时间，对内行的平均灌浆速率和最大灌浆速率则有提高作用，内行最大灌浆速率出现时间也有推迟，最终撒播明显提高了内行小麦的理论最大粒重；随播量增加，小麦持续灌浆期延长，平均灌浆速率与最大灌浆速率降低，最大灌浆速率出现时间推迟，理论最大粒重降低。

结果表明，在麦棉套作模式下，撒播较条播增产的原因在于其保持了边行优势的同时，提高了内行小麦的单位面积穗数、穗粒数与千粒重，条播由于边行优势的存在（刘安能等，2005），边行与内行小麦的生长发育差异明显，而撒播使边行与内行小麦分布更加均匀，降低了边行对内行的抑制，使内行小麦发育更好，从而提高了整幅小麦的产量。从播量结果来看，随着播量增加，单位面积穗数呈增加趋势，穗粒数与千粒重呈降低趋势，撒播与条播穗粒数的差值有减小的趋势，而千粒重则是在低播量时条播高于撒播，高播量时撒播高于条播；撒播4个播量间小麦产量差异达显著水平，以225.0kg/hm^{2}播量处理最高，达到了7 283kg/hm^2，条播4个播量间小麦产量以262.5kg/hm^{2}播量处理最高，达到了6 970kg/hm^2，但差异不显著。

与条播相比，撒播小麦边行和内行持续灌浆期分别延长3.3d和0.6d，边行小麦平均灌浆速率和最大灌浆速率分别降低0.18mg/(粒·d)和0.26mg/(粒·d)，最大灌浆速率出现时间推迟了0.2d；内行小麦平均灌浆速率与最大灌浆速率分别提高0.02mg/(粒·d)和0.04mg/(粒·d)，最大灌浆速率出现时间推迟0.6d；最终撒播小麦内行理论最大粒重提高1.7g。随播量增加，小麦持续灌浆期延长，与187.5kg/hm^{2}播量相比，300kg/hm^{2}播量撒播边行、内行，条播边行、内行分别延长2.8d、1.8d、2.6d、2.2d，平均灌浆速率分别降低0.10mg/(粒·d)、0.02mg/(粒·d)、0.11mg/(粒·d)、0.10mg/(粒·d)，最大灌浆速率分别降低0.15mg/(粒·d)、0.03mg/(粒·d)、0.15mg/(粒·d)、0.15mg/(粒·d)，最大灌浆速率出现时间分别推迟0.7d、0.5d、0.9d、0.8d，条播内行提早0.8d，理论最大粒重分别降低1.5g、3.1g、1.1g、6.5g。撒播内行平均单位面积穗数达到529.0万穗/hm^2，显著高于条播，内行穗粒数与千粒重分别较条播高1.5粒与0.1g，内行产量较条播高405.0kg/hm^2，边行单位面积穗数、穗粒数、千粒重、产量与条播无显著差异；平均产量撒播较条播高5.1%；随播量增加，单位面积穗数增加，穗粒数、千粒重下降；产量撒播以 225.0kg/hm² 最高，条播以 262.5kg/hm² 最高。以上结果说明，在麦棉套作模式下小麦采用撒播，播量控制在 225.0kg/hm² 时可有效提高小麦产量。

（三）生长发育

关于撒播和播量对小麦个体发育及产量的影响，近年来在冬小麦栽培中已进行了不少研究（乔蕊清等，2001；李娜娜等，2007；刘保华等，2012），但结果不尽相同，本文将小麦撒播与麦棉套作模式相结合，并加入了不同播量处理，通过研究不同群体生育性状，为麦棉套作模式下选择适宜播种方式与播量提供理论依据。

1. 播种方式与播量对小麦群体内部光照分布的影响 由图 3-1-1 可见，小麦群体冠层中下部的光照强度远低于顶部，随播量增加，中、下部光照强度呈逐次降低趋势，撒播条件下 B4（300.0kg/hm²）处理较 B1（187.5kg/hm²）处理中、下部光照强度分别减少 28.5%与 26.1%，条播条件下 B4 处理较 B1 处理中、下部光照强度分别减少 25.6%与 29.3%。以上表明，播量越大，群体截获的光能越多，对光能的利用率也越高。从不同播种方式来看，撒播中、下部光照强度平均分别为 277.3klx、36.2klx，而条播中、上部光照强度平均分别为 290.4klx、50.9klx，撒播截获光能高于条播。

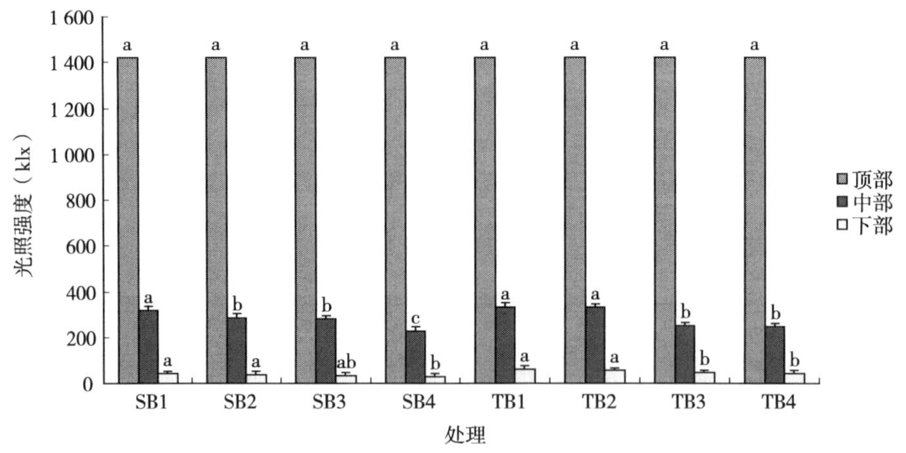

图 3-1-1 不同播种方式与播量小麦群体光照强度分布

2. 播种方式与播量对小麦基部第 2 节间直径的影响 在麦棉套作模式下为提高小麦产量，一般认为应加大播量，但播量过大往往造成小麦个体发育偏弱，易致后期倒伏。而小麦倒伏与茎秆节间粗度相关，茎秆越粗，抗倒性越强。从图 3-1-2 可以看出，播量越大，小麦基部第 2 节间越细，撒播 B1 处理较 B4 处理直径高 0.19mm，条播 B1 处理较 B4 处理直径高 0.24mm；撒播处理平均直径 4.21mm，较条播平均高 0.05mm，原因主要是撒播条件下小麦植株分布均匀，所占空间优势好于条播，更有利于单株发育，从而增强后期抗倒伏性能。

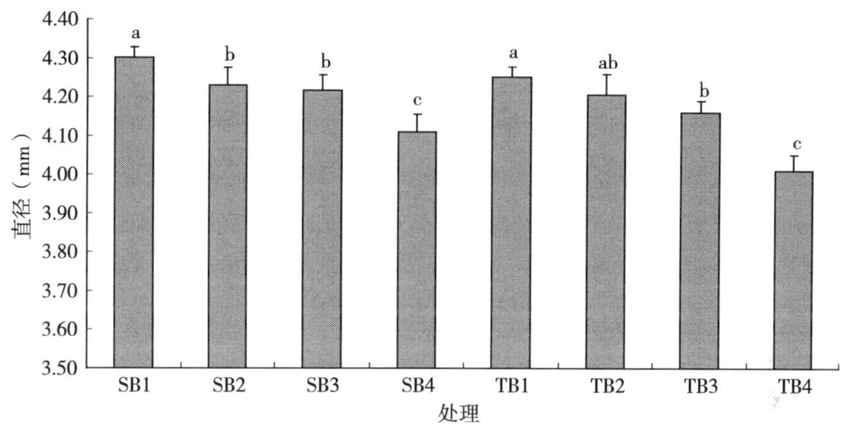

图 3-1-2 不同播种方式与播量小麦基部第 2 节间直径

3. 播种方式与播量对单位面积小麦地上部干物质积累的影响 分别于小麦灌浆期和收获期测定 0.8m^{2}小麦的地上部干物质积累量，根据图 3-1-3 结果，随着播量的增加，灌浆期撒播和条播地上部干物质积累量均有增加的趋势，但不同播量间差异较小，撒播各播量地上部干物质积累量略高于条播。收获期地上部干物质积累趋势与灌浆期基本一致，但撒播的积累量显著高于条播，B1、B2、B3 和 B4 四个播量处理撒播较条播地上部干物质积累量分别增加 7.1%、4.9%、6.2%与 4.8%，由此可见，撒播更有利于小麦群体发育。

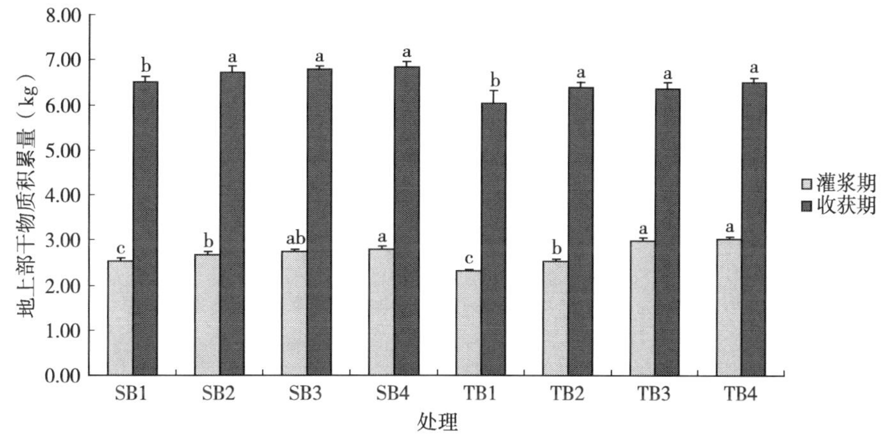

图 3-1-3 不同播种方式与播量小麦单位面积地上部干物质积累

4. 播种方式与播量对小麦群体根系生长的影响 通过测定分析每小区40cm×15cm×20cm区域的根系情况，由表3-1-26可以看出，单位体积土壤中的小麦根系总长度随着播量的增加而呈增加趋势，撒播B1、B2（225.0kg/hm^2）、B3（262.5kg/hm^2）播量处理间根系长度差异不显著，但均显著低于B4播量处理；条播B2、B3播量间差异不显著，但显著高于B1处理，三者均显著低于B4播量处理；撒播与条播相比，根系长度平均增加12.2%，且差异达到显著水平。根系投影面积、表面积、体积变化规律与根系长度相似，均随着播量增加呈增加趋势，不同播量处理间差异显著；撒播与条播相比，根系投影面积、表面积、体积平均分别提高28.5%、28.5%、20.0%，且差异达到显著水平。根系平均直径则随着播量的增加而降低，撒播B1播量处理显著高于其他三个播量处理，条播B1播量处理与B2播量处理间差异不显著，但显著高于B3播量处理与B4播量处理；撒播根系平均直径显著高于条播。

表3-1-26 不同播种方式与播量小麦根系性状

播种方式	播量	长度（cm）	投影面积（cm^2）	表面积（cm^2）	体积（cm^3）	平均直径（mm）
S	B1	98.3b	369.0c	1 158.6c	18.7b	1.13a
	B2	102.4b	378.6b	1 188.9c	19.1b	1.07b
	B3	106.4b	405.4ab	1 273.0b	20.5b	1.07b
	B4	125.6a	429.6a	1 349.0a	23.2a	1.02b
	平均	108.2a	395.7a	1 242.4a	20.4a	1.07a
T	B1	70.3c	256.4c	805.1b	15.0c	1.05a
	B2	96.8b	271.9c	853.8b	16.8b	1.06a
	B3	98.0b	334.7b	1 050.9a	17.4b	0.92b
	B4	120.5a	368.5a	1 157.1a	18.9a	0.85b
	平均	96.4b	307.9b	966.7b	17.0b	0.97b

注：采用裂区试验进行统计分析，分别对主因素S、T内四个副因素进行比较，同时对主因素S、T之间进行比较。

5. 播种方式与播量对小麦产量及其构成因素的影响 由表3-1-27可知，小麦基本苗在不同播量处理间均差异显著，但播种方式间差异不显著。随着播量增加，单位面积穗数有增加趋势；撒播条件下，B3播量处理与B4播量处理间差异不显著，但显著高于B1播量处理与B2播量处理；条播B2、B3、B4播量处理间差异不显著，但显著高于B1播量处理；平均来看，撒播单位面积穗数达到606.6万穗/hm^2，显著高于条播。从单株成穗数来看，播量越小，单株成穗数越高，播量间差异显著，撒播显著高于条播。上述结果表明，小麦单株成穗数及单位面积穗数与播量密切相关，播量越大，单位面积穗数越高，单株成穗数越低；撒播的单位面积穗数、单株成穗数均高于条播，这与撒播小麦单株分布均匀、所占空间较大有关。

穗粒数随播量增加依次降低，撒播 B1 播量处理显著高于 B2 播量处理，且两者均显著高于 B3 播量处理与 B4 播量处理；条播 B1 播量处理与 B2 播量处理间差异不显著，但均显著高于 B3 播量处理与 B4 播量处理；两播种方式间，撒播较条播增加 0.7 粒/穗，但差异未达显著水平。千粒重结果与穗粒数结果基本一致，随播量增加降低趋势明显，播量间差异达到显著水平，而播种方式间差异不显著。小麦产量撒播以 B2 播量处理最高，达 7 283kg/hm^2，而条播以 B3 播量处理最高；播种方式间，撒播较条播产量平均高 5.1%，但未达显著水平。

表 3-1-27 不同播种方式与播量小麦产量与产量构成因素

播种方式	播量	基本苗（万/hm^2）	单株成穗数	单位面积穗数（万穗/hm^2）	穗粒数（粒/穗）	千粒重（g）	产量（kg/hm^2）
S	B1	156.3d	3.46a	540.9c	45.4a	44.9a	7 074ab
	B2	195.9c	3.08b	602.9b	44.1b	43.7b	7 283a
	B3	224.2b	2.83bc	634.3a	43.1c	43.3b	7 187ab
	B4	264.4a	2.45c	648.4a	42.9c	42.8b	6 872b
	平均	210.2a	3.00a	606.6a	43.9a	43.7a	7 104a
T	B1	149.2d	3.38a	504.1b	44.2a	45.1a	6 659a
	B2	199.3c	2.75b	547.5a	43.7a	43.8b	6 765a
	B3	212.6b	2.62b	557.2a	42.5b	42.9bc	6 970a
	B4	271.8a	2.06c	561.0a	42.4b	42.0c	6 635a
	平均	208.2a	2.70b	542.5b	43.2a	43.5a	6 757a

在麦棉套作模式下，撒播单位面积穗数显著高于条播，穗粒数与千粒重较条播也有所增加，产量提高了 5.1%，但差异不显著。究其原因，撒播小麦由于群体分布更加均匀，群体截获的光能提高，单株长势优于条播，基部第 2 节间增粗，群体根系长度、表面积与体积明显优于条播，单位面积地上部干物质积累量增加 6.1%，而单株成穗数增加导致的单位面积穗数增加是撒播增产的主要原因。从播量结果来看，随着播量增加，群体截获光能增加，单株发育趋弱，单株成穗数降低，穗粒数与千粒重呈降低趋势，但地上部干物质积累总量与根系生长总量均有提高，最终单位面积穗数呈增加趋势，这一结论与前人研

究结果基本一致（杨兵等，2000；刘萍等，2013）。撒播小麦产量在播量间差异显著，以 225.0kg/hm² 播量处理最高，达到了 7 283kg/hm²；条播小麦以播量 262.5kg/hm² 产量最高，达到了 6 970kg/hm²，但播量间无显著差异。

撒播小麦群体截获光能提高，基部第 2 节间直径增加 0.05mm，单位面积地上部干物质积累量提高 6.1%，根系生长量明显优于条播，单位面积穗数增加 11.8%，穗粒数和千粒重与条播相差不大，最终撒播小麦较条播小麦增产 5.1%；随播量增加，群体截获光能增加，地上部干物质积累与根系生长量均有提高，但单株发育趋弱，单株成穗数降低，单位面积穗数呈增加趋势，穗粒数与千粒重呈降低趋势，撒播四个播量间小麦产量差异达显著水平，以 225.0kg/hm² 播量处理最高，条播四个播量间小麦产量以播量 262.5kg/hm² 最高。在麦棉套作模式下小麦采用撒播，播量控制在 225.0kg/hm² 时可有效提高小麦产量。

（四）边行优势

在麦棉套作模式下通常采取加大小麦播量的方法保证小麦产量，但小麦播量过大又会带来潜在的倒伏危险，通过研究麦棉套作模式下不同播量对小麦边行优势与产量的影响，为确定适宜的小麦播量提供理论依据。

1. 不同播量对小麦单位面积穗数的影响 从表 3－1－28 可以看出，随着小麦播量增加，边行与内行单位面积穗数均呈明显增加的趋势，边行不同播量间最大差值为 307.5 万穗/hm²，内行不同播量间最大差值为 319.5 万穗/hm²，播量对内行单位面积穗数的影响略大于边行；从边行与内行单位面积穗数差值来看，不同播量边行单位面积穗数均高于内行，具有明显的边行优势，随着播量增加，差值有逐渐降低的趋势，这一结果表明，播量越小，单位面积穗数越低，则边行优势越明显；从平均单位面积穗数来看，随着播量增加，单位面积穗数明显增加，不同播量间差异达到显著水平，播量 375.0kg/hm² 处理较 187.5kg/hm² 处理平均单位面积穗数增加 72.6%。

表 3－1－28 不同播量下小麦单位面积穗数（万穗/hm²）

播量（kg/hm²）	边行	内行	边行内行差	平均
187.5	477.0	387.0	90.0	432.0d
225.0	519.0	433.5	85.5	476.3d
262.5	643.3	560.2	83.1	601.8c
300.0	735.0	663.0	72.0	699.0b
337.5	754.5	676.5	78.0	715.5ab
375.0	784.5	706.5	78.0	745.5a

2. 不同播量对小麦穗粒数的影响　从表 3－1－29 可以看出，随着播量增加，边行与内行穗粒数均呈明显降低趋势，不同播量间边行穗粒数最大差值为 7.1 粒，内行穗粒数最大差值为 8.9 粒，播量对内行穗粒数的影响大于边行；不同播量边行穗粒数均大于内行，边行优势突出，随着播量增加，边行与内行穗粒数差值先增加而后降低，以播量 300.0kg/hm^{2}处理边行优势最大，为 4.6 粒，这一结果表明，播量过大或过小均不利于套作小麦边行优势的发挥；从平均穗粒数看，随着播量增加，平均穗粒数依次降低，播量 187.5kg/hm^{2}处理比 375.0kg/hm^{2}处理增加 30.7%，不同播量间穗粒数差异达到显著水平。

表 3－1－29　小麦不同播量下穗粒数（粒/穗）

播量（kg/hm^2）	边行	内行	边行内行差	平均
187.5	35.3	32.8	2.5	34.1a
225.0	33.9	30.5	3.4	32.2a
262.5	31.1	27.2	3.9	29.2b
300.0	30.6	26.0	4.6	28.3b
337.5	29.4	25.2	4.2	27.3bc
375.0	28.2	23.9	4.3	26.1c

3. 不同播量对小麦千粒重的影响　从表 3－1－30 可以看出，边行与内行千粒重均随着播量增加而降低，播量 187.5kg/hm^{2}处理与 375.0kg/hm^{2}处理的边行内行差分别为 2.9g 与 3.6g，表明播量对内行千粒重的影响大于边行；不同播量边行千粒重均大于内行，边行优势明显，随着播量增加，边行与内行千粒重差值有增加的趋势，表明播量越大，千粒重边行优势也越明显；从平均千粒重来看，千粒重随播量增加而逐渐降低，不同播量间差异达到显著水平，播量 187.5kg/hm^2 处理比 375.0kg/hm^2 处理高 4.2g，增幅 9.9%。

表 3－1－30　不同播量下小麦千粒重（g）

播量（kg/hm^2）	边行	内行	边行内行差	平均
187.5	48.2	45.3	2.9	46.8a
225.0	47.6	44.8	2.8	46.2ab
262.5	46.9	43.7	3.2	45.3bc
300.0	45.3	43.0	2.3	44.2c
337.5	44.9	41.0	3.9	43.0d
375.0	44.4	40.8	3.6	42.6d

4. 不同播量对小麦产量的影响 由表3-1-31可见，边行产量与内行产量均是随着播量增加而增加，当播量超过225.0kg/hm²后，小麦产量持续下降，不同播量处理间边行产量极差是465.0kg/hm²，内行产量极差是1 275.0kg/hm²，播量对内行产量的影响显著大于边行；从边行与内行产量差值来看，随着播量增加，边行与内行产量差值呈增加的趋势，播量375.0kg/hm²处理边行与内行产量差值为3 136.5kg/hm²，比播量225.0kg/hm²处理差值高810.0kg/hm²，表明播量越大，小麦产量边行优势越明显；从平均产量结果看，随着播量增加，小麦产量先增加后降低，225.0kg/hm²播量处理产量最高，达到6 893.3kg/hm²，但187.5kg/hm²、225.0kg/hm²、262.5kg/hm² 3个播量间产量差异不显著，播量375.0kg/hm²处理小麦产量最低。

表3-1-31 不同播量下小麦产量（kg/hm²）

播量（kg/hm²）	边行	内行	边行内行差	平均
187.5	7 810.5	5 451.0	2 359.5	6 630.8ab
225.0	8 056.5	5 730.0	2 326.5	6 893.3a
262.5	7 812.0	5 482.5	2 329.5	6 647.3ab
300.0	7 635.0	5 166.0	2 469.0	6 400.5b
337.5	7 666.5	4 893.0	2 773.5	6 279.8bc
375.0	7 591.5	4 455.0	3 136.5	6 023.3c

关于小麦适宜播量的研究，多集中在单作小麦种植模式中，杨兵等（2000）研究结果显示，播量增加后基本苗和最高茎蘖数增加，但单株分蘖数、千粒重下降，产量则随播量增加先增加后下降；李兰真等（2007）研究结果认为，不同播量处理对产量影响较大，主要是播量增大后后期倒伏严重导致减产，随着播量增加，成穗数增加而千粒重降低；安学军（2011）研究认为，播种量对小麦群体具有一定的调节作用，但播期对产量影响更大；吴文平等（2000）研究表明，随着播量增加，产量先增加后降低，随用种量增大，有效穗数增加，穗长、穗粒数、千粒重都降低；罗家传（2011）研究表明，播量对产量影响显著，播量过大减产明显，随着播量增加，成穗数增加，穗粒数和千粒重呈先增加后降低的抛物线形。随着播量的增加，单位面积穗数呈增加的趋势，这一结果与前人在单作小麦种植模式中的研究结果一致，而穗粒数、千粒重则随着播量增加逐渐降低，与杨兵、李兰真、吴文平结果相一致，至于罗家传认为随着播量增加，穗粒数与千粒重呈抛物线形，可能与其设置的播量处理

较少、播种用量梯度较小有关；随播量增加，小麦产量先增加后降低，与前人研究结果也基本一致，麦棉套作以播种量控制在 225.0～262.5kg/hm^{2}为宜。

关于小麦边行优势的研究，前人已做过大量试验，结论不尽相同。赵秉强等（1997）认为，小麦品种与边际效应具有密切相关性，在预留行较窄的情况下，株矮、分蘖力强、多穗小穗型品种更有利于发挥边优增产的作用，而间套行较宽时，则中间型或大穗型品种更有利于发挥边优增产的效果；对于 3 个产量构成因素的边行优势对小麦产量的贡献大小，安玉林（2006）研究认为，边行小麦比内行小麦显著高产，增产的主要原因是穗粒数和千粒重增加，而杨铁刚（2000）则认为，麦棉不同套种规格对小麦单产有一定的边行优势效应，其边行效应主要反映在单位面积成穗数方面，而对小麦的穗粒数和千粒重无明显影响。由于以前研究多集中在小麦品种对边行优势的影响上，而播量对小麦边行优势的影响研究较少，播量对内行小麦单位面积穗数、穗粒数、千粒重与产量的影响均大于边行；不同播量处理小麦在单位面积穗数、穗粒数与千粒重方面均存在明显的边行优势，随着播量的增加，单位面积穗数边行优势减弱，穗粒数边行优势先增强后减弱，播量在 300.0kg/hm^{2}时边行优势最大，千粒重与小麦产量边行优势随着播量增加而增强；从播量对小麦产量三因素的影响大小来看，受播种量影响最大的是单位面积穗数，其次是穗粒数，千粒重受播量影响最小。

播量对内行小麦的影响大于边行，随着播量的增加，单位面积穗数的边行优势减弱，边行与内行差值由 90 万穗/hm^2（播量 187.5kg/hm^2）降至 78.0 万穗/hm^2（播量 375.0kg/hm^2），穗粒数边行优势先增强后减弱，播量 300.0kg/hm^{2}处理小麦穗粒数边行与内行差值最高为 4.6 粒，千粒重与产量边行优势逐渐增强，播量 337.5kg/hm^{2}处理小麦千粒重边行与内行差值最高为 3.9g，播量 375.0kg/hm^{2}产量边行与内行差值最高，为 3 136.5kg/hm^2；播量对套作小麦产量三因素影响的大小依次为单位面积穗数、穗粒数与千粒重，麦棉套作小麦适宜播种量在 225.0～262.0kg/hm^2。

三、种植要点及效益分析

（一）配置方式

近年来随着国家对粮食安全问题的日益重视以及植棉效益的迅速下降，麦棉套作模式被重新提及，在解决了小麦联合收割机应用的问题后，麦棉套作模式重新具有了推广的价值（王国平等，2012）。在麦棉套作模式下，针对传统的棉花与小麦配置方式，加入了棉行起垄、小麦撒播等措施，探索最佳的棉花与小麦配置方式，以期实现麦棉套作模式的产出最大化。

1. 麦行与棉行光温水变化 由表 3－1－32 可知，不同处理对光照、温度、水分影响显著。麦行顶部光照强度差异不显著，棉行光照强度处理 C（种植 3 行小麦占地宽度 40cm，棉花预留行 40cm，种植 1 行棉花）最低，处理 F（种植 4 行小麦占地宽度 80cm，棉花预留行 80cm，预留行起垄，垄高 20cm，种植 2 行棉花，棉花行距 30cm）最高，其他几个处理间差异不显著；土壤温度麦行处理 F 偏低，处理 C 高于其他处理，棉行处理 F 显著高于其他处理，处理 C 则显著低于其他处理；土壤相对含水量麦行以处理 F 最高，处理 A（种植 5 行小麦占地宽度 80cm，预留棉花行 80cm，种植 2 行棉花，行距 50cm）最低，其他处理差异不显著，棉行则以处理 C 最低，处理 F 高于处理 C 但显著低于其他处理。这一结果表明，小麦幅宽对棉行光照强度、温度与含水量影响最大，3 行小麦处理显著降低了棉行的光照、温度与土壤水分含量，对棉花生长影响较大；而起垄处理则显著提高了棉行的光照强度与温度，但降低了土壤含水量；缩小棉花行距有利于提高棉花顶部光照强度，但效果低于起垄处理。

表 3－1－32 不同种植模式光温水变化

处理	光照（klx）		温度（℃）		含水量（%）	
	麦行	棉行	麦行	棉行	麦行	棉行
A	37.3a	12.4b	17.2b	26.0b	25.5b	42.2a
B	37.5a	13.8b	18.1a	26.4b	27.0b	43.0a
C	37.5a	7.7c	18.9a	23.4c	27.6b	34.8c
D	37.5a	13.0b	17.7ab	25.6b	27.1b	42.7a
E	37.4a	14.2b	18.2a	25.0b	27.0b	43.2a
F	37.3a	16.1a	16.8b	27.9a	31.7a	37.9b

注：处理 A：种植 5 行小麦占地宽度 80cm，预留棉花行 80cm，种植 2 行棉花，行距 50cm；处理 B：种植 4 行小麦占地宽度 80cm，棉花预留行 80cm，种植 2 行棉花，行距 50cm；处理 C：种植 3 行小麦占地宽度 40cm，棉花预留行 40cm，种植 1 行棉花；处理 D：小麦撒播占地宽度 80cm，棉花预留行 80cm，种植 2 行棉花，行距 50cm；处理 E：种植 4 行小麦占地宽度 80cm，棉花预留行 80cm，种植 2 行棉花，行距 30cm；处理 F：种植 4 行小麦占地宽度 80cm，棉花预留行 80cm，预留行起垄，垄高 20cm，种植 2 行棉花，棉花行距 30cm；表中同列数据后不同小写字母表示 0.05 水平差异显著。下同。

2. 小麦产量与产量构成 从表 3－1－33 可以看出，小麦产量由高到低依次是处理 C>处理 F>处理 D（小麦撒播占地宽度 80cm，棉花预留行 80cm，种植 2 行棉花，行距 50cm）>处理 B（种植 4 行小麦占地宽度 80cm，棉花预留行 80cm，种植 2 行棉花，行距 50cm）>处理 E（种植 4 行小麦占地 80cm，棉花预留行 80cm，种植 2 行棉花，行距 30cm）>处理 A，处理 C 产量显著高于其他处理，原因在于其单位面积穗数、穗粒数与千粒重均明显偏高，处理 F 千粒重偏高，处理 D 小麦单位面积穗数较高，处理 A 单位面积穗数略高于处理 B，但穗粒数与千粒重稍低，因此产量与处理 B 差异不显著。

表 3-1-33 小麦产量与产量构成

处理	穗数（万穗/hm^2）	穗粒数（粒/穗）	千粒重（g）	产量（kg/hm^2）
A	541.5b	29.5c	42.9b	6 074b
B	535.5b	30.5b	43.7ab	6 219b
C	589.5a	31.1a	44.2a	7 256a
D	553.5b	30.8b	43.1b	6 287b
E	532.5b	30.3bc	43.1b	6 126b
F	540.0b	30.7b	44.1a	6 354b

3. 棉花生育性状与产量构成 由表 3-1-34 可以看出，处理 F 棉花生育性状及产量构成、籽棉产量均表现最好，从 6 月 15 日真叶数与 7 月 15 日株高来看，处理 F 棉花前期生长快，早发优势明显，单株铃数、籽棉产量分别达到 14.5 个、4 155kg/hm^2，其次是处理 E，而处理 C 前期生长明显偏慢，单株铃数、单铃重、籽棉产量均显著低于其他处理。从这一结果可以看出，棉行起垄显著提早了棉花的生育进程，对于增加棉花产量效果显著，缩小棉花行距对于促进棉花早发也有一定作用，而种植三行小麦一行棉花，由于小麦遮阴严重，棉花前期发育迟缓，导致单株铃数、单铃重与籽棉产量均显著降低。

表 3-1-34 棉花生育性状与产量构成

处理	6 月 15 日真叶	7 月 15 日株高（cm）	8 月 15 日株高（cm）	单株铃数	单铃重（g）	衣分（%）	籽棉产量（kg/hm^2）
A	2.5c	52.5c	82.7b	12.0c	5.3a	36.1a	3 418c
B	2.3c	52.0c	81.6b	11.9c	5.3a	35.4a	3 397c
C	1.9d	46.4d	83.9b	10.8d	4.9b	35.1a	3 207d
D	2.4c	51.7c	82.5b	12.2c	5.3a	35.5a	3 435c
E	3.2b	62.3b	84.1b	13.4b	5.4a	35.3a	3 945b
F	3.6a	66.0a	88.3a	14.5a	5.4a	35.9a	4 155a

4. 不同种植模式产值 由表 3-1-35 可以看出，在 6 个处理当中，处理 F 的总产值最高，主要原因是其棉花产值高于其他处理，小麦产值除低于处理 C 外，也高于其他处理，而处理 C 尽管小麦产值最高，但棉花产值却最低，因

此，总产值低于处理 E 与处理 F。从以上结果可以看出，在麦棉套作种植模式中，在总产值中棉花的产值的比重大于小麦，因此，采取适当措施提高棉花产量是提高麦棉套作总产值应首先考虑的问题。

表 3-1-35 不同种植模式产值

处理	小麦产量（kg/hm²）	小麦价格（元/kg）	小麦产值（元/hm²）	棉花产量（kg/hm²）	棉花价格（元/kg）	棉花产值（元/hm²）	总产值（元/hm²）
A	6 074	2.5	15 185	3 418	6.2	21 192	36 377
B	6 219	2.5	15 548	3 397	6.2	21 061	36 609
C	7 256	2.5	18 140	3 207	6.2	19 883	38 023
D	6 287	2.5	15 718	3 435	6.2	21 297	37 015
E	6 126	2.5	15 315	3 945	6.2	24 459	39 774
F	6 354	2.5	15 885	4 155	6.2	25 761	41 646

在麦棉套作模式下，小麦与棉花的配置方式有“六二式”“五二式”“四二式”“三一式”等（孙本普等，1995a，b；呼孟银等，1998；宋美珍等，1999），前人研究结果表明，一方面，配置方式随着粮棉价格的波动而变化，对单位面积周年全田经济效益存在着显著影响，（毛树春等，1993）；另一方面，麦棉套作两熟普遍存在棉花晚发晚熟、丰产稳定性差等现实问题。通过对棉花与小麦的不同配置方式进行试验，结果表明，“三一式”对棉花前期生长影响较大，棉行光照、温度均显著降低，小麦产量高而棉花产量低，“四二式”起垄植棉促进棉花早发，显著提高了棉花产量，总产值达到了 41 646 元/hm²，较其他配置方式增加 4.7%～14.5%。由此可知，“四二式”配合棉行起垄是促进棉花早发，提高麦棉套作模式产值的最佳配置方式。

（二）配套农机

1. 可伸缩护苗挡板 麦棉套作种植模式是提高土地复种指数、稳定棉花与小麦产量的重要技术措施，在 20 世纪 80～90 年代的黄河流域、长江流域等地区种植推广面积很大，但随着小麦联合收割机械的应用，麦棉套作模式由于不能适应小麦联合收割机的使用而种植面积锐减。近年来，随着国家对粮食安全重视程度的提高以及粮棉争地矛盾的进一步加剧，麦棉套作技术模式被重新提上了日程并得到了极大的重视，因此，急需一种可应用于麦棉套作种植模式的收获机械。

本机械是一种应用在小麦联合收割机上的可伸缩护苗挡板（李伟明等，2015），以解决现有麦棉套作种植模式不能使用小麦联合收割机的问题：包括固定挡板和活动挡板；固定挡板为截面呈V形的折角板，固定在联合收割机的切割器刀梁上，用以遮挡切割器刀刃；活动挡板为截面呈V形的折角板，滑动定位在固定挡板上，作为固定挡板的延长板，使保护宽度与麦田中的棉苗垄宽相适应。固定挡板上焊接有向长边外侧延伸出的片状连接杆，在连接杆上开有固定孔。在活动挡板的板面上开有长孔槽，在固定挡板上穿接的紧固螺栓从活动挡板上的长孔槽穿过并紧固定位。固定挡板经连接杆固定在联合收割机的切割器刀梁上，活动挡板与固定挡板平行设置且可沿固定挡板水平滑动。两板横截面形状皆为V形，用以遮挡切割器刀刃，防止切割器伤害棉花植株。在固定挡板上穿接的紧固螺栓从活动挡板上的长孔槽穿过并紧固定位。两板的总长与麦田中的棉苗垄宽相适应。

本设备结构简单，安装方便，可适用于不同幅宽的麦棉套作模式，解决了麦棉套作田不能应用小麦收割机的难题。

如图3-1-4和图3-1-5所示，固定挡板和活动挡板由长方形薄铁板制成，结构简单、成本低；固定挡板是横截面为V形的折角板，设置有可与小麦收割机的切割器连接的连接杆，另外，穿接有紧固螺栓。活动挡板是横截面为V形的折角板，板体上沿水平方向设置有长孔槽，长孔槽可用来穿接紧固螺栓。两板的横截面形状还可为U形或框形等，目的是在安装完成后，两板可罩住切割器刀刃，防止切割器伤害棉花植株。固定挡板与活动挡板平行设置，活动挡板可沿固定挡板水平滑动。使用时将固定挡板上的连接杆安装在小麦收割机切割器刀梁的方颈螺栓上，活动挡板套在固定挡板的内部或外部，根据麦棉套作的幅宽确定两板的总长，重合部分使用紧固螺栓穿过长孔槽固定，将螺栓松开即可左右调节活动挡板至适合宽度。如此，在收割机行进过程中，切割器就可单独对小麦植株进行切割，不会伤害棉花植株。

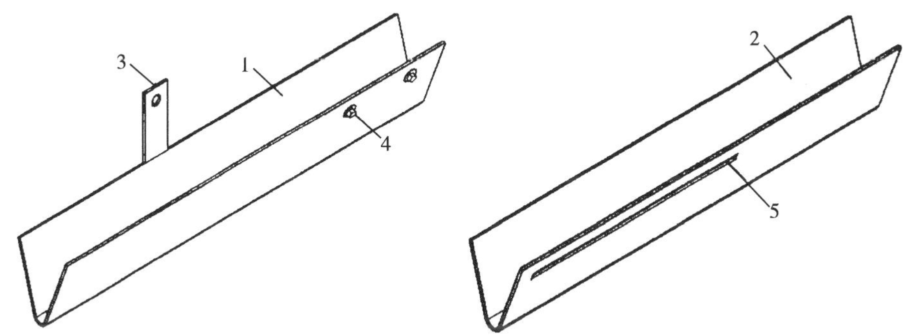

图3-1-4　固定挡板（左）和活动挡板（右）结构示意图

1. 固定挡板　2. 活动挡板　3. 连接杆　4. 紧固螺栓　5. 长孔槽

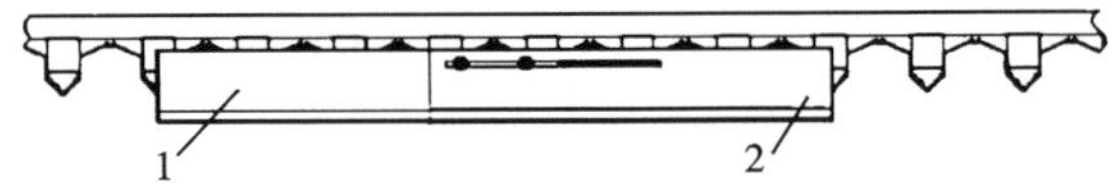

图 3-1-5 可伸缩护苗挡板结构示意图

1. 固定挡板 2. 活动挡板

2. 一种可调式拢禾装置 20 世纪 80～90 年代，在黄河流域、长江流域大面积推广麦棉套作种植技术。麦棉套作种植模式是提高土地复种指数、稳定棉花与小麦产量的一个重要技术措施。但是，随着小麦联合收获机械的广泛应用，这种麦棉套作模式由于不能使用小麦联合收割机进行收割操作而使种植面积锐减。

随着小麦收割机护苗挡板技术的应用，在麦棉套作田内基本实现了小麦联合收割机的应用。但是，由于小麦播种幅宽不规则，当小麦幅宽略大于小麦联合收割机的割台宽度时，就会导致割台侧边上会有一行小麦无法收割，从而出现小麦收割不完全的问题。

可调式拢禾装置解决小麦联合收割机在麦棉套作田收割小麦时存在的对小麦收割不完全的问题（王树林等，2015）。基本结构如下：

套筒，为卧式四棱锥台状壳体，其后端侧的大口端用于插接在小麦收割机分禾器的前端部，其底板的前端探出套筒的壳体，在底板中开有用于穿接固定螺栓的固定孔；支撑杆，竖直焊接在套筒的底板探出端上；滑动套管，套接在支撑杆上；螺纹接口，横向贯通开设在滑动套管的侧壁上；拢禾杆为直杆，其一端制有螺纹，用螺纹连接在滑动套管上的螺纹接口中。

本设备结构简单，安装方便，使用过程中根据小麦幅宽调整拢禾杆的外张角度，并根据小麦株高来调整拢禾杆的设置高度，由此，通过对拢禾杆外张角度及高度的调整，适用于不同类型的麦棉套作田，彻底解决了麦棉套作田由于小麦播幅不规则导致的小麦联合收割机对小麦收割不完全的问题。

如图 3-1-6 所示，套筒为卧式四棱锥台状壳体，其内部形状及后端侧的大口端与小麦联合收割机分禾器的前端形状相合，即套筒的近分禾器端的端口大，前部的端口逐渐缩小，其形状与小麦联合收割机分禾器前端吻合，以便于插接在分禾器的前端部。套筒的底板的前端探出套筒的壳体，用以作为支撑杆的焊接座，在底板中开有固定孔，用以穿接固定螺栓，在螺母的配合下，将套筒固定在小麦联合收割机分禾器的前端部。支撑杆为铁质圆杆，竖直焊接在套筒的底板探出端上，并垂直于地表。滑动套管套接在支撑杆上，其内径略大于支撑杆的直径，可在支撑杆上上下移动，也可相对支撑杆转动。在滑动套管的中部侧壁上横向开设有贯通的螺纹接口。螺纹接口的一种简单的设置方式是，在滑动套管的中部侧壁上横向钻孔，孔径略大于拢禾杆的直径，然后再在孔口处焊接一个螺母，螺母的内孔与钻孔相对，由此形成螺纹接口。拢禾杆是一根直杆，其一端制有螺纹，用螺纹连接在滑动套管上的螺纹接口中，在实现二者的固定连接的同时，还可实现滑动套管在支撑杆上的定位。

使用时，首先将套筒安装在小麦联合收割机的分禾器前端部，通过套筒底板上的固定孔，用固定螺栓与螺母配合，将套筒固定在分禾器的顶端；然后，再将滑动套管套接在支撑杆上，将拢禾杆的螺纹端拧进滑动套管的螺纹接口内，根据田间小麦的实际种植情况，上下调整好滑动套管的设置高度，并调整好拢禾杆的外张角度，之后，通过拧紧拢禾杆，即可将滑动套管固定在支撑杆上，由此实现本拢禾装置的安装和固定，最后，启动小麦联合收割机，对麦棉套作的地块中的小麦进行机械收割作业。

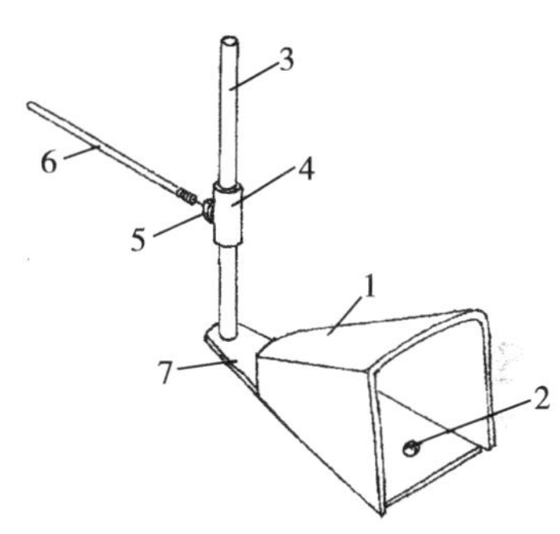

图 3－1－6　可调式拢禾装置结构示意图

1. 套筒　2. 固定孔　3. 支撑杆　4. 滑动套管　5. 螺母接口　6. 拢禾杆　7. 底板

装好拢禾装置后，可将田间不规则幅宽的小麦完全收割干净，有效解决了小麦收割不完全的问题。本机械结构简单，安装方便，使用过程中可根据小麦幅宽调整拢禾杆的外张角度，并根据小麦株高来调整拢禾杆的设置高度，由此，通过对拢禾杆外张角度及高度的调整，适用于不同类型的麦棉套作田，彻底解决了麦棉套作田由于小麦播幅不规则导致的小麦联合收割机对小麦收割不完全的问题。

（三）种植流程

麦套春棉技术将传统春棉一年一熟改为小麦、棉花一年两熟，充分利用棉田冬春空闲期的光热资源，以及小麦、棉花套作形成的边行优势，实现棉花与小麦的双高产。选用早熟性较好的小麦品种与棉花品种相配套，10 月下旬播种小麦时预留棉行，4 月下旬套种中早熟棉花品种，突出“双早”技术核心，小麦要早收、棉花要早熟，协调好小麦与棉花的茬口衔接与共生期，及时防治病虫草害，提高机械化程度。冀中南棉区的麦套春棉技术要点如下：

1. 种植模式　小麦播种 5 行为一幅，幅宽约 60cm，每幅小麦间留预留行宽度约 85cm，播种 2 行棉花，称为“五二式”（图 3－1－7）。

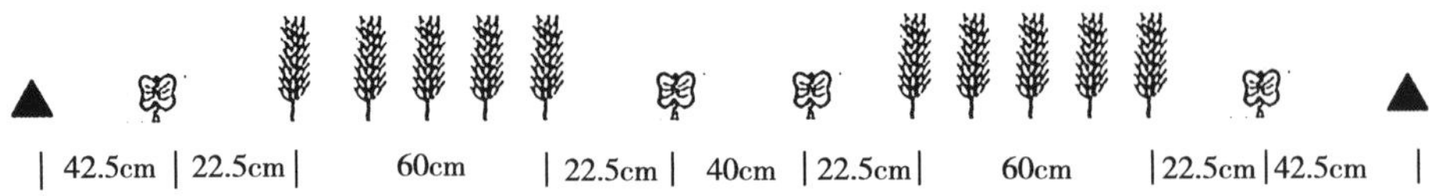

| 42.5cm | 22.5cm | 60cm | 22.5cm | 40cm | 22.5cm | 60cm | 22.5cm | 42.5cm |

图 3-1-7　麦套春棉种植模式示意图

2. 品种选择　棉花品种优先选择高产潜力大、抗逆性强、中后期长势强的中早熟杂交种，如冀杂 1 号、冀杂 2 号、冀 H170、冀 H239、邯杂 429、邯杂 301；也可选用中早熟常规品种，如冀 228、冀棉 169、冀 151、邯棉 103、邯棉 802 等。小麦品种选用具有高产、优质、播期弹性大（适应 10 月下旬至 11 月上旬播种）、矮秆（株高不超过 75cm）、株型紧凑（叶倾角小，旗叶和倒二叶上举）、大穗、早熟（6 月上旬收获）等特点的品种，如邯 6172、观 35、石麦 15、良星 99、良星 66 等。

3. 棉花关键栽培技术

准备棉种：采用国标种子，杂交种每公顷用种量 22.5kg 以上，常规品种每公顷用种量 30kg 以上。

适时播种：结合小麦浇水借墒，于 4 月下旬播种。播前清除预留行内杂草，地膜覆盖，膜宽 80～90cm，一膜盖双行，播种后喷施土壤封闭除草剂。

苗期管理：出苗后打孔放苗，并及时堵孔，第三片真叶平展后定苗，杂交棉每公顷留苗 5.25 万株左右，常规棉每公顷留苗 6 万株左右，干旱年份一般浇 2～3 水。重点防治叶螨和地老虎危害。麦收后中耕灭茬，提温促长。

蕾期管理：围绕抗旱促稳长壮棵，麦收后及时浇水，每公顷追施速效氮肥尿素 112.5kg 促苗长；重点防治叶螨、盲椿象、瓢虫、蓟马和棉蚜。盛蕾期旺长田用缩节胺 15～22.5g/hm^2 兑水 300kg 均匀喷洒。

铃期管理：铃期主攻早坐铃、多结铃，促早熟、防早衰。重施铃肥，初花期每公顷追施尿素 225kg 或氮钾复合肥（15-0-15）300kg。适时打顶，一般要求 7 月 15 日前打完顶，留果枝 10～12 个。注重化控，用 30～45g/hm^2，若棉花生长旺盛，可再次喷施或人工去掉中上部群尖。

吐絮期管理：增铃重，促早熟，防贪青晚熟。及时采摘黄（烂）铃；多雨年份注意防治造桥虫。贪青晚熟地块在 10 月 10 日左右喷施 40%乙烯利催熟。10 月 20 日后清除棉柴。

4. 小麦关键栽培技术

精细整地：播种时间在 10 月 25～30 日。棉花收获后，用秸秆还田机将棉柴粉碎还田，旋耕或深耕精细整地。壤土地在棉花收获前 10d 左右造墒，黏地播后浇蒙头水。

施底肥：亩施氮磷钾复合肥（15－15－15）750kg/hm^2 作为小麦和棉花的底肥，也可施用缓释复合肥。

播种：小麦播种 5 行为一幅，幅宽约 60cm，行距 15cm，每幅小麦间留 80cm 的预留行，翌年预留行播种 2 行棉花。

播量：播种时在播种机一侧留 5 个播种孔，其余堵住，播种机播量设定为 525～600kg/hm^2，保证小麦基本苗 525～600 万/hm^2。

冬前管理：及时查苗补苗，杂草秋治，适时浇灌冻水，保苗安全越冬。

春季管理：中耕锄划，促苗早发，水肥管理以促为主，及时防治病虫草害，灌浆期“一喷多防”，浇好灌浆水。

注意防治叶螨：棉花出苗后，在防治小麦病虫害时要加入阿维菌素等防治叶螨的药剂，减少叶螨在小麦上寄存，降低对棉花的危害。

机械收获：完熟初期及时收获，在联合收割机割台一侧加装挡板，防止损伤棉苗。

该技术适用于河北省南部灌溉条件较好的地区，籽棉产量 3 750～4 500kg/hm^2，小麦产量 6 000～6 750kg/hm^2，增效 12000 元/hm^2。

（四）种植效益

1. 物化成本投入分析 从物化成本投入来看，2013—2015 年份麦棉两熟模式物化成本投入分别为春棉一熟模式的 186.4%、203.0%与 212.3%，其中小麦种子、化肥、除草剂的投入为麦棉套作模式投入高于春棉一熟模式投入的主要原因；从不同年份间来看，自 2013 年以后两种种植模式物化投入均呈下降趋势，原因是化肥、种子、地膜等农资价格连年下降，而春棉一熟模式物化投入下降幅度大于麦棉两熟模式，因此其投入比例呈上升趋势（图 3－1－8）。

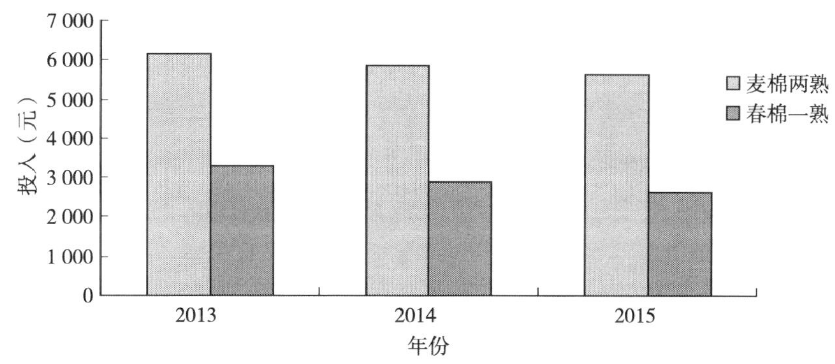

图 3－1－8 两种种植模式每公顷物化投入对比

2. 机械费用投入分析 机械费用投入包括整地、播种、秸秆粉碎、小麦收获等，2013—2015 年份麦棉两熟模式机械费用投入分别为 2 400 元/hm²、2 841 元/hm²与 2 775 元/hm²，为春棉一熟模式 2.0 倍、1.8 倍与 1.7 倍，其中小麦播种与收获的机械费用投入为麦棉两熟模式投入高于春棉一熟模式投入的主要原因；2014 年与 2015 年机械费用投入相差不大，但明显高于 2013 年，主要是由于土地旋耕、机械收获等费用有所增加（图 3-1-9）。

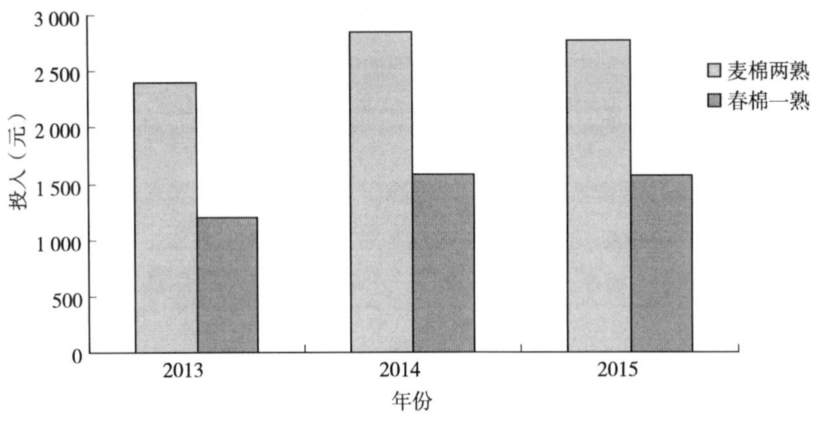

图 3-1-9 两种种植模式每公顷机械费用投入对比

3. 灌溉费用投入分析 春棉一熟模式一般需灌水 1～2 次，包括底墒水与蕾期关键水，与春棉一熟模式相比，麦棉两熟模式灌水次数需增加 2～3 次，主要为小麦底墒水、返青水、灌浆水，其中棉花播种后的底墒水可以实现一水两用，既可满足棉花出苗需要，又可满足小麦孕穗期的水分需求。根据不同年份间的降水量多少，灌溉费用年际间变化较大，从图 3-1-10 中可以看出，2014 年灌溉费用最高，而 2013 年与 2015 年灌溉费用相对偏低。

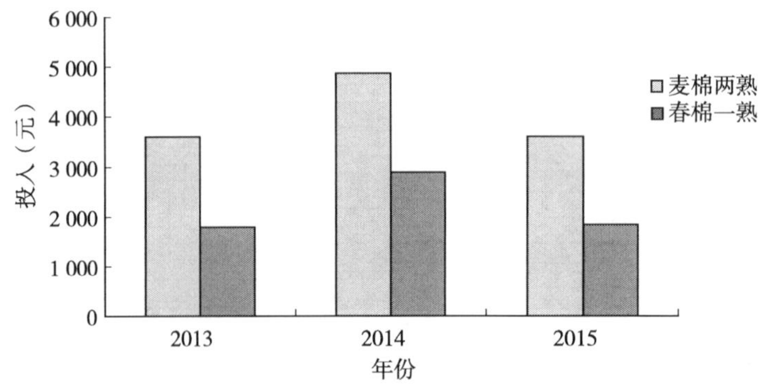

图 3-1-10 两种种植模式每公顷灌溉投入费用对比

4. 人工费用投入分析　随着麦棉两熟模式下小麦机械化收获与棉花机械化播种的实现，其人工投入费用逐年下降，2013—2015 年麦棉两熟模式人工投入分别比春棉一熟模式人工投入高 35.9%、23.3%与 13.5%；人工费用投入的下降是麦棉两熟模式应用推广的前提条件（图 3-1-11）。

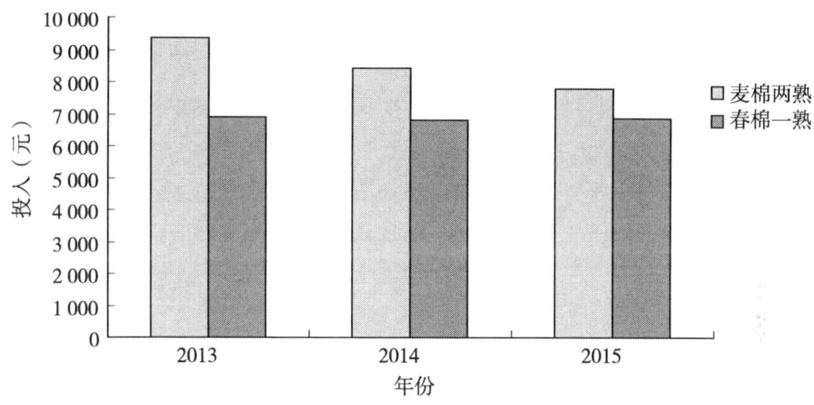

图 3-1-11　两种种植模式每公顷人工投入对比

5. 成本构成分析　在总投入成本中，麦棉两熟模式与春棉一熟模式人工投入仍占最大比例，这与人工工值高有关，春棉一熟模式人工成本占比高于麦棉两熟，这是由于春棉一熟模式总投入低于麦棉两熟模式，物化投入成本仅次于人工成本及灌溉费用，但灌溉费用受气候因素影响较大，机械费用与化学防治费用接近，均占到总投入的 10%左右（表 3-1-36）。

表 3-1-36　两种种植模式投入费用占比（%）

项目	种植模式	2013 年	2014 年	2015 年
物化投入	麦棉两熟	26.0	23.8	25.2
	春棉一熟	22.6	17.8	17.7
机械费用	麦棉两熟	10.2	11.5	12.4
	春棉一熟	8.2	9.8	10.5
化学防治	麦棉两熟	8.9	10.9	11.4
	春棉一熟	9.7	12.5	13.5
灌溉费用	麦棉两熟	15.2	19.8	16.2
	春棉一熟	12.3	17.8	12.3
人工投入	麦棉两熟	39.7	34.1	34.9
	春棉一熟	47.2	42.1	46.0

6. 产值与效益分析 从表3-1-37可知，2013—2015年，小麦与棉花产量均呈上升趋势，而小麦与棉花价格却均呈下降趋势，2015年小麦价格降幅较大，尽管产量增加，但产值却较2014年下降1 008元/hm^2；与小麦价格相比，棉花价格降幅更加明显，直接导致棉花产值持续降低，其中麦棉两熟模式棉花产值2015年较2013年降低20.3%，春棉一熟模式棉花产值2015年较2013年降低20.7%；从两种种植模式纯收益来看，2014年与2015年基本持平，产量增加的收益被价格下降所抵消，而与2013年相比，2015年麦棉两熟模式纯收益降低23.3%，春棉一熟模式则降低38.5%，其中棉花价格的下降是导致纯收益降低的直接原因。与春棉一熟模式相比，2013—2015年麦棉两熟种植模式纯收益分别增加26.0%、57.3%与57.0%，2014年与2015年小麦产值成为麦棉两熟种植模式纯收益大幅高于春棉一熟模式的主要原因，而棉花价格的下降导致春棉一熟模式收益大幅降低。

表3-1-37 每公顷不同种植模式产值与收益

年份	种植模式	小麦产量（kg）	小麦价格（元/kg）	小麦产值（元）	棉花产量（kg）	棉花价格（元/kg）	棉花产值（元）	总投入（元）	纯收益（元）
2013	麦棉两熟	5 850	2.56	14 976	4050	8.00	32 400	23 625	23 751
	春棉一熟	—	—	—	4 185	8.00	33 480	14 625	18 855
2014	麦棉两熟	6 300	2.50	15 750	4 380	6.20	27 156	24 663	18 243
	春棉一熟	—	—	—	4 485	6.20	27 807	16 209	11 598
2015	麦棉两熟	6 825	2.16	14 742	4 613	5.60	25 830	22 365	18 207
	春棉一熟	—	—	—	4 740	5.60	26 544	14 949	11 595

对2013—2015年麦棉套作一年两熟与春棉一熟两种模式下的投入、产出与效益进行了比较研究。结果表明：麦棉两熟种植模式在物化投入、机械费用、灌溉费用、人工投入等方面均高于春棉一熟模式，但小麦与棉花的总产值与纯收益显著高于春棉一熟模式，2013—2015年麦棉两熟模式纯收益较春棉一熟增加26.0%、57.3%与57.0%，不同年份间小麦与棉花价格是影响纯收益的首要因素。麦棉套作一年两熟种植模式在植棉效益大幅下降的背景下具有广阔的发展前景。与春棉一熟模式相比，麦棉套作一年两熟种植模式在物化投入、灌溉费用、机械费用、人工投入等方面虽然均有不同幅度增加，但小麦产值为麦棉两熟模式纯收益提供了保障，在植棉收益大幅降低的背景下，麦棉套作种植模式具有广阔的发展前景。

第二节　冀南棉区麦棉套作种植制度下地力培肥技术措施

一、氮磷钾用量与小麦产量性状

近年来，随着国家对粮食安全问题的日益重视（张元红等，2015；周慧秋等，2005），以及棉花市场的持续低迷，传统一熟棉区棉花种植面积锐减，棉花生产面临着巨大的挑战。在河北省南部的部分高水肥地区，由于光热资源充足，已经具备了麦棉套作一年两熟的条件，因此，发展麦棉套作，提高复种指数，增加棉田收益势在必行。在由棉花一熟向麦棉两熟转变的过程中，如何根据小麦与棉花需肥规律的差异而合理施肥，是麦棉两熟种植模式中的一个重要环节。关于麦棉套作适宜施肥量，前人曾有相关研究，董天浴等（2015）、王瑛等（2006）、董合林等（2015）进行了相关研究，但结果不尽相同，主要原因在于肥料试验受土壤基础地力、气候条件等影响较大。本试验通过研究麦棉套作模式下河北省南部高肥力地块的氮磷钾肥料用量研究，旨在为该地区合理施肥提供理论依据。

1. 氮肥用量对棉花株高及果枝的影响　从表 3-2-1 可知，6 月 15 日不同氮肥用量间棉花株高差异不大，而 7 月 15 日与 8 月 15 日不施氮肥处理的株高低于施氮处理，随施氮量增加，株高有增加趋势；6 月 15 日真叶数除不施氮肥处理偏低外，其他处理间差异不明显，7 月 15 日与 8 月 15 日果枝数结果基本一致，均是不施氮肥处理低于施氮处理，随施氮量增加，果枝数有增加的趋势。这一结果表明，在麦棉套作模式下，不施氮肥会导致土壤中氮素供给不足，抑制棉花营养生长，随着氮肥用量的增加，棉株营养生长量逐渐增大。

表 3-2-1　氮肥用量对棉花生育性状的影响

施氮量 (kg/hm^2)	株高（cm）			主茎真叶（果枝）数		
	6 月 15 日	7 月 15 日	8 月 15 日	6 月 15 日	7 月 15 日	8 月 15 日
0	31.5	80.3	105.1	5.8	7.7	12.0
75	30.4	82.5	113.2	6.1	8.0	12.5
150	31.3	82.3	118.0	6.2	8.2	12.9
225	31.4	83.0	117.9	6.0	8.3	13.4
300	32.6	87.6	119.3	6.1	8.7	13.2

2. 氮肥用量对棉花“三桃”比例的影响 从表 3-2-2 可知，氮肥对伏桃数影响较大，不施氮肥处理伏桃数最少，随着氮肥用量增加，伏桃数增加，而过量施用氮肥又会导致伏桃数量下降；施氮量为 225kg/km² 时伏桃占比最高，而秋桃占比则最低。结果表明，在麦棉套作模式下，可以通过控制氮肥用量调节伏桃比例，达到多结优质成铃的目的。

表 3-2-2 氮肥用量对棉花“三桃”比例的影响

施氮量（kg/hm²）	伏前桃（个）	伏桃（个）	秋桃（个）	伏前桃占比（%）	伏桃占比（%）	秋桃占比（%）
0	0	8.3	15.4	0	35.0	65.0
75	0	9.1	17.0	0	34.9	65.1
150	0	9.2	16.5	0	35.8	64.2
225	0	10.3	16.3	0	38.7	61.3
300	0	9.4	16.6	0	36.2	63.8

3. 氮肥用量对棉花产量性状的影响 从表 3-2-3 可知，氮肥用量对单株铃数、单铃重与籽棉产量均有显著影响，不施氮肥处理显著降低，而不同氮肥量之间差异不显著，施氮量为 225kg/hm² 时，单株铃数和籽棉产量最高，分别为 26.6 个和 4 413kg/hm²，比不施氮肥处理分别增加 2.9 个和 16.9%。氮肥用量对衣分及霜前花率无显著影响。根据以上结果，麦棉套作模式下氮肥用量控制在 225kg/hm² 为宜。

表 3-2-3 氮肥用量对棉花产量及产量性状的影响

施氮量（kg/hm²）	密度（万株/hm²）	单株铃数（个）	单铃重（g）	衣分（%）	霜前花率（%）	籽棉产量（kg/hm²）
0	6.0	23.7b	5.4b	41.0a	71.7a	3 776b
75	6.0	26.1a	5.6a	40.7a	70.2a	4 318a
150	6.0	25.7a	5.7a	40.7a	70.8a	4 334a
225	6.0	26.6a	5.6a	40.7a	72.0a	4 413a
300	6.0	26.0a	5.6a	41.1a	70.6a	4 375a

4. 磷肥用量对棉花生育性状的影响 从表 3-2-4 可知，磷肥对棉花营养生长影响不大，不施磷肥处理棉花株高、真叶数、果枝数与施磷处理基本没有差异，表明在当前土壤肥力下，麦棉套作模式下的土壤中磷素足以供应棉花正常生长需求。

表 3-2-4　磷肥用量对棉花生育性状的影响

施磷量 (kg/hm²)	株高（cm）			主茎真叶（果枝）数		
	6月15日	7月15日	8月15日	6月15日	7月15日	8月15日
0	31.3	81.9	118.3	6.0	7.9	12.9
75	31.5	80.6	117.5	5.8	8.0	12.9
150	30.4	79.1	116.8	5.9	7.7	12.8
225	31.1	82.6	117.2	5.8	7.8	12.9
300	30.1	79.6	119.6	5.9	7.7	12.9

5. 磷肥用量对棉花“三桃”比例的影响　从表 3-2-5 可知，磷肥对棉花三桃比例影响不明显，不同处理棉花伏桃比例为 31.3%～33.8%。

表 3-2-5　磷肥用量对棉花“三桃”比例的影响

施磷量 (kg/hm²)	伏前桃 （个）	伏桃 （个）	秋桃 （个）	伏前桃占比 （%）	伏桃占比 （%）	秋桃占比 （%）
0	0	8.0	15.7	0.0	33.8	66.2
75	0	7.9	16.4	0.0	32.5	67.5
150	0	8.0	15.8	0.0	33.6	66.4
225	0	7.5	15.2	0.0	33.0	67.0
300	0	7.6	16.7	0.0	31.3	68.7

6. 磷肥用量对棉花产量性状的影响　从表 3-2-6 可知，磷肥对单株铃数、单铃重、衣分、霜前花率、籽棉产量均无显著影响，究其原因，主要是土壤中磷素积累量过高，有效磷含量达到了 38.9mg/kg，一方面，这与前些年农民大量施用磷酸二铵有关，而棉花是需磷量很少的作物，因此导致土壤中磷素大量富集；另一方面在麦棉套作模式下，小麦季节施用了较多的磷肥，更加

表 3-2-6　磷肥用量对棉花产量及产量性状的影响

施磷量 (kg/hm²)	密度 （万/hm²）	单株铃数 （个）	单铃重 （g）	衣分 （%）	霜前花率 （%）	籽棉产量 (kg/hm²)
0	6.0	23.7a	5.6a	40.5a	67.5a	3 931a
75	6.0	24.3a	5.7a	40.3a	65.4a	3 933a
150	6.0	23.8a	5.6a	39.9a	63.0a	3 858a
225	6.0	22.7a	5.8a	39.7a	63.2a	3 997a
300	6.0	24.3a	5.6a	40.0a	64.2a	3 956a

弱化了磷肥的效应。据此结果，在麦棉套作模式下，棉花季节可免施磷肥，仅利用上季残留磷素就可满足棉花生长的需要。

7. 钾肥用量对棉花生育性状的影响 从表 3－2－7 可知，钾肥对棉花营养生长效应不明显，不同时期株高不施钾肥处理与施用钾肥处理间无明显差异，真叶数与果枝数亦无明显差异。

表 3－2－7 钾肥用量对棉花生育性状的影响

施钾量（kg/hm^2）	株高（cm）			主茎真叶（果枝）数		
	6月15日	7月15日	8月15日	6月15日	7月15日	8月15日
0	28.4	75.5	115.7	5.9	7.9	12.9
75	29.8	74.0	116.9	5.9	8.0	13.0
150	30.1	75.0	117.6	5.8	7.6	12.4
225	31.2	77.1	116.3	6.0	8.3	12.8
300	30.4	75.3	117.1	6.0	7.8	13.2

8. 钾肥用量对棉花“三桃”比例的影响 从表 3－2－8 可知，钾肥对“三桃”数量与“三桃”比例没有明显的影响，不同钾肥处理间差异不明显。

表 3－2－8 钾肥用量对棉花“三桃”比例的影响

施钾量（kg/hm^2）	伏前桃（个）	伏桃（个）	秋桃（个）	伏前桃占比（%）	伏桃占比（%）	秋桃占比（%）
0	0	8.0	16.0	0	33.3	66.7
75	0	8.9	16.1	0	35.6	64.4
150	0	7.9	15.1	0	34.3	65.7
225	0	8.1	15.5	0	34.3	65.7
300	0	8.2	15.9	0	34.0	66.0

9. 钾肥用量对棉花产量性状的影响 从表 3－2－9 可知，钾肥对棉花单株铃数、单铃重、衣分、霜前花率、籽棉产量均没有显著影响，其中施钾量为 75kg/hm^2时单株铃数与产量最高。试验土壤速效钾含量高达 285.8mg/kg，是导致钾肥效应不明显的主要因素，一方面是黏土地中普遍存在钾素含量偏高的现象，另一方面是近年来在棉花施肥中鼓励多施钾肥，对于棉花来说土壤钾素已处于过量水平。根据籽棉钾素含量及棉花产量计算得出，公顷产 4 000kg 籽棉需从土壤中带走 K_2O 约 40kg，在高肥力地块麦棉套作模式下，棉花季节钾

肥用量控制在 75kg/hm^{2}左右完全可满足棉花生长需要。

表 3-2-9　钾肥用量对棉花产量及产量性状的影响

施钾量 (kg/hm^2)	密度 (万株/hm^2)	单株铃数	单铃重 (g)	衣分 (%)	霜前花率 (%)	籽棉产量 (kg/hm^2)
0	6.0	24.0a	5.6a	40.5a	63.3a	3 835a
75	6.0	25.0a	5.8a	40.7a	66.9a	4 006a
150	6.0	23.0a	5.6a	40.3a	61.8a	3 894a
225	6.0	23.6a	5.7a	40.5a	62.8a	3 970a
300	6.0	24.1a	5.8a	40.0a	63.2a	3 979a

肥料试验结果受土壤基础地力、气候条件影响较大，因此在不同地区试验结果往往大相径庭；在河北省南部高肥力地块进行，结果显示，氮肥对棉花营养生长具有明显促进作用，提高了单株铃数、单铃重与籽棉产量，磷钾肥则无增产效果，其原因可能与下列因素有关，一是在传统一熟棉区，前些年经历了重施磷肥（主要是磷酸二铵、过磷酸钙等）阶段（董合林，2007），由于棉花对磷肥的需要量较少，因此导致土壤中富集了大量的磷素，近年来，随着转基因棉花品种的推广，其需钾量大的特点被广泛认知（展曼曼等，2012），棉田大量增施钾肥，导致棉田钾素含量逐渐上升，而氮素由于易分解（朱兆良，2000；李欠欠等，2015），同时存在反硝化等作用（张玉铭等，2005），在土壤中较难累积；二是试验田土壤磷素与钾素含量均处于相当高的水平，影响到了试验结果。因此，在由棉田一熟制向麦棉两熟模式转变的过程中，氮肥表现出了明显的增产效果，而磷钾肥则未表现出增产效果；考虑到麦棉套作模式下小麦季节施用磷肥较多，而棉花对磷素吸收量小的特点，在棉花季节可免施磷肥，尽管钾肥同样未表现出增产效应，但转基因抗虫棉品种需钾量较大，因此，根据籽棉钾素含量（蔡立旺等，2014）及棉花产量计算出棉花季节钾素的田间移出量，推荐钾肥用量控制在 75kg/hm^2，可实现土壤钾素的平衡，有利于土壤肥力的维持，氮肥用量则控制在 225kg/hm^2 为宜。氮肥促进棉花营养生长，棉花单株铃数、单铃重、籽棉产量均显著提高，磷钾肥则无增产效果。综上所述，在河北省南部高肥力地块，麦棉套作模式下棉花季节合理肥料用量为 N 225kg/hm^2、K_2O 75kg/hm^2，免施磷肥。

二、施氮量

20 世纪 50 年代，麦棉两熟种植制度首先出现在我国的长江流域棉区，为冬小麦（元麦）棉花直播模式（中国农业科学院棉花研究所，1999）。20 世纪 60 年代，以麦棉套种为主的麦棉两熟种植制度首先出现在豫东南和淮河北部棉区，并逐步向北扩展，1976 年北方 6 省市麦棉两熟种植模式占棉田总面积的 15%左右（刁光中，1990）。20 世纪 80 年代中期，随着棉花早熟品种和地膜覆盖技术的推广，麦棉两熟种植制度进入快速发展期，仅河南（含南襄盆地）、山东两省的种植面积已达到 123.3 万 hm^2，占全国麦棉两熟种植制度总面积的 57.2%（王国平等，2012）。20 世纪 90 年代后，随着技术进一步熟化和品种的更新，麦棉两熟种植制度成为黄河流域主要种植模式（何旭平等，2007）。然而，随着小麦联合收割机的应用，麦棉套作种植模式由于不适应小麦联合收割机的使用而导致面积迅速萎缩。关于麦棉套作模式下氮肥对小麦产量影响的相关研究较少。近年来，随着粮棉争地矛盾的日益尖锐（杜珉等，2009），麦棉套作种植模式被重新提及，在解决了小麦联合收割机应用问题后，麦棉套作模式推广前景广阔。拟通过研究河北冀南地区麦棉套作模式下不同施氮量对小麦产量与肥料利用效率的影响，在为明确麦棉套作模式适宜的施氮量提供依据。

1. 施氮量对孕穗期小麦旗叶 SPAD 值的影响 施氮处理的小麦旗叶叶绿素含量均大于不施氮处理（CK）。当施氮量≤180kg/hm^2时，随着施氮量的增加，小麦旗叶叶绿素含量逐渐增加；当施氮量≥180kg/hm^2，随着施氮量增加，叶绿素含量增加不明显。以上表明，施氮量≤180kg/hm^2时，增加施氮量有利于提高小麦旗叶叶绿素含量，这对于提高叶片光合能力，促进小麦灌浆十分有利；当施氮量为 180kg/hm^2，土壤中氮素供应可以满足小麦生长需求，随施氮量的进一步增加，小麦旗叶叶绿素含量值趋于稳定（图 3-2-1）。

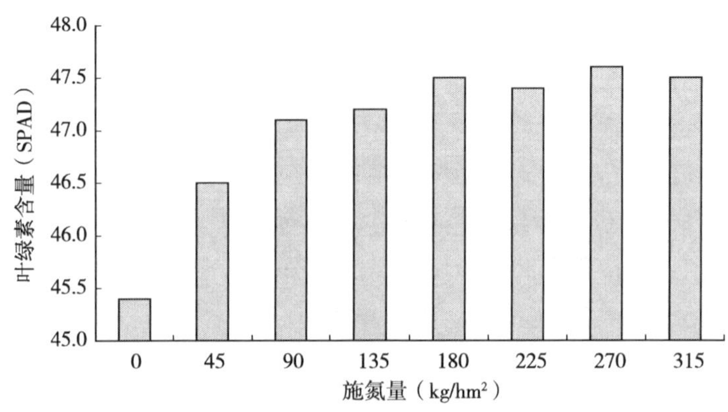

图 3-2-1 不同氮肥处理的小麦 SPAD

2. 施氮量对孕穗期小麦植株干重及氮素吸收的影响 施氮处理的小麦植株干重、氮素吸收量和含氮量均大于CK，且均随着施氮量的增加呈增加趋势。其中施氮量315kg/hm^{2}处理的小麦干重最大，较CK增加11.8%，且显著大于其他处理；施氮量180～270kg/hm^{2}处理的植株干重显著大于施氮量45～135kg/hm^{2}处理。施氮量≤180kg/hm^{2}时，各施氮处理间的小麦氮素吸收量差异显著；施氮量≥180kg/hm^{2}时，各施氮处理间差异不显著，且除施氮量225kg/hm^{2}与135kg/hm^{2}差异不显著外，均显著大于施氮量45～135kg/hm^{2}处理。施氮用量≤135kg/hm^{2}时，各施氮处理间的小麦植株含氮量差异显著；在施氮量≥135kg/hm^{2}时，植株含氮量保持在2.50%～2.53%，且差异均不显著，但显著大于施氮量45～90kg/hm^{2}处理。施氮量45kg/hm^{2}处理的小麦植株干物质积累量、氮素吸收量和植株氮素含量与CK差异均不显著。施用氮肥可以促进小麦干物质的积累和氮素的吸收，为小麦籽粒产量的增加提供物质基础，且随施氮量的增加，干物质积累量、植株氮含量及总氮素吸收量均呈增加趋势。其中施氮量在45～180kg/hm^{2}时，增加施氮量可显著促进小麦生长和氮素的吸收；施氮量>180kg/hm^{2}时，随施氮量的增加，植株干重、氮素吸收量和植株含氮量增加均不显著。

从表3-2-10可知，施氮处理的小麦籽粒氮素吸收量和氮素含量均显著大于CK。随着施氮量增加，小麦籽粒氮素吸收量呈先增加后降低趋势，以施氮量225kg/hm^{2}处理最高，其中施氮量180～315kg/hm^{2}处理的籽粒氮素显著大于施氮量45～135kg/hm^{2}处理。随着施氮量增加，小麦籽粒氮素含量呈增加趋势，其中施氮量225～315kg/hm^{2}处理的籽粒氮素含量保持在2.290%～2.295%，且显著大于施氮量45～180kg/hm^{2}处理。以上表明，施氮有利提高小

表3-2-10 不同氮肥处理孕穗期小麦旗叶SPAD、植株干重及氮素吸收量

施氮量(kg/hm^2)	植株干重(kg/hm^2)	氮素吸收量(kg/hm^2)	植株氮素含量(%)	籽粒氮素吸收量(kg/hm^2)	籽粒氮素含量(%)
0 (CK)	2 875d	59.3d	2.06c	133.5c	2.179d
45	2 925d	61.2d	2.09c	144.1b	2.238c
90	3 075c	71.8c	2.34b	150.7b	2.239c
135	3 063c	76.6b	2.50a	149.2b	2.249bc
180	3 146b	79.3a	2.52a	155.4a	2.268b
225	3 138b	78.8ab	2.51a	159.4a	2.290a
270	3 150b	79.7a	2.53a	156.7a	2.289a
315	3 213a	80.3a	2.50a	155.7a	2.295a

麦籽粒氮素吸收量与氮素含量，这对于提高小麦籽粒蛋白质含量及小麦籽粒产量具有正向作用，且随施氮量的增加呈增加趋势，但施氮量＞270kg/hm²时籽粒氮素吸收量反而降低，不利小麦籽粒氮素的吸收。

3. 施氮量对小麦氮素利用效率的影响 从表 3－2－11 可知，氮素农学效率和生产效率均以不施氮处理最高，且随施氮量的增加呈降低趋势。其中，施氮量 45kg/hm²和 90kg/hm²处理的氮素农学效率差异不显著，但均显著大于其他施氮处理；施氮量 135～225kg/hm²处理的氮素农学效率差异不显著，但均显著大于施氮量 270～315kg/hm²处理。施氮量 45kg/hm²和 90kg/hm²处理的氮素生产效率差异显著，且均显著大于其他施氮处理；施氮量 135～225kg/hm²处理的氮素生产效率差异不显著，但施氮量 135kg/hm²和 180kg/hm²处理显著大于施氮量 270kg/hm²和 315kg/hm²处理。表明，施氮量的增加可导致氮素农学效率和生产效率降低。

表 3－2－11　不同氮肥处理小麦籽粒氮素吸收量及利用效率

施氮量（kg/hm²）	氮素农学效率（%）	氮素生产效率（%）
0（CK）	—	—
45	6.9a	143.1a
90	6.7a	74.8b
135	3.8b	49.2c
180	4.0b	38.1c
225	3.7b	30.9cd
270	2.7c	25.4d
315	2.1c	21.5d

4. 施氮量对小麦产量和产量性状的影响 从表 3－2－12 可知，施氮处理的小麦单位面积穗数、穗粒数、千粒重和产量均大于不施氮处理（CK），除单位面积穗数外均与不施氮处理差异显著；随施氮量的增加，产量性状和产量均呈先增加后降低趋势，以施氮量 225kg/hm²处理的单位面积穗数、穗粒数和产量最大，以施氮量 270kg/hm²处理的千粒重最高。施氮量 180～315kg/hm²处理的产量性状和产量差异均不显著，其中该施氮范围内的单位面积穗数和千粒重、施氮量 225～315kg/hm²处理的穗粒数以及施氮量 180～270kg/hm²处理的产量均显著大于其他施氮处理。麦棉套作模式下，在一定施氮量范围内，施氮量的增加有利提高小麦单位面积穗数、穗粒数和千粒重，从而提高小麦产量，但当施氮量超过 225kg/hm²后，继续增加施氮量并不会持续提高小麦产量，反

而导致小麦单位面积穗数、穗粒数降低，从而导致产量下降。

表 3－2－12　不同氮肥处理小麦产量与产量构成

施氮量（kg/hm²）	单位面积穗数（万穗/hm²）	穗粒数（粒/穗）	千粒重（g）	产量（kg/hm²）
0（CK）	431.8c	32.0c	40.6c	6 126d
45	439.4c	33.2b	41.2b	6 438c
90	462.4b	33.9b	42.5b	6 729b
135	468.4b	33.9b	43.1b	6 636b
180	489.1a	34.2ab	45.3a	6 854a
225	490.1a	35.6a	45.3a	6 959a
270	481.4a	35.0a	45.9a	6 846a
315	489.3a	35.1a	45.0a	6 786ab

叶绿素分析仪（SPAD）通过测量叶片在 2 种（650nm 和 940nm）波长范围内的透光系数来确定叶片当前叶绿素的相对含量，并可通过 SPAD 值诊断小麦的氮营养状况（朱艳等，2008；朱新开等，2005），被广泛应用于作物氮素管理及作物品质的预测研究（赵犇等，2013）。施氮量≤180kg/hm²时，增加施氮量有利于显著提高小麦旗叶叶绿素含量和小麦植株干重，促进氮素吸收，延缓植株衰老；当施氮量达到 180kg/hm²后，土壤中氮素供应可以满足小麦生长需求，施氮量进一步增加，小麦旗叶叶绿素含量和小麦植株干重趋于稳定，以上结论与谢华等（2003）研究结果一致。

氮肥对小麦产量有显著影响，通过显著提高小麦单位面积穗数、穗粒数、结实率和千粒重而提高产量（崔振岭等，2005；叶优良等，2010；高凤云等，2011）。叶优良等（2010）认为，随着施氮量的增加，小麦千粒重和穗粒数都显著增加，但当施氮量超过 90kg/hm²后，穗粒数增加不显著，施氮量超过 180kg/hm²后千粒重增加不显著，单位面积穗数也无显著差异。在一定施氮量范围内，随着施氮量的增加，单位面积穗数、穗粒数和千粒重均呈逐渐增加趋势，但当施氮量超过 225kg/hm²后，继续增加施氮量并不会持续提高小麦产量，反而导致小麦单位面积穗数、穗粒数降低，从而导致产量下降。小麦籽粒氮素吸收量与籽粒产量规律一致，过量增施氮肥，籽粒氮素吸收量反而降低，这可能与过量施用氮肥导致小麦植株营养生长过旺，氮素在植株与籽粒中的分配失衡有关。随着施氮量的增加，氮肥农学效率与生产效率均呈持续降低的趋势。

麦棉套作种植模式下小麦季的适宜施氮量为 180～225kg/hm²。该施氮水平下，小麦产量、旗叶叶绿素含量、植株干重及氮素吸收、小麦籽粒氮素吸收和含氮量均较高。由于肥料试验结果受土壤基础地力条件影响较大，因此，该试验结果仅适用于当地土壤与生产条件，不同地区的麦套棉模式适宜施氮量则需要进行试验确定。

施氮处理的小麦旗叶叶绿素含量、植株干重、氮素吸收量和含氮量均大于CK，且均随着施氮量的增加呈增加趋势。其中当施氮量≤180kg/hm²时，随着施氮量增加，各指标值显著增加；当施氮量≥180kg/hm²，除植株干重在高施氮水平下增加显著外，其他各指标值差异均不显著。氮素农学效率和生产效率均以不施氮处理最高，且随施氮量的增加呈降低趋势。在一定施氮量范围内，随着施氮量的增加，单位面积穗数、穗粒数和千粒重均呈逐渐增加趋势，但当施氮量超过225kg/hm²后，继续增加施氮量并不会持续提高小麦产量，反而导致小麦单位面积穗数、穗粒数降低，从而导致产量下降。小麦籽粒氮素吸收量与籽粒产量规律一致，过量增施氮肥，籽粒氮素吸收量反而降低。综合考虑产量和成本，麦棉套作种植模式下小麦季的适宜施氮量为180～225kg/hm²。

三、氮磷钾用量与棉花产量性状

孙鹏等（1994）、杨利等（2012）、董合林等（2014）分别在多地进行了麦棉套作种植模式下氮磷钾肥料用量相关试验，但河北地区未见相关研究报道。本文拟通过研究河北省南部高肥力地块麦棉套作模式下不同氮磷钾肥料对小麦产量的影响，为明确麦棉套作模式适宜的施肥量提供依据。

1. 氮肥用量对小麦分蘖及成穗数的影响 由表3-2-13可知，氮肥对小麦分蘖及成穗数影响显著，孕穗期总茎数不施氮肥处理显著低于施氮处理，随

表3-2-13 不同氮肥用量小麦分蘖及成穗数

施氮量（kg/hm²）	基本苗（万/hm²）	孕穗期茎数（万/hm²）	穗数（万/hm²）	单株分蘖成穗数
N1	382a	833c	575b	1.51a
N2	379a	957b	587ab	1.55a
N3	385a	1 062a	594a	1.54a
N4	392a	1 075a	606a	1.55a
N5	377a	1 108a	605a	1.60a

注：N1：0kg/hm²，N2：75kg/hm²，N3：150kg/hm²，N4：225kg/hm²，N5：300kg/hm²；注：表中同列数据后英文字母不同，表示在5%水平上差异显著。下同。

着施氮量的增加，总茎数呈逐渐增加的趋势，但 N3（150kg/hm²）、N4（225kg/hm²）、N5（300kg/hm²）三个施氮量处理间差异不显著，收获期穗数 N1（0kg/hm²）显著低于 N3、N4、N5 三个处理，而四个施氮处理间差异不显著；单株分蘖成穗数随施氮量增加有增加的趋势。

2. 氮肥用量对小麦产量及产量构成的影响　从表 3-2-14 可知，小麦单位面积成穗数随着氮肥用量的增加有增加的趋势，不施氮肥处理显著低于 N3、N4、N5 三个处理，但与 N2（75kg/hm²）差异不显著，穗粒数与千粒重受氮肥影响规律相似，均是 N1 与 N2 之间差异不显著，但显著低于三个高氮处理，而三个高氮处理间则差异不显著；从产量结果看，与不施氮肥处理相比，N2、N3、N4、N5 四个处理分别增产 4.4%、6.0%、7.3%与 7.8%，但 N4 与 N5 间产量差异不显著。这一结果表明，在麦棉套作模式下，氮肥对小麦产量有正向作用，增施氮肥可以起到提高小麦产量的作用，小麦氮肥用量不宜低于 225kg/hm²，控制在 225～300kg/hm² 为宜。

表 3-2-14　不同氮肥用量小麦产量与产量构成

施氮量（kg/hm²）	穗数（万/hm²）	穗粒数	千粒重（g）	产量（kg/hm²）
N1	575b	39.4b	40.6b	7 071c
N2	587ab	39.9b	41.1b	7 384b
N3	594a	41.0a	42.4a	7 492b
N4	606a	41.2a	42.0a	7 590a
N5	605a	41.3a	42.3a	7 624a

3. 磷肥用量对小麦分蘖及成穗数的影响　从表 3-2-15 可知，磷肥用量对小麦孕穗期总茎数与收获期穗数影响不显著，不施磷肥处理与施用磷肥各处

表 3-2-15　不同磷肥用量小麦分蘖及成穗数

施磷量（kg/hm²）	基本苗（万/hm²）	孕穗期茎数（万/hm²）	穗数（万/hm²）	单株分蘖成穗数
P1	386	1 072a	569a	1.48
P2	377	1 101a	576a	1.52
P3	385	1 098a	582a	1.50
P4	392	1 112a	573a	1.46
P5	379	1 097a	577a	1.50

注：P1：0kg/hm²，P2：75kg/hm²，P3：150kg/hm²，P4：225kg/hm²，P5：300kg/hm²。

理间差异均不显著，单株分蘖数各处理间相差不大，这一结果表明，在当前土壤基础磷素含量下，磷素不是限制小麦分蘖成穗的因素。

4. 磷肥用量对小麦产量及产量构成的影响 从表3-2-16可知，不同磷肥用量对单位面积穗数影响不显著，但提高了穗粒数与千粒重，不施磷肥处理穗粒数与千粒重最低，且显著低于施磷处理，但施用磷肥四个处理间差异不显著；从产量结果来看，施用磷肥具有一定的增产效果，P2（75kg/hm^2）、P3（150kg/hm^2）、P4（225kg/hm^2）、P5（300kg/hm^2）四个处理分别增产3.0%、5.4%、2.1%与4.1%，其增产效果明显低于氮肥处理。这一结果可能与麦棉套作模式下棉花需磷量低，大量磷素残留于土壤当中，导致土壤磷素含量较高有关。根据小麦籽粒磷素含量及小麦产量可推算出P_2O_5磷素田间移出量约为105kg/hm^2，因此，磷肥用量控制在150kg/hm^{2}即可。

表3-2-16 不同磷肥用量小麦产量与产量构成

施磷量（kg/hm^2）	穗数（万/hm^2）	穗粒数	千粒重（g）	产量（kg/hm^2）
P1	569a	38.0b	40.5b	6 881b
P2	576a	39.6a	41.8a	7 087a
P3	582a	41.1a	42.4a	7 250a
P4	573a	40.1a	42.3a	7 028a
P5	577a	40.3a	42.1a	7 166a

5. 钾肥用量对小麦分蘖、成穗数、产量及产量构成的影响 从表3-2-17和表3-2-18可知，钾肥用量对小麦孕穗期总茎数与收获期穗数影响不显著，不施钾肥处理与施用钾肥各处理间差异均不显著；钾肥对小麦穗粒数与千粒重亦无显著影响，不施钾肥处理小麦产量并未降低。这一结果表明钾肥在麦棉套作模式下对小麦不具有增产作用。一方面，可能与土壤中钾素含量偏高有关，另一方面，棉花由于需钾量较高，在棉花季节一般会施入较多钾肥，其残留钾素完全可以满足小麦生长需求，而小麦对钾素吸收量极低，故钾肥对小麦生长无明显作用。在麦棉套作模式下，棉花季节重施钾肥的情况下，小麦季节可不施钾肥。

在由传统一熟棉田种植模式向麦棉套作一年两熟种植模式的转变过程中，如何进行肥料运筹是农技推广者普遍关心的问题，前人也曾做过相关研究，但不同地区结果差异较大，杨利等（2012）对湖北省潜江市麦棉套作方式下的小麦施肥技术进行了田间试验，提出小麦适宜施肥量为N 130～210kg/hm^2、

P_2O_5 40～70kg/hm^2、K_2O 40～60kg/hm^2，孙鹏等（1994）在山东省淄博市桓台县试验结果表明，在高肥力地块下，小麦推荐施肥量为 N 225kg/hm^2、P_2O_5 110kg/hm^2、K_2O 135kg/hm^2，不同地区所得结果相差甚大，这是由于基础地力与气候条件差别较大。在河北省南部高肥力地块，氮肥具有明显的增产效果，纯氮推荐用量为 225～300kg/hm^2，磷肥具有一定的增产效果，但效应低于氮肥，P_2O_5 用量控制在 150kg/hm^2，钾肥无增产效果，在棉花季节重施钾肥的情况下，小麦季节无需再施用钾肥。氮肥对小麦具有显著的增产作用，单位面积穗数、穗粒数、千粒重及产量随施氮量增加而增加，磷肥具有一定的增产效果，钾肥无增产效果。在河北省南部高肥力地块，麦棉套作小麦适宜肥料用量为 N 225～300kg/hm^2、P_2O_5 150kg/hm^2，免施钾肥。

表 3-2-17　不同钾肥用量小麦分蘖及成穗数

施钾量（kg/hm^2）	基本苗（万/hm^2）	孕穗期茎数（万/hm^2）	穗数（万/hm^2）	单株分蘖成穗数
K1	388	1 126a	549a	1.41
K2	393	1 132a	554a	1.41
K3	377	1 168a	556a	1.47
K4	372	1 135a	561a	1.51
K5	384	1 177a	551a	1.43

注：K1：0kg/hm^2，K2：75kg/hm^2，K3：150kg/hm^2，K4：225kg/hm^2，K5：300kg/hm^2。

表 3-2-18　不同钾肥用量小麦产量与产量构成

施钾量（kg/hm^2）	穗数（万/hm^2）	穗粒数（粒/穗）	千粒重（g）	产量（kg/hm^2）
K1	549a	41.7a	41.0a	6 987a
K2	554a	41.0a	40.3a	6 885a
K3	556a	41.5a	41.7a	6 911a
K4	561a	40.2a	42.0a	6 895a
K5	551a	41.8a	41.6a	6 913a

参考文献

安玉林，2006. 边、内行小麦的灌浆特性以及与产量的关系［J］. 种子世界（8）：32-33.

安学军，邢志华，李宝佳，等，2011. 不同播期、播量对保麦 10 号产量形成特性的影响［J］. 农业科技通讯（7）：89-91.

蔡立旺，陈源，王永慧，等，2014. 棉花钾素吸收利用效率与产量的关系 [J]. 江苏农业学报 (5)：972－979.

陈雨海，余松烈，于振文，1999. 小麦边际效应的研究 [J]. 山农农业大学学报，32 (4)：431－434.

陈留根，刘红江，沈明星，等，2015. 不同播种方式对小麦产量形成的影响 [J]. 江苏农业学报，31 (4)：786－791.

崔振岭，石立委，徐久飞，等，2005. 氮肥施用对冬小麦产量、品质和氮素表观损失的影响研究 [J]. 应用生态学报，16 (11)：2071－2075.

刁光中，1990. 黄淮海棉区麦棉两熟研究现状和展望 [J]. 中国棉花 (1)：6－8.

邓祥顺，秦新敏，刘敏彦，2009. 中国棉业科技进步 30 年——河北篇 [J]. 中国棉花，36 (S)：7－11.

董合林，2007. 我国棉花施肥研究进展 [J]. 棉花学报，19 (5)：378－384.

董合林，李鹏程，刘爱忠，等，2014. 河南植棉区施氮量对麦棉两熟产量及氮肥利用率的影响 [J]. 棉花学报，26 (1)：73－80.

董合林，李鹏程，刘敬然，等，2015. 钾肥用量对麦棉两熟制作物产量和钾肥利用率的影响 [J]. 植物营养与肥料学报，21 (5)：1159－1168.

董天浴，邵珠合，李国全，等，2015. 菏泽市麦套棉氮磷钾肥用量研究 [J]. 安徽农业科学，43 (24)：71－72.

杜珉，刘锐，2009. 我国粮棉争地问题浅析——基于宏观数据分析 [C]. //2009’中国国际棉花会议论文集：118－126.

方大法，2004. 小麦倒伏原因浅析及预防对策 [J]. 安徽农学通报，10 (2)：30，42.

冯盛烨，王光禄，王怀恩，等，2016. 种植密度与施肥量对小麦抗倒伏性能的影响 [J]. 山东农业科学，48 (6)：50－53.

高凤云，徐广辉，居立海，等，2011. 不同氮磷钾肥配比对小麦产量和肥料利用率的影响 [J]. 安徽农学通报，17 (23)：68－69，93.

霍克斌，郑彦平，1991. 完善棉麦两熟种植确保粮棉稳步双增 [J]. 河北农业科学 (10)：4－6.

何旭平，纪从亮，2007. 现代中国棉花育种与栽培概论 [M]. 北京：中国农业科学技术出版社.

呼孟银，段兵，杜开志，1998. 麦套春棉麦棉共生期水分变化动态研究 [J]. 山东农业科学 (2)：13－16.

李娜娜，田奇卓，裴艳婷，等，2007. 播种方式对两类小麦品种分蘖成穗及其产量构成的影响 [J]. 麦类作物学报，27 (3)：508－513.

李兰真，汤景华，汤新海，等，2007. 不同类型小麦品种播期、播量研究 [J]. 河南农业科学 (11)：38－41.

李艳，刘爱婷，刘玢，2013. 河北邢台黑龙港地区棉花生产中的问题及对策 [J]. 中国棉花，40（10）：37.

李悦有，翟黎芳，卢川，2016. 河北棉区的棉花生产现状及发展策略分析［J］. 棉花科学，38（3）：8－13.

李欠欠，李雨繁，高强，等，2015. 传统和优化施氮对春玉米产量、氨挥发及氮平衡的影响［J］. 植物营养与肥料学报，21（3）：571－579.

刘安能，刘祖贵，周新国，等，2005. 麦棉套作小麦边际效应与生态效应［J］. 山地农业生物学报，24（6）：471－476.

刘锋，孙本普，李秀云，等，2008. 麦套春棉对棉花生态环境及生育动态的影响［J］. 安徽农业科学，36（17）：7180－7182.

刘保华，苏玉环，申景梅，等，2012. 冀南麦区小麦适宜播种方式研究［J］. 河北农业科学，16（8）：9－14.

刘萍，魏建军，张东升，等，2013. 播期和播量对滴灌冬小麦群体性状及产量的影响［J］. 麦类作物学报，33（6）：1202－1207.

罗家传，崔晓东，吴秋燕，等，2011. 小麦品种泛麦 8 号播期播量试验［J］. 河南农业科学，40（7）：48－50.

马小凤，栾春荣，周振元，等，2010. 不同播期播量对小麦生长发育的影响［J］. 安徽农学通报，16（1）：84－86.

毛树春，薛中立，相汝献，1993. 麦棉两熟套种不同配置方式效益分析［J］. 农业技术经济（4）：48－49.

乔蕊清，刘新月，卫云宗，2001. 冬小麦撒播简化高产栽培技术的研究与应用［J］. 麦类作物学报，21（3）：84－86.

孙鹏，隋方功，魏元秀，等，1994. 麦棉一体化栽培氮磷钾肥料运筹技术的研究［J］. 莱阳农学院学报，11（3）：181－185.

孙本普，张宝民，王勇，等，1995a. 麦套春棉光照强度动态变化的研究［J］. 生态学杂志，14（3）：15－18.

孙本普，张宝民，李秀云，等，1995b. 麦套春棉土壤相对含水量动态变化的研究［J］. 中国农业气象，16（3）：33－36.

孙本普，李秀云，王勇，等，1997. 麦套春棉对棉花生态环境及生长影响的研究［J］. 生态学报，17（4）：426－435.

孙磊，陈兵林，周治国，2006. 麦棉套作系统中小麦根区化感物质对棉苗生长的影响［J］. 棉花学报，18（4）：213－217.

孙磊，陈兵林，周治国，2007. 麦棉套作 Bt 棉花根系分泌物对土壤速效养分及微生物的影响［J］. 棉花学报，19（1）：18－22.

宋美珍，毛树春，张朝军，等，1999. 黄淮棉区棉麦两熟不同配置方式地温变化规律［J］. 中国棉花，26（6）：10－11.

王瑛，周治国，陈兵林，等，2006. 麦棉套作复合根系群体对棉株氮素吸收与分配的影响

[J]. 应用生态学报，17 (12)：2341－2346.
王瑛，王立国，陈兵林，等，2007. 麦棉共生期间棉花根系的生理特性研究 [J]. 棉花学报，19 (6)：446－449.
王夏，胡新，孙忠富，等，2011. 不同播期和播量对小麦群体性状和产量的影响 [J]. 中国农学通报，27 (21)：170－176.
王树林，林永增，祁虹，等，2010. 冀南地区不同密度对棉花生长发育及产量品质的影响 [J]. 山东农业科学 (11)：24－27.
王树林，祁虹，张谦，等，2011. 不同熟性棉花品种在冀南棉区的适应性分析 [J]. 河北农业科学，15 (5)：9－10，64.
王树林，祁虹，王燕，等，2015. 麦棉套作模式下播量对小麦边行优势与产量的影响 [J]. 河南农业科学，44 (7)：22－24，28.
王树林，刘文艺，祁虹，等，2016. 多雨寡照年份适宜麦棉套作的棉花品种筛选 [J]. 河北农业科学，20 (2)：63－66，83.
王国平，毛树春，韩迎春，等，2012. 中国麦棉两熟制度的研究 [J]. 中国农学通报，28 (6)：14－18.
王晓媛，冀红，2016. 河北棉花生产形势统计分析及建议 [J]. 中外企业家 (18)：27.
吴文平，范贵国，2000. 小麦包衣种播量试验初报 [J]. 耕作与栽培 (3)：22－23.
谢华，沈荣开，徐成剑，等，2003. 水、氮效应与叶绿素关系试验研究 [J]. 中国农村水利水电 (8)：40－43.
杨铁刚，黄树梅，刘佩霞，等，2000. 麦棉套种形式对小麦产量的影响 [J]. 河南农业科学 (2)：3－5.
杨兵，孔德友，周红兵，2000. 不同播量对小麦产量的影响 [J]. 安徽农学通报，6 (3)：40－41.
杨利，丁亨虎，范先鹏，等，2012. 江汉平原麦棉套种方式下小麦施肥模型的建立及其应用研究 [J]. 湖北农业科学，51 (14)：2932－2937.
叶优良，王桂良，朱云集，等，2010. 施氮对高产小麦群体动态、产量和土壤氮素变化的影响 [J]. 应用生态学报，21 (2)：351－358.
翟学军，李悦有，2007. 超早熟短季棉新材料创制及麦后直播技术研究 [J]. 农业科技通讯 (3)：13－14.
展曼曼，王宁，田晓莉，2012. 棉花钾营养效率的基因型差异研究进展 [J]. 棉花学报，24 (2)：176－182.
张金帮，张兰，孙本普，等，2005. 麦套春棉对棉花生育动态的影响 [J]. 江西棉花，27 (4)：15－19.
张玉铭，胡春胜，董文旭，2005. 华北太行山前平原农田氨挥发损失 [J]. 植物营养与肥料学报，11 (3)：417.
张元红，刘长全，国鲁来，2015. 中国粮食安全状况评价与战略思考 [J]. 中国农村观察

(1)：14 - 27.

赵秉强，余松烈，李凤超，等，1997. 冬小麦边际效应研究［J］. 耕作与栽培（4）：4 - 7.

中国农业科学院棉花研究所，1999. 棉花优质高产的理论与技术［M］. 北京：中国农业出版社.

中国农业科学院棉花研究所，2013. 中国棉花栽培学［M］. 上海：上海科学技术出版社.

周治国，孟亚利，施培，2001. 棉麦两熟共生期遮阴对棉苗生长发育的影响［J］. 西北植物学报，21（3）：474 - 480.

周慧秋，侯金华，2005. 关于我国粮食安全的几点思考［J］. 哈尔滨商业大学学报（2）：14 - 16.

赵犇，姚霞，田永超，等，2013. 基于上部叶片 SPAD 值估算小麦氮营养指数［J］. 生态学报，33（3）：916 - 924.

朱艳，刘小军，谭子辉，等，2008. 冬小麦叶色动态的量化研究［J］. 中国农业科学，41（11）：3851 - 3857.

朱新开，盛海君，顾晶，等，2005. 应用 SPAD 值预测小麦叶片叶绿素和氮含量的初步研究［J］. 麦类作物学报，25（2）：46 - 50.

朱兆良，2000. 农田中氮肥的损失与对策［J］. 土壤与环境，9（1）：1 - 6.

第四章

冀南棉区粮棉轮作种植制度及地力提升培肥技术

第一节　冀南棉区粮棉轮作种植制度栽培要点

一、粮棉轮作品种筛选

（一）棉花品种筛选

河北省南部地区传统农作物以棉花为主，但一直存在着粮棉争地矛盾（刁光中，1990；中国农业科学院棉花研究所，1999），一方面，近年来，随着水利条件的改善以及植棉收益的下降，该地区棉花种植面积减少，粮食种植面积增加（王树林等，2015；祁虹等，2016）；而另一方面，冀南地区存在地下水资源不足的问题，国家大力限制地下水的开采，成为粮食作物种植的限制因素（石晨阳等，2012）。从自然条件来看，该地区无论是天然降雨还是热量资源，均存在种植一季棉花有余，种植小麦棉花两熟不足的问题，因此，结合该地区生产实际，开展棉花—小麦—玉米两年三熟种植模式（王树林等，2016a，2016b，2016c，2016d），既有利于减少地下水开采，又可兼顾农民收益。因此，在粮棉轮作两年三熟种植模式下，开展了适宜轮作模式的棉花品种筛选，筛选出适宜轮作模式的棉花早熟品种，为确定适宜的棉花品种提供试验依据。

1. 不同棉花品种的株高与果枝数　株高与果枝数可作为棉花营养生长状况的衡量指标，只有营养生长与生殖生长平衡才能获得高产，营养生长不足或者过剩都会对棉花产量造成不利影响。从图 4－1－1 和图 4－1－2 可以看出，冀 228 与鲁棉研 21 株高均超过 100cm，中棉所 89 与冀丰 1271 株高分别为 99.2cm 与 98.3cm，而冀杂 1 号与邯 102 株高相对较低；除邯 102 果枝数偏低外（11.9 台），其他品种差异不大，均在 12.8～13.1 台。

2. 不同棉花品种的“三桃”比例　“三桃”比例基本上能够反映出棉花经济产量在时间进程上的分配关系，对于衡量品种是否适应某一地区的气候条

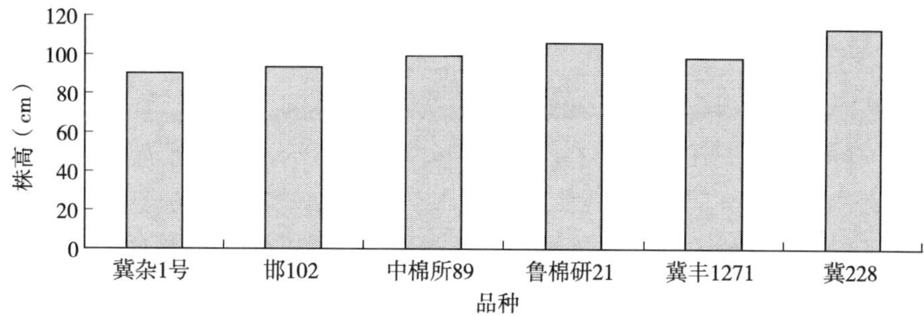

图 4－1－1　不同棉花品种株高

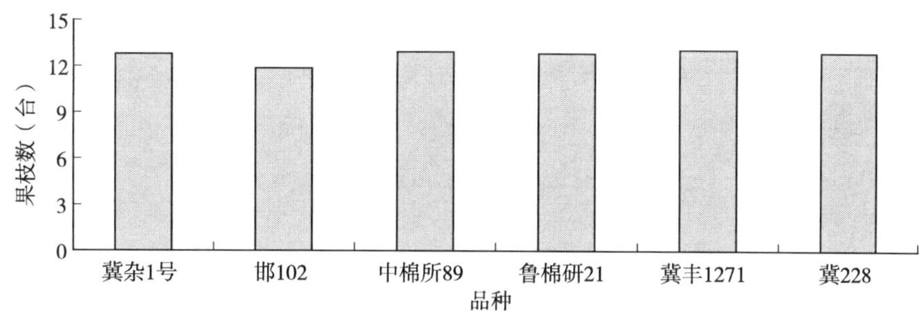

图 4－1－2　不同棉花品种果枝数

件具有重要意义（王树林等，2011）。根据表 4－1－1，6 个品种除鲁棉研 21 与冀丰 1271 伏前桃数较低外，其他 4 个品种相差不大，中棉所 89 伏前桃占比最高，达到了 19.0%，邯 102 与冀 228 次之，冀丰 1271 最低；冀丰 1271、鲁棉研 21、邯 102 伏桃占比均超过了 80%，其他 3 个品种为 73.9%～75.7%；以冀杂 1 号秋桃数量与占比最高，分别为 2.0 个与 10.3%，其次是冀 228，秋桃数量为 1.4 个，占比为 7.5%，其他 4 个品种秋桃数量与占比较低。

表 4－1－1　不同棉花品种“三桃”比例

品种	伏前桃		伏桃		秋桃	
	个数（个）	占比（%）	个数（个）	占比（%）	个数（个）	占比（%）
冀杂 1 号	3.0	15.8	14.1	73.9	2.0	10.3
邯 102	3.1	18.1	13.8	81.2	0.1	0.7
中棉所 89	3.5	19.0	14.1	75.7	1.0	5.4
鲁棉研 21	2.7	14.8	15.3	83.1	0.4	2.1
冀丰 1271	2.5	13.2	15.6	84.2	0.5	2.6
冀 228	3.3	17.8	13.7	74.7	1.4	7.5

3. 不同棉花品种的产量及产量构成 根据表4-1-2所示，冀杂1号单株成铃数最高，达到了19.1个，邯102最低，仅有16.9个，中棉所89、冀丰1271、鲁棉研21与冀228单株成铃数为18.4～18.6个，差异不大；冀228与中棉所89单铃重较其他品种显著增加，分别达到7.2g与6.8g，其他4个品种单铃重为6.0～6.5g；邯102衣分显著高于其他品种，除冀丰1271外，其他品种衣分均超过40.0%；中棉所89和冀228籽棉产量分别达到4 923kg/hm²和4 850kg/hm²，差异不显著，但显著高于其他4个品种；中棉所89、冀228和邯102之间皮棉产量差异不显著，但显著高于其他3个品种。综合产量构成结果来看，尽管冀杂1号单株铃数最高，但其秋桃占比过高，铃期偏长，导致后期部分成铃无法正常吐絮而影响产量，而中棉所89与冀228单株铃数与单铃重均较高，最终籽棉产量在6个品种中表现最好。

表4-1-2 不同棉花品种产量及产量构成

品种	铃数（个/株）	单铃重（g）	衣分（%）	籽棉产量（kg/hm²）	皮棉产量（kg/hm²）
冀杂1号	19.1a	6.3c	40.7b	4 072b	1 657b
邯102	16.9b	6.0c	44.3a	4 197b	1 859a
中棉所89	18.6b	6.8ab	41.0b	4 923a	2018a
鲁棉研21	18.4a	6.2c	41.0b	4 021b	1 649b
冀丰1271	18.6a	6.5bc	39.2b	4 363b	1 710b
冀228	18.4a	7.2a	41.1b	4 850a	1993a

在粮棉轮作两年三熟种植模式下，由于棉花收获后要播种小麦，因此对棉花生育期要求比较严格。若生育期过长，则导致后期部分成铃无法正常吐絮，推迟收获会影响下茬作物小麦的正常播种（赵存鹏等，2015），因此，筛选出适宜粮棉轮作的棉花品种有重要意义。河北省棉花生产中推广应用的品种，主要来自于河北省农林科学院棉花研究所、山东棉花研究中心、中国农业科学院棉花研究所等5家育种单位，搜集到代表性棉花品种5个，生育期在122～136d，通过产量与产量构成性状的调查，结果发现，尽管生育期偏长的品种单株成铃数较高，但因其铃期长，秋桃占比高，导致最终收获产量不高；冀228与中棉所89生育期偏短，单株成铃数与单铃重高于其他品种，最终籽棉产量与皮棉产量表现较好，适宜在粮棉轮作模式下种植。

（二）玉米品种筛选

河北省既是种粮大省，也是植棉大省，粮棉争地矛盾历来十分突出（霍克斌等，1991；翟学军等，2007）；近年来，随着国家对粮食安全问题的日益重视（李宝新，2001；高淑桃等，2003），如何增加粮食产量成为人们关注的热点话题，河北省南部地区为传统旱地棉花产区，随着水利条件的改善，该地区具备了种植粮食作物的生产条件，但受水资源限制（石晨阳等，2012），完全改种粮食作物仍存在地下水供给不足的问题；针对这一现状，在河北省南部传统一熟旱地棉区开展棉花-小麦-玉米两年三熟粮棉轮作种植模式研究，即种植一年棉花，棉花收获后改种小麦、玉米，玉米收获后进行一次土壤深松，第二年再种植棉花，这套粮棉轮作两年三熟种植模式既可有效增加粮食产量，又可兼顾河北省地下水压采任务，可谓一举两得。在上述背景下，开展了粮棉轮作种植模式下适宜玉米品种筛选试验，为确定适宜玉米品种提供试验依据。

1. 不同玉米品种生育性状　由表 4-1-3 可以看出，8 个玉米品种的生育期为 104～115d，其中先玉 688、郑单 958 和登海 605 生育期较长，分别为 115d、115d 与 112d，而浚单 29 和冀农 1 号生育期偏短，只有 104d 与 106d，在粮棉轮作种植模式中，玉米收获后为冬闲期，不存在为小麦腾茬的问题，因此，生育期偏长的品种能更多的利用后期光热资源而获得较高的产量。

表 4-1-3　不同玉米品种生育性状

品种	生育期（d）	株高（cm）	穗位高（cm）	穗高系数	倒伏率（%）	空杆率（%）
先玉 335	108	304.2	105.0	34.5	2.7	0.4
邯丰 18	110	253.8	109.6	43.2	2.9	0.9
登海 605	112	276.8	99.0	35.8	0.6	0.1
郑单 958	115	251.9	116.5	46.2	2.9	0.3
先玉 688	115	274.8	96.2	35.0	1.2	0.2
浚单 29	104	258.7	114.0	44.1	2.5	0.4
农华 101	111	287.4	95.3	33.2	0.0	0.8
冀农 1 号	106	244.5	95.2	38.9	1.8	1.2

株高和穗位高可以作为衡量玉米茎秆质量的重要指标（王树林等，2016b），也有研究表明，玉米茎秆节间长度、株高等农艺性状指标与玉米茎秆抗倒伏性状关系密切（王树林等，2016c）；从株高来看，先玉 335 株高最

高，达到了 304.2cm，其次是农华 101、登海 605 与先玉 688，株高均在 270cm 以上，邯丰 18、郑单 958、浚单 29 与冀农 1 号株高均偏低，均在 250cm 左右。郑单 958 穗位高最高，其次是浚单 29，邯丰 18 与先玉 335 穗位高均超过 100cm，其他 4 个品种穗位高均不足 100cm；郑单 958、浚单 29 与邯丰 18 穗高系数偏高，登海 605、先玉 688、先玉 335 与农华 101 穗高系数为 33.2～35.8，但差别不大。

邯丰 18、郑单 958、先玉 335 和浚单 29 倒伏率偏高，农华 101 未发现倒伏现象，登海 605 倒伏率明显偏低，先玉 688 与冀农 1 号倒伏率居中；冀农 1 号、邯丰 18 和农华 101 空秆率较高，登海 605、先玉 688、郑单 958 与先玉 335 空秆率较低。

2. 不同玉米品种果穗性状 如表 4-1-4 所示，先玉 688 穗长为 25.1cm，在 8 个品种中穗长最长，其次是登海 605 与先玉 335，分别为 22.6cm 与 22.0cm，其余 5 个品种穗长为 19.4～20.4cm，差别不大；浚单 29 穗粗最粗，达到了 5.7cm，显著高于其他品种，先玉 335 穗粗最小，只有 5.1cm，其他品种为 5.3～5.4cm，相差不大；登海 605 穗行数最高，达到了 17.4 行，显著高于其他品种，邯丰 18 与郑单 958 均偏低，其他品种差异不显著；登海 605 穗粒数高达 716.6 粒，是穗粒数唯一超过 700 粒的品种，其次分别为先玉 335、先玉 688 与浚单 29，农华 101 穗粒数最低，只有 563.7 粒；先玉 688 百粒重高达 37.0g，其次是郑单 958、农华 101 与先玉 335，分别为 35.4g、34.7g、33.9g 与 33.7g，邯丰 18 百粒重最低，只有 30.8g。

表 4-1-4 不同玉米品种产量性状

品种	穗长（cm）	穗粗（cm）	穗行数（行）	穗粒数（粒/穗）	百粒重（g）
先玉 335	22.0	5.1	16.2	682.3	33.9
邯丰 18	19.4	5.4	15.4	635.8	30.8
登海 605	22.6	5.3	17.4	716.6	32.3
郑单 958	19.8	5.3	15.2	629.5	35.4
先玉 688	25.1	5.4	16.2	670.4	37.0
浚单 29	20.1	5.7	16.4	661.8	33.7
农华 101	19.4	5.4	16.4	563.7	34.7
冀农 1 号	20.4	5.4	15.8	613.9	32.2

3. 不同玉米品种产量与产量构成 有关玉米产量构成三因素的研究报道较多，玉米品种的高产也受诸多因素限制。曹国军等研究认为，超高产量春玉米构成因素中单位面积穗数对籽粒产量的相对重要性最大，穗粒数次之，千粒重最小（曹国军等，2012）；由表 4－1－5 可知，农华 101、浚单 29、郑单 958、先玉 335 与冀农 1 号公顷穗数相差不大，登海 605 与先玉 688 公顷穗数偏低；先玉 688 穗粒重显著高于其他品种，达到了 247.9g，其次为登海 605 与先玉 335 的穗粒重，分别为 231.8g 与 231.3g，浚单 29 与郑单 958 穗粒重分别为 223.2g 与 222.6g，冀农 1 号、邯丰 18 与农华 101 穗粒重均不足 200.0g；从最终产量来看，先玉 335 产量最高，为 12 562kg/hm^2，其次分别为先玉 688、浚单 29、郑单 958 与登海 605，这 5 个品种产量差异不显著，农华 101、冀农 1 号与邯丰 183 个品种产量显著降低。

表 4－1－5 不同玉米品种产量及产量构成

品种	穗数（穗/hm^2）	穗粒重（g）	产量（kg/hm^2）	产量排序
先玉 335	63 892	231.3	12 562a	1
邯丰 18	62 503	196.1	10 418b	8
登海 605	60 420	231.8	11 904ab	5
郑单 958	64 580	222.6	12 220a	4
先玉 688	59 031	247.9	12 439a	2
浚单 29	64 587	223.2	12 253a	3
农华 101	64 934	195.5	10 790b	6
冀农 1 号	63 892	197.4	10 720b	7

根据不同种植区域，选用适合当地种植的生育期适中、抗倒性好、抗病性强、产量潜力高、增产潜力大的紧凑耐密型玉米品种是实现玉米高产的前提（崔彦生等，2009），玉米产量源于品种群体，高产为品种群体与动态的环境资源互作能力的体现，穗粒数和百粒重是产量的决定因子，籽粒数量和重量的变化是产量高低的直接因素（张勤等，2013）；从供试玉米品种产量看，先玉 335、先玉 688、浚单 29、郑单 958 与登海 605 差异不显著，但在这 5 个品种中，先玉 335 与浚单 29 生育期分别为 108d 和 104d，生育期偏短，不利于充分利用后期光热资源，先玉 335 株高偏高，浚单 29 和郑单 958 穗位高分别为 114.0cm 与 116.5cm，其抗倒伏能力偏弱；先玉 688 株高适中，穗位高较低，抗倒伏能力优于先玉 335、浚单 29 和郑单 958，其倒伏率与空秆率

在所有供试品种中表现较好，尤其是先玉 688 穗长、穗粒数与穗粒重在 8 个品种中具有明显的优势。综合考虑，先玉 688 可作为粮棉轮作种植模式中的优选品种。

二、小麦密度调控

近年来，由于农村劳动力转移、植棉成本上升和棉花生产机械化程度偏低等因素，河北省棉花种植面积呈加速下降态势，小麦、玉米等粮食作物种植面积逐渐增加。而目前，华北平原已经成为世界上最大的地下水“漏斗区”，严重影响农业的可持续发展。因此，在河北省南部传统一熟棉区出现的新型种植模式即粮棉轮作两年三熟种植模式（棉花—冬小麦—夏玉米—棉花）不仅可以稳定河北省棉花种植面积，解决粮棉争地矛盾，也可以缓解农业用水压力，提高水资源利用率，最终实现节水、生态、高产、高效的可持续发展目标（赵存鹏等，2015）。

播期播量是影响小麦群体产量形成的主要因素，而不能适期播种是影响粮棉轮作模式下棉茬小麦播种的主要因素，也是影响小麦高产的关键因素。前人研究表明，若小麦播期过早，则年前生长过旺，生育进程提前，越冬期易发生冻害，主茎穗及低位大蘖穗冻死比例高，高位小蘖成穗，穗小粒少，产量降低；若播期过晚，则大分蘖较少，且成穗率低，群体茎蘖高峰在越冬期出现，群体叶面积指数较小，干物质积累少，产量也降低（杨卫君等，2016）。播量通过影响小麦分蘖、叶面积指数、光合速率和干物质积累等影响小麦产量（沈学善等，2009；屈会娟等，2009）。本试验采用河北省小麦主栽品种冀麦 585，明确棉茬小麦适宜的播期播量，并探讨播期播量对小麦生长发育的影响。

1. 播期播量对小麦叶面积的影响 播期播量对小麦叶面积的影响如表 4-1-6 所示。小麦叶面积在孕穗期最大。播量对小麦叶面积的影响随着小麦生育期的推进而不同，在拔节期，小麦叶面积随着播期的延后而显著降低，播量对小麦叶面积没有显著影响；在孕穗期，B4（300.0kg/hm^2）播量处理小麦的叶面积显著低于 B1（187.5kg/hm^2）、B2（225.0kg/hm^2）和 B3（262.5kg/hm^2）播量处理，播期对小麦叶面积没有显著影响；在扬花期，B1 播量处理小麦叶面积显著低于 B2、B3 和 B4 播量处理，播期对小麦叶面积没有显著影响。因此，在小麦拔节期，随着播期的延后，小麦叶面积随之下降；到孕穗期和扬花期，播期对小麦叶面积没有显著影响，而播量过大或过小均会降低小麦的叶面积。

表 4-1-6　播期播量对小麦叶面积的影响（$\times 10^4 m^2/hm^2$）

处理	拔节期	孕穗期	扬花期
A1B1	3.07ab	4.58abc	3.45b
A1B2	3.33a	4.52abc	3.91ab
A1B3	3.10ab	4.88abc	4.41a
A1B4	2.71bc	3.68c	4.00a
A2B1	2.46cd	5.17ab	3.50b
A2B2	2.11de	5.31a	3.78ab
A2B3	2.32cde	4.87abc	3.69ab
A2B4	2.59bcd	3.92bc	3.85ab
A3B1	1.26fg	5.31a	3.40b
A3B2	1.23g	4.99ab	3.62ab
A3B3	1.42fg	5.48a	3.82ab
A3B4	1.81ef	4.57abc	4.03ab
A	**	ns	ns
B	ns	*	ns
A*B	ns	ns	ns

注：同一列中不同小写字母表示在5%水平差异显著，*和**分别表示在5%和1%水平差异显著，ns表示差异不显著。播期为A1：10月15日、A2：10月25日、A3：11月5日，播量为B1：187.5kg/hm²、B2：225.0kg/hm²、B3：262.5kg/hm²、B4：300.0kg/hm²。下同。

2. 播期播量对小麦生物量积累的影响　由表4-1-7可知，在拔节期和孕穗期，播期对小麦生物量积累的影响程度由高到低为A1（10月15日）>A2（10月25日）>A3（11月5日），其中A1播期比A2播期生物量积累分别高54.41%和15.57%，A2播期比A3播期生物量积累分别高70.00%和14.84%，均达到极显著水平；在扬花期，A1播期比A2播期和A3播期生物量积累分别提高24.82%和34.90%，均达到极显著水平，A2播期和A3播期之间没有显著差异；在成熟期，A1播期比A2播期和A3播期的生物量积累分别提高0.87%和11.01%，均达到极显著水平，A2播期和A3播期之间没有显著差异。在孕穗期，B3播量处理小麦生物量积累显著高于B1、B2和B3播量处理。拔节期、扬花期和收获期，播量处理对小麦生物量的积累没有显著影响。说明随着播期的推迟，小麦生物量逐渐降低，且随着小麦的生长发育，播期对小麦生物量的影响程度逐渐降低。

表 4-1-7　播期播量对小麦生物量积累的影响（$\times 10^4$ kg/hm^2）

处理	拔节期	孕穗期	扬花期	成熟期
A1B1	0.26ab	1.15ab	1.76ab	1.64a
A1B2	0.30a	1.03bcde	1.83a	1.49abc
A1B3	0.27a	1.23a	1.76ab	1.61ab
A1B4	0.22bc	0.97cdef	1.84a	1.61ab
A2B1	0.15d	0.88efg	1.54ab	1.41c
A2B2	0.16d	1.05bcd	1.47ab	1.46abc
A2B3	0.16d	1.09abc	1.34ab	1.47abc
A2B4	0.21c	0.77g	1.41ab	1.50abc
A3B1	0.10e	0.79g	1.34ab	1.38c
A3B2	0.08e	0.79g	1.25b	1.46bc
A3B3	0.10e	0.92defg	1.34ab	1.46abc
A3B4	0.12de	0.80fg	1.40ab	1.42c
A	**	**	**	**
B	ns	**	ns	ns
A*B	ns	ns	ns	ns

3. 播期播量对小麦群体茎蘖数量的影响　由表 4-1-8 可知，随着生育进程的推进，不同处理的小麦群体茎蘖数呈现出先上升后下降的趋势，均在拔节期前后达到最高值。播期推迟会降低拔节期小麦群体的茎蘖数，而对小麦的基本苗、孕穗期和扬花期的群体茎蘖数没有显著影响，小麦在成熟期的成穗数随着播期的推迟而降低。小麦的基本苗随着播量的增加而增加，小麦成熟期的成穗数也随着播量的增加而增加，而在小麦拔节期、孕穗期和扬花期小麦的群体茎蘖数并没有随着播量的变化而改变。播期推迟和播量增加都会降低小麦的单株成穗率。

4. 播期播量对小麦灌浆期旗叶叶绿素含量（SPAD）的影响　播期播量对小麦灌浆期旗叶叶绿素含量的影响如表 4-1-9 所示。在灌浆期，随着播期的推迟，小麦灌浆期旗叶的叶绿素含量显著提高；在花后 21d，B2 和 B3 播量处理旗叶叶绿素含量显著高于 B1 播量处理。因此，晚播可以提高小麦灌浆期旗叶的叶绿素含量。

表 4-1-8　播期播量对小麦群体茎蘖数量的影响（$\times 10^4/hm^2$）

处理	三叶期（基本苗）	拔节期	孕穗期	扬花期	成熟期（成穗数）
A1B1	405.45g	1 558.50ab	1 151.70b	809.85abcd	625.65bcd
A1B2	515.10de	1 685.25a	1 202.25ab	785.25bcd	622.80bcd
A1B3	571.35cd	1 585.95ab	1 251.15ab	838.20ab	714.90a
A1B4	738.15a	1 623.00ab	1 191.75ab	858.15a	687.45abc
A2B1	435.00fg	1 444.50ab	1 248.90ab	824.25abc	560.55de
A2B2	493.65ef	1 686.75a	1 266.75ab	810.45abcd	614.40cd
A2B3	621.75bc	1 780.95a	1 321.35ab	855.45a	612.15cd
A2B4	613.65bc	1 680.45a	1 242.15ab	778.95bcd	700.35ab
A3B1	437.25fg	1 236.15b	1 286.25ab	744.75d	509.70e
A3B2	531.45de	1 462.20ab	1 122.75b	771.45bcd	568.95de
A3B3	600.30bc	1 446.60ab	1 369.50a	766.50cd	588.15de
A3B4	656.55b	1 579.65ab	1 264.50ab	773.70bcd	628.95bcd
A	ns	*	ns	ns	**
B	*	ns	ns	ns	**
A*B	**	ns	ns	ns	ns

表 4-1-9　播期播量对小麦灌浆期旗叶叶绿素含量（SPAD）的影响

处理	SPAD				
	花后 0d	花后 7d	花后 14d	花后 21d	花后 28d
A1B1	58.07e	61.43bc	58.07c	56.00ef	38.50d
A1B2	60.00bcd	61.20bc	60.00bcd	57.23de	35.77d
A1B3	59.27cde	61.57bc	59.27cde	55.77f	37.33d
A1B4	58.63de	60.97bc	58.63de	58.07bcd	36.23d
A2B1	59.67bcde	60.23c	59.67bcde	57.73cd	44.97c
A2B2	61.13ab	61.67bc	61.13ab	61.60a	51.10a
A2B3	58.67de	60.10c	58.67de	58.87bc	49.30ab
A2B4	60.40abcd	62.40abc	60.40abcd	58.97bc	43.67c
A3B1	61.97a	64.27a	61.97a	59.33b	46.17bc
A3B2	60.40abcd	61.63bc	60.40abcd	57.83bcd	37.57d
A3B3	62.17a	62.33abc	62.17a	61.90a	45.67bc
A3B4	61.00abc	62.90ab	61.00abc	58.47bcd	45.93bc
A	**	**	**	**	**
B	ns	ns	ns	*	ns
A*B	**	ns	**	**	**

5. 播期播量对小麦籽粒灌浆速率的影响 如表 4-1-10 所示，在小麦灌浆前期（花后 0～10d），小麦的籽粒灌浆速率随着播期的推迟而降低，其中，在花后 5d 时，A1 和 A2 播期的灌浆速率显著高于 A3 播期，在花后 10d 时，A1 播期的小麦籽粒灌浆速率显著高于 A2 和 A3 播期；在灌浆中期（花后 10～25d），播期对小麦籽粒的灌浆速率没有显著影响；在灌浆晚期（花后 25～30d），花后 25d 时，A2 和 A3 播期的小麦籽粒灌浆速率显著高于 A1 播期，而在花后 30d 时，不同播期间小麦的籽粒灌浆速率没有显著变化。从上麦期，播期提前会提高小麦籽粒灌浆前期的灌浆速率而降低后期的籽粒灌浆速率，而播量对小麦籽粒灌浆速率没有显著影响。

表 4-1-10 播期播量对小麦籽粒灌浆速率的影响 [g/(d·千粒)]

处理	籽粒灌浆速率					
	花后 5d	花后 10d	花后 15d	花后 20d	花后 25d	花后 30d
A1B1	1.56ab	1.34bcde	1.79a	1.85ab	1.35c	1.59ab
A1B2	1.75a	1.62b	2.02a	1.70ab	1.62abc	1.33ab
A1B3	1.08cde	2.10a	1.83a	2.02a	1.47bc	0.99ab
A1B4	1.72a	1.57bc	1.92a	1.45b	1.80abc	1.11ab
A2B1	1.33bc	1.14def	1.83a	1.84ab	1.80abc	1.38ab
A2B2	1.18cd	1.13def	1.84a	1.87ab	2.01abc	1.08ab
A2B3	1.22c	1.02ef	1.89a	1.68ab	2.14ab	1.49ab
A2B4	1.29bc	1.43bcd	1.89a	1.77ab	2.13ab	0.98b
A3B1	0.90cde	1.26cdef	2.09a	1.71ab	2.35a	1.23ab
A3B2	0.90cde	0.93f	1.75a	2.08a	1.80abc	1.65a
A3B3	0.90cde	1.09def	1.63a	2.01a	2.13ab	1.17ab
A3B4	0.79e	1.07def	1.73a	1.87ab	2.24a	1.29ab
A	**	**	ns	ns	**	ns
B	*	ns	ns	ns	ns	ns
A*B	**	**	ns	ns	ns	ns

6. 播期播量对小麦产量及产量性状的影响 播期对小麦产量及产量性状的影响如表 4-1-11 所示。随着播期的推迟，小麦穗数逐渐减少，A1 播期小麦穗数显著高于 A3 播期，说明早播有利于穗数的形成。播期对穗粒数和千粒重的影响未达显著水平。而对最终产量来说，A1 播期产量最高，显著高于 A3 播期。这说明，播期推迟，小麦穗数下降，从而导致产量下降。

表 4-1-11 播期对小麦产量及产量性状的影响

处理	穗数（万/hm^2）	穗粒数	千粒重（g）	产量（kg/hm^2）
A1	657.9a	35.19a	44.79a	8 297.25a
A2	614.7ab	34.75a	44.58a	7 819.35ab
A3	573.9b	35.97a	43.93a	7 555.8b

播量对小麦产量及产量性状的影响如表 4-1-12 所示。随着播量的提高，小麦穗数逐渐提高，而穗粒数和千粒重随之下降。从最终产量来看，各处理间产量没有显著差异。这说明，增加播量可以增加小麦穗数，虽然降低了小麦的穗粒数和千粒重，但小麦产量并没有显著变化。

表 4-1-12 播量对小麦产量及产量性状的影响

处理	穗数（万/hm^2）	穗粒数	千粒重（g）	产量（kg/hm^2）
B1	565.20c	36.09a	45.69a	7 670.1a
B2	601.95bc	36.28a	45.03a	7 913.7a
B3	628.80ab	35.42ab	43.51b	8 076.3a
B4	668.70a	33.42b	43.38b	7 833.3a

在各处理组合中（表 4-1-13），A1B3 处理的小麦产量最高，A3B1 处理的小麦产量最低，A1B3 处理的产量比 A3B1 处理高 18.75%，达到显著水平。其中 A1B3 处理的穗数最多，A3B1 处理的穗数最少；而 A1B3 和 A3B1 处理的穗粒数和千粒重没有显著差异，从 A1B3 和 A3B1 处理的产量和产量性状来看，穗数对产量的贡献最大。A3B1 和 A3B2 处理的穗粒数显著高于 A2B4 处理，A3B3 处理的千粒重最低。

由于播期与播量的改变，小麦的生长发育进程也会发生相应的变化。播期通过生殖生长影响个体素质，进而影响群体质量；播量则主要是通过营养生长影响个体素质，同时影响群体质量（李本良等，1994）。小麦叶片是进行光合作用的主要器官，而叶片中的叶绿体是进行光合作用的场所，小麦光能利用效率的高低取决于其叶片叶面积的大小和叶绿体的多少（王志伟等，2016）。牟春生等（2000）研究发现，小麦叶面积与产量构成因素间关系密切，与穗粒数、穗粒重呈极显著正相关关系。播期对小麦生长发育后期的叶面积影响不大，播量过高或高低均会减小小麦的叶面积；而播期对小麦的穗粒数和千粒重影响不大，播量过高会降低小麦的穗粒数和千粒重，这与前人研究相一致。

表 4-1-13 播期播量对小麦产量及产量性状的影响

处理	穗数（万/hm²）	穗粒数	千粒重（g）	产量（kg/hm²）
A1B1	625.65bcd	35.70ab	45.15ab	8 346.60ab
A1B2	622.80bcd	36.18ab	45.72a	8 103.00ab
A1B3	714.90a	35.25ab	44.34ab	8 711.55a
A1B4	687.45abc	33.62ab	43.93ab	8 043.90ab
A2B1	560.55de	35.52ab	45.70a	7 553.40ab
A2B2	614.40cd	35.62ab	45.86a	7 928.25ab
A2B3	612.15cd	34.82ab	43.50ab	7 933.35ab
A2B4	700.35ab	33.05b	42.62b	7 862.40ab
A3B1	509.70e	37.05a	46.21a	7 335.90b
A3B2	568.95de	37.05a	43.49ab	7 710.00ab
A3B3	588.15de	36.18ab	42.70b	7 583.70ab
A3B4	628.95bcd	33.60ab	43.32ab	7 593.60ab
A	**	ns	ns	*
B	**	*	**	ns
A*B	ns	ns	ns	ns

小麦的干物质积累对产量影响很大，是小麦产量形成的物质基础，在一定范围内，产量与花后干物质积累量呈显著正相关（王长年等，2002；黄严帅等，2006）。设置播期范围内，在小麦的不同生长时期，小麦的干物质积累量均随着播期的推迟而下降，且随着小麦的生长发育的推进，播期对小麦生物量积累的影响程度逐渐降低，播期推迟会导致小麦产量下降，而播量对小麦干物质积累和产量影响不大，与前人研究结果一致。说明，适期早播有利于小麦的干物质积累，从而提高产量。也有研究表明，小麦干物质积累量随播量的增大而增加，超过一定范围，播量过高会导致干物质积累量的下降（张向前等，2014）。

播期对小麦的基本苗数没有显著影响；而在拔节期，播期推迟会显著降低群体茎蘖数，说明播期过晚会降低小麦的分蘖数；而在孕穗期和扬花期，各个播期处理小麦的茎蘖数差异不显著，可能是由早播条件下小麦群体郁闭，通风透光差，无效分蘖多造成的；小麦成熟期，播期提前有助于小麦单位面积穗数和单株成穗率的提高，说明适期早播，可使小麦充分利用秋末的温光资源，在冬前有足够的时间发根分蘖，形成强健的营养体，为整个生育期的生长提供较好的生长条件，是小麦丰产的关键措施之一。适当提高播种量可以提高小麦的基本苗数和单位面积穗数。

在相同播量下，随着播期的退后，小麦生育期缩短，生育进程推迟（沈庆雷等，2015）。小麦灌浆期，播期推迟会提高旗叶叶绿素含量，延缓衰老。在小麦灌浆前期，播期提前会显著提高小麦籽粒的灌浆速率；而在小麦花后 25d 时，播期推迟比播期提前有更高的籽粒灌浆速率，可能是与此时晚播小麦旗叶的叶绿素含量较高有关；而在花后 30d 时，播期对小麦的籽粒灌浆速率没有显著影响，可能是此时温度过高，热干风催熟小麦。因此，在粮棉轮作模式下，如果受棉花采收期影响，小麦播期过晚，则应选择籽粒灌浆速率高、耐高温逼熟的小麦品种，利用籽粒灌浆速率的提高补偿由于灌浆时间不足造成的不利影响，培育迟播高产品种。

适宜的播期播量可以构建良好的群体结构，对提高小麦产量有着重要的作用。播期过早或过晚都会导致小麦产量下降（胡焕焕等，2008；刘万代等，2009）。前人研究表明，适期晚播会使小麦的有效穗数减少，但穗粒数高于对照，适当推迟播期可以协调有效穗数和穗粒数的关系，维持较高的小麦产量（孔海波等，2014；李华英等，2015）。小麦的产量随着播期的推迟而下降，A3 播期小麦产量显著低于 A1 播期，有效穗数下降是导致小麦产量下降的主要原因，与前人研究结果一致；也有人认为千粒重的下降（王萍等，1999）或穗粒数的减少（陈素英等，2009；沈庆雷等，2015）是导致小麦产量下降的主要原因，而在本研究中，播期对小麦穗粒数和千粒重没有显著影响，原因可能是播期范围设置不同。田文钟等研究表明，半冬性小麦品种的播期要适当提前，而弱春性小麦品种则要适当推迟播期（田文仲等，2011）。

适当增加密度可以增加穗数（王萍等，1999），降低穗粒数和千粒重，且对小麦产量有显著影响（胡焕焕等，2008）；也有研究表明，播量对产量及产量性状影响不大（姜丽娜等，2011）。本研究表明，小麦的穗数随着播量的增加而增加，而穗粒数和千粒重随着播期的增加而降低，播量对小麦产量没有显著影响。杨卫君等认为，播期在其与种植密度的互作效应中起主导作用，随着播期的推迟，种植密度对产量的影响逐渐减弱（杨卫君等，2016）。

在本研究中，以播期 10 月 15 日、播量 262.5kg/hm^{2}产量最高，且穗数对产量的贡献最大，适当早播可提高小麦的产量。在河北省中南部传统一熟棉区，棉花的收获完成一般是在 10 月下旬，因此，应采取选用早熟棉花品种或化控催熟等方法，尽量使棉花提早收获，为播种小麦留出足够的时间。如遇到棉花生育期延长、收获推迟的情况，则应适当增加小麦播量，以提高小麦有效穗数，保证小麦产量。

三、棉花栽培要点

粮棉轮作棉花高产栽培技术通过粮棉轮作制度的建立，有效改善土壤理化性状与养分条件，减少作物病虫危害，河北省南部地区在此基础上选用增产潜力大的杂交棉品种，通过多种措施培肥地力，采用宽垄等行配置模式，辅以棉花生育期关键水、简化整枝等技术，每公顷籽棉产量 4 125～4 500kg，节省用工 120～150 个，每公顷节本增效 7 500～9 000 元，实现棉花的简化栽培与高产目标。技术要点如下：

1. 播前准备 土壤要求地力肥沃，灌溉条件良好，土壤有机质含量丰富；选择大棵型杂交种，生育期在 130d 以上，后期长势强，例如冀杂 1 号、冀 3536 等；施足有机肥，每公顷施有机肥 15～30m^3，45%氮磷钾专用肥 70kg；播种前 10d 左右将有机肥与化肥撒施于地表后旋耕，随后灌水造墒，每公顷灌水量不低于 1 200m^3。

2. 棉花播种时间 一般播种时间掌握在 4 月 20 日前后，以当时天气预报为准，要求播种后 1 周内无剧烈天气变化，以避免低温降雨对出苗的影响。可采用等行距配置，行距 1m，株距 0.22m，专用单行播种机精量播种；每公顷用种量 15kg，精量播种。

3. 苗期管理 出苗后及时放苗，三叶期定苗，从 5 月中下旬开始要注意田间害虫防治，棉花苗期虫害以蚜虫和红蜘蛛为主，蚜虫防治采用吡虫啉、啶虫脒等药物防治，红蜘蛛采用阿维菌素防治。

4. 蕾期管理 传统棉花栽培技术要求去掉营养枝，一般在 6 月上旬进行；现代棉花简化栽培技术要求保留营养枝，不再进行去叶枝操作，但要注意与化控结合，如果棉花有旺长趋势，可每公顷喷施缩节胺 22.5～30.0g。河北省春旱与初夏旱频发，此时正值棉花现蕾期，也是需水临界期，须在 6 月中下旬浇水一次，可以有效预防后期棉花早衰。6 月上中旬浇水之前揭去地膜。

5. 虫害防治 棉花进入现蕾期后虫害增加，需要加强虫害防治。蚜虫防治指标为卷叶株率 8%～10%或单株上 3 叶有蚜虫 200 头，采用吡虫啉、啶虫脒等化学防治。红蜘蛛防治指标为红叶率 20%，超出指标采用阿维菌素类、克螨特、哒螨灵等农药防治。棉铃虫与棉盲蝽防治：一是掌握好防治时间，要在虫卵孵化高峰期进行喷药；二是正确选用农药，棉铃虫防治可采用 1%甲氨基阿维盐、40%丙溴磷乳油、辛硫磷，以及一些新型的氯虫苯甲酰胺和高效氯氟氰菊酯混合杀虫剂；三是注意统防统治，尤其是成方连片棉田要做到在同一时间喷药防治，减少害虫迁飞引起的防效降低现象；四是注意农药种类交替轮换使用，避免长期使用同一种农药引起害虫抗药性增强；五是避免一次用药种类过多，一般每次最多用 2～3 种农药，且不可一次混合多种农药，以免引起药物分解而降低防效。

6. 铃期管理　棉花打顶时间一般在 7 月中旬前后，棉花有 12～14 个果枝的时候就可以打顶。营养枝打顶时间在 7 月上旬。铃期遇连阴雨天气棉花出现旺长趋势时，每公顷用缩节胺 60.0～75.0g 化控。后期喷施叶面肥是防止棉花早衰的较好选择，一般可选用 0.5%的磷酸二氢钾和 1%的尿素，每隔 7～10d 喷施一次，也可喷富含多种微量元素叶面肥。虫害防治同蕾期。

7. 吐絮期管理　8 月下旬如遇连阴雨天气，容易引起大量烂铃，此时应推株并垄，去掉中下部老叶和空果枝，保持田间通风透光，可有效减少烂铃。多阴雨天气出现烂铃后，在初发病或烂壳未烂絮时尽早摘除，晾晒。9 月后，每隔 7～10d 摘花一次，摘取完全张开的棉铃花絮，上午摘后晒 2d、下午摘后晒 1d。10 月初喷施乙烯利催熟，10 月中旬拔棉柴，整地准备播种小麦。

第二节　冀南棉区粮棉轮作种植制度下地力提升培肥技术措施

一、深翻

（一）棉花生育性状及产量

河北省既是种粮大省，也是植棉大省，粮棉争地矛盾历来十分突出（刁光中，1990；毛树春，1999）；近年来，随着国家对粮食安全问题的日益重视，如何增加粮食产量成为人们关注的热点话题，河北省南部地区为传统旱地棉花产区，棉花长期连作导致棉花生产出现诸多问题，一是土壤中枯萎病、黄萎病等致病菌数量积累引起的棉花早衰、减产（单鸿宾等，2009；刘瑜等，2010），二是传统的旋耕方式导致犁底层变浅，土壤通透性降低，影响棉花根系下扎，同时土壤蓄水、供水能力下降（Cornish PS 等，1987；冯跃华等，2006；吴玉红等，2010），三是土壤养分主要集中在上部耕层，垂直分布不均衡，且田间杂草危害严重（刘鹏涛等，2009；李彰等，2010；孙国跃等，2011）。而随着水利条件的改善，该地区具备了粮食生产条件，但受水资源限制（何旭平等，2007），完全改种粮食仍存在地下水供给不足的问题；针对这一现状，一方面，在河北省中南部传统一熟旱地棉区开展棉花—小麦—玉米两年三熟粮棉轮作种植模式研究，即种植一年棉花，棉花收获后改种小麦、玉米，玉米收获后进行一次土壤深翻，第二年再种植棉花，这套粮棉轮作两年三熟种植模式既可有效增加粮食产量，又可兼顾河北省地下水压采任务；另一方面，本试验在棉花连作、粮棉轮作模式下开展了深翻与常规旋耕的对比研究，探索实现棉花增产的技术途径。

1. 不同处理对棉花株高的影响 从表 4-2-1 可以看出，轮作显著增加了棉花不同生育时期的株高，旋耕条件下 5 个时期轮作较连作株高分别增加 1.8cm、4.8cm、9.2cm、3.1cm 与 8.7cm，深翻条件下轮作较连作株高分别增加 2.2cm、1.8cm、2.9cm、0.2cm 与 5.4cm；这一结果表明，轮作对于棉花的生长有明显的促进作用。

从棉花不同生育时期株高变化来看，深翻处理对棉花前期生长有抑制作用，对棉花中后期生长有促进作用。在连作条件下，深翻较旋耕苗期株高低 0.7cm，到 6 月 15 日时深翻较旋耕高 1.1cm，随着生育期的推进，深翻处理株高一直高于旋耕；在轮作条件下深翻处理 7 月 1 日前株高均低于旋耕处理，到 7 月 15 日以后显著高于旋耕处理。

从棉花株高生长趋势来看，7 月 15 日前是棉花株高生长的高峰期，7 月 15 日后连作旋耕处理株高增量仅有 3.4cm，而连作深翻处理、轮作旋耕处理、轮作深翻处理株高增量则分别为 7.0、9.0、12.2cm，这也表明深翻与轮作处理均对棉花中后期生长具有明显的促进作用。

表 4-2-1 不同处理棉花株高（cm）

处理	5 月 25 日	6 月 15 日	7 月 1 日	7 月 15 日	8 月 15 日
A	12.9b	36.1b	78.9c	89.4b	92.8b
B	12.2b	37.2b	84.8b	93.0a	100.0a
C	14.7a	40.9a	88.1a	92.5a	101.5a
D	14.4a	39.0ab	87.7a	93.2a	105.4a

注：处理 A：棉花连作，旋耕；处理 B：棉花连作，深翻；处理 C：粮棉轮作，旋耕；处理 D：粮棉轮作，深翻。同一列中不同小写字母表示在 5%水平差异显著。下同。

2. 不同处理对棉花真叶数与果枝数的影响 从表 4-2-2 可知，5 月 25 日与 6 月 15 日真叶数轮作高于连作，在旋耕条件下分别高 0.2 片与 0.6 片，在深翻条件下分别高 0.1 片与 0.3 片，因此，轮作对于棉花前期真叶数的增加有促进作用；而真叶数深翻处理则低于旋耕处理，连作条件下分别低 0.2 片与 0.1 片，轮作条件下分别低 0.3 片与 0.4 片，因此，深翻对棉花前期真叶生长有抑制作用。

从7月1日至8月15日的果枝数来看，7月1日不同处理间果枝数差异不显著，7月15日与8月15日果枝数轮作高于连作，旋耕条件下分别高0.1台、0.3台，深翻条件下分别高0.2台、0.1台，轮作效应显著；深翻处理对果枝数影响也较大，7月15日与8月15日果枝数连作条件下分别高0.6台、0.6台，轮作条件下分别高0.7台、0.4台；因此，深翻对棉花后期果枝数提高有促进作用。

表4-2-2　不同处理棉花真叶（果枝）数

处理	5月25日真叶（片）	6月15日真叶（片）	7月1日果枝（台）	7月15日果枝（台）	8月15日果枝（台）
A	4.5a	10.7a	8.8a	10.4b	11.1b
B	4.3b	10.6a	8.8a	11.0a	11.7a
C	4.7a	11.3a	8.8a	10.5b	11.4ab
D	4.4ab	10.9a	8.9a	11.2a	11.8a

3. 不同处理对棉花蕾铃数的影响　从表4-2-3可知，6月15日单株现蕾数轮作高于连作，在旋耕与深翻条件下现蕾数分别高0.8个、1.0个，在旋耕与深翻条件下7月1日幼铃数轮作较连作分别增加0.1个与0.3个，7月15日、8月15日与9月10日单株成铃数轮作均高于连作处理，表明了在整个生育期轮作对棉花生殖生长均具有明显的促进作用。

深翻处理对棉花前期的生殖生长具有明显的抑制作用，6月15日现蕾数连作与轮作条件下深翻较旋耕分别低1.2个与1.0个，7月1日幼铃数则深翻较旋耕分别低0.6个与0.4个，进入7月15日后，深翻处理表现出明显的后发优势，7月15日成铃数在连作条件下深翻较旋耕高0.4个，在轮作条件下高0.3个，8月15日成铃数在连作与轮作条件下深翻较旋耕分别高1.2个、0.2个，9月10日成铃数则分别高1.2个、0.3个。

表4-2-3　不同处理棉花单株蕾铃数（个）

处理	6月15日现蕾数	7月1日幼铃数	7月15日成铃数	8月15日成铃数	9月10日成铃数
A	4.1b	1.2a	3.2a	12.8b	12.9b
B	2.9c	0.6b	3.6a	14.0a	14.1a
C	4.9a	1.3a	3.4a	14.2a	14.4a
D	3.9b	0.9ab	3.7a	14.4a	14.7a

4. 不同处理对棉花产量及产量构成的影响　从产量构成来看（表4-2-4），

轮作单株铃数和单铃重均高于连作，在旋耕条件下分别高 1.5 个与 0.3g，在深翻条件下分别高 0.6 个与 0.4g，而衣分不同处理间差异不显著，在旋耕与深翻条件下籽棉产量轮作处理较连作分别提高 4.5%与 2.6%，轮作深翻处理则较连作旋耕处理增产 6.7%，皮棉产量亦有不同程度提高。

深翻对棉花产量构成亦有正向作用，在连作条件下，深翻处理单株铃数与单铃重较旋耕分别增加 1.2 个与 0.1g，在轮作条件下分别增加 0.3 个与 0.2g，深翻处理衣分在连作和轮作条件下均低于旋耕处理，深翻处理籽棉产量在连作与轮作条件下较旋耕处理分别提高 4.0%与 2.1%，深翻处理皮棉产量也高于旋耕处理。

表 4-2-4　不同处理棉花产量构成

处理	密度（万/hm^2）	单株铃数（个）	单铃重（g）	衣分（%）	籽棉产量（kg/hm^2）	皮棉产量（kg/hm^2）
A	5.4a	12.9b	5.2b	40.8a	4 161c	1 698b
B	5.4a	14.1a	5.3ab	40.3a	4 328b	1 744a
C	5.4a	14.4a	5.5a	40.6a	4 349b	1 765a
D	5.4a	14.7a	5.7a	40.0a	4 439a	1 775a

轮作对于农作物的生长发育及产量有明显的促进作用，小麦—玉米—棉花轮作对棉花的营养生长与生殖生长促进作用明显，无论是在旋耕条件下还是在深翻条件下，均表现为棉花株高增加，真叶数、果枝数提高，蕾铃数、单铃重明显高于连作处理，但衣分变化不大，籽棉产量在旋耕条件下提高 4.5%，在深翻条件下提高 2.6%，皮棉产量也有提高。

深翻对作物生长的影响也有不少报道，深翻对棉花前期营养生长具有抑制作用，无论是在连作条件下还是在轮作条件下，苗期棉花株高、真叶数、蕾铃数均低于旋耕处理，但进入中后期深翻处理的棉花表现出了明显的后发优势，棉花株高、果枝数、成铃数、单铃重均较旋耕处理有不同程度的提高，籽棉产量在连作条件下提高 4.0%，在轮作条件下提高 2.1%。

在粮棉轮作模式下，适当对土壤进行深翻，可实现轮作效应与深翻效应的叠加，大幅度提高棉花产量，籽棉产量提高 6.7%，皮棉产量提高 4.5%，是实现棉花增产提效的有效措施。

（二）小麦生育性状及产量

深翻是土壤耕作的重要内容之一。深翻可以改善土壤耕层结构，打破犁底层，疏松土壤，提高土壤蓄水保墒和抗旱能力；改善耕作层和犁底层的微生物结构，提高耕作层土壤微量元素含量，熟化土壤，使耕层厚而疏松；深翻也可以掩埋有机肥料，消除残茬杂草，消灭寄生在土壤中或残茬上的病虫害和病菌（王法宏等，2003；马俊艳等，2011；崔建平等，2014）。旱地小麦休闲期深翻后覆盖有利于提高底墒，促进根系生长，有利于根系下扎和吸收深层土壤水分，提高产量和水分利用率，深翻也有利于提高籽粒蛋白质含量及其品质（刘庆建等，2013；崔凯等，2014）。休闲期深翻覆盖配施适当的氮磷肥有利于促进群体有效分蘖，提高成穗率；有利于提高叶面积，从而提高干物质质量；有利于提高穗数、穗粒数，最终提高产量（王毅等，2014）。而长期以免耕和旋耕为代表的保护性耕作使土壤容重增大（王法宏等，2003），土壤紧实，通气性变差，影响了土壤的蓄水、保水、供水能力，抑制了小麦根系下扎和对深层肥水的吸收（黄细喜，1988；李友军等，2006），使耕层变浅，抗旱、抗逆性降低，影响播种质量（董文旭等，2007；韩宾等，2007），限制小麦产量的提高。粮棉轮作两年三熟种植模式是在河北省南部传统一熟棉区出现的新型种植模式，该模式采用棉花—小麦—玉米两年内三种作物进行轮作种植，对于稳定河北省棉花种植面积、解决粮棉争地矛盾具有重要意义（王树林等，2015），在粮棉轮作种植模式下，关于深翻对冬小麦生长发育的影响尚未见报道。本试验旨在探讨轮作模式下深翻处理对冬小麦灌浆期旗叶衰老及灌浆特性和产量的影响。

1. 深翻处理对冬小麦灌浆期土壤含水量的影响　深翻处理对冬小麦灌浆期土壤含水量的影响如表 4－2－5 所示。在 0～20cm 土层，P_{50}（深翻 50cm）和 P_{70}（深翻 70cm）处理的土壤含水量分别比对照（CK）高 26.19%和 28.35%；在 20～40cm 土层，土壤含水量从大到小依次是 P_{70}＞P_{50}＞P_{30}（深翻 30cm）＞CK（旋耕 15cm）；而在 40～60cm 和 60～80cm 土层，各处理间的土壤含水量并没有显著变化。

表 4－2－5　深翻处理对冬小麦灌浆期土壤含水量（%）的影响

处理	土层			
	0～20cm	20～40cm	40～60cm	60～80cm
CK	6.49b	8.81c	11.99a	10.57a
P_{30}	6.90b	9.47bc	11.82a	9.65a
P_{50}	8.19a	10.18b	11.07a	10.65a
P_{70}	8.33a	11.61a	12.06a	11.18a

注：CK：旋耕 15cm；P_{30}：深翻 30cm；P_{50}：深翻 50cm；P_{70}：深翻 70cm。下同。

2. 深翻处理对冬小麦灌浆期旗叶叶绿素含量的影响 由表4-2-6可知，在花后21d，P_{70}处理使冬小麦旗叶的SPAD值比CK高9.9%，达到显著水平。在花后28d，与CK相比，P_{50}和P_{70}处理的旗叶SPAD值比CK分别高27.5%和51.2%，其中P_{70}处理达到显著水平。而在花后0d、7d和14d，深翻处理并没有显著影响冬小麦旗叶的SPAD值。以上说明，深翻处理可以提高冬小麦灌浆后期的叶绿素含量，延缓旗叶衰老。

表4-2-6 深翻处理对冬小麦灌浆期旗叶叶绿素含量（SPAD）的影响

处理	SPAD				
	花后0d	花后7d	花后14d	花后21d	花后28d
CK	53.29a	61.03a	60.63a	50.01b	8.05b
P_{30}	53.60a	60.47a	60.23a	47.91b	7.09b
P_{50}	53.73a	58.07a	61.13a	49.47b	10.26ab
P_{70}	52.70a	61.27a	61.33a	54.96a	12.17a

3. 深翻对冬小麦灌浆期光合特性的影响 深翻处理对冬小麦灌浆期光合特性的影响如表4-2-7所示。P_{30}、P_{50}和P_{70}处理均可显著提高小麦叶片的光合速率、气孔导度和胞间CO_2浓度，其中P_{50}处理的胞间CO_2浓度最高，显著高于P_{70}。而P_{30}、P_{50}和P_{70}对蒸腾速率没有显著影响。以上说明，深翻处理可以提高冬小麦灌浆期叶片的光合速率、气孔导度和胞间CO_2浓度，而对蒸腾速率没有显著影响。

表4-2-7 深翻处理对冬小麦灌浆期光合特性的影响

处理	光合速率［μmol（CO_2）/（m^2·s）］	气孔导度［mmol/（m^2·s）］	胞间CO_2浓度（μmol/mol）	蒸腾速率［mmol（H_2O）/（m^2·s）］
CK	22.44b	22.44b	0.39c	252.06a
P_{30}	24.69a	24.69a	0.48ab	265.45a
P_{50}	23.74a	23.74a	0.54a	279.09a
P_{70}	24.91a	24.91a	0.43bc	246.15a

4. 深翻对冬小麦灌浆期过程的影响 由图4-2-1可知，在灌浆前期（0～10d），深翻处理对小麦籽粒干重影响不大；而在花后15d和20d，与CK相比，深翻处理降低了小麦籽粒干重，其中P_{70}处理达到显著水平；在花后25d，深翻处理对籽粒干重没有显著影响；在花后30d和35d，深翻处理的小麦籽粒干重显著高于CK。

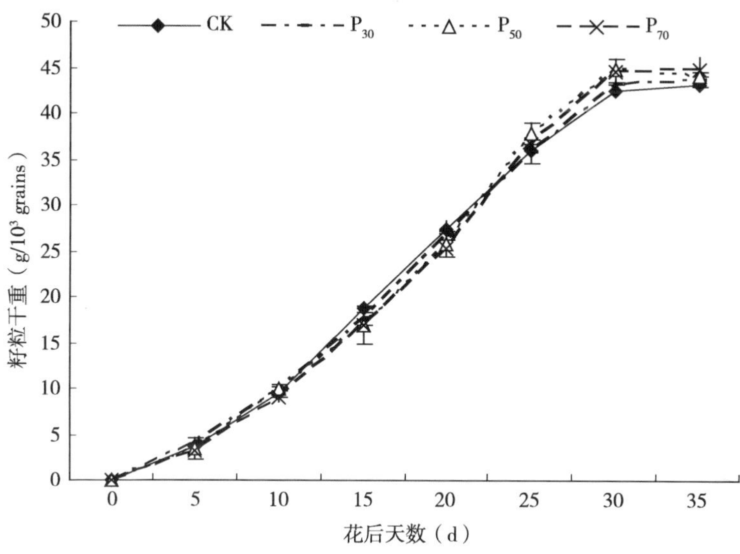

图 4-2-1　深翻处理对冬小麦灌浆过程影响

5. 深翻对冬小麦籽粒灌浆特性的影响　对小麦灌浆进程进行 Logistic 曲线拟合，得到一系列描述灌浆特性的特征参数。P_{50}和P_{70}显著降低小麦灌浆的初始势 W_0。从表 4-2-8 可知，与 CK 相比，P_{30}、P_{50}和P_{70}处理最大灌浆速率出现的时间分别延后 1.1d、1.12d 和 1.38d，而P_{50}和P_{70}处理的最大灌浆速率比 CK 分别提高 5.83%和 5.34%。深翻处理灌浆速率最大时的生长量均显著高于 CK。与 CK 相比，P_{50}和P_{70}处理的平均灌浆速率分别显著提高 6.57%和 5.84%；P_{30}、P_{50}和P_{70}使冬小麦的理论最大粒重分别提高 5.98%、6.22%和 6.17%。而深翻处理对小麦的灌浆持续期没有显著影响。

表 4-2-8　深翻处理对冬小麦籽粒灌浆特性影响

处理	灌浆初始势（Wo）	最大灌浆速率的时间（d）	最大灌浆速率［mg/(粒·d)］	灌浆速率最大时的生长量（mg/粒）	灌浆持续期（d）	平均灌浆速率［mg/(粒·d)］	最大粒重（mg/粒）
CK	1.91ab	17.38b	2.06b	22.84b	33.26a	1.37ab	45.68b
P_{30}	2.13a	18.48a	2.02b	24.20a	35.99a	1.35b	48.41a
P_{50}	1.68b	18.50a	2.18a	24.26a	33.35a	1.46a	48.52a
P_{70}	1.63b	18.76a	2.17a	24.25a	33.48a	1.45a	48.50a

6. 深翻对冬小麦产量及构成因素的影响　由表 4-2-9 可知，深翻处理

显著影响冬小麦的产量及产量构成因素。与CK相比，P_{30}、P_{50}和P_{70}使冬小麦的千粒重分别提高3.44%、3.05%和5.13%，使冬小麦的收获指数分别提高1.8%、2.4%和4.1%，均达到显著水平，说明深翻处理可以提高冬小麦的千粒重和收获指数。深翻处理对冬小麦的穗粒数没有显著影响，而P_{70}可降低冬小麦的穗数。与CK相比，P_{30}和P_{50}使冬小麦产量分别提高8.6%和12.3%，均达到显著水平；而P_{70}处理使小麦的产量降低5.4%，说明适度深翻处理可以提高冬小麦的产量，而深翻深度过高反而会降低小麦产量。

表4-2-9　深翻处理对冬小麦产量的影响

处理	穗数（万/hm²）	穗粒数（粒/穗）	千粒重（g）	产量（kg/hm²）	收获指数（%）
CK	688.68a	38.86a	43.28b	6 649.08b	47.14b
P_{30}	661.00ab	41.70a	44.77a	7 220.36a	47.99b
P_{50}	622.31ab	40.14a	44.60a	7 465.37a	48.26ab
P_{70}	568.28b	40.77a	45.50a	6 289.71b	49.09a

光合作用是作物干物质积累的基础，作物90%以上的干物质来自光合作用，叶片光合作用强弱与产量大小成正相关（张其德等，2001）。旗叶光合作用在小麦籽粒产量形成过程中具有重要的作用（彭羽等，2001），花期旗叶的光合速率是决定穗粒重的重要因素之一（张永平等，2004）。如果花期土壤水分供应不足，则会导致小麦植株早衰、光合能力下降和灌浆期缩短，造成产量下降。已有研究表明，深翻可以提高小麦的土壤蓄水量（崔凯等，2014）。P_{50}和P_{70}处理提高了0～20cm和20～40cm土层的土壤含水量，与前人研究结果一致。故深翻处理提高小麦的光合能力可能与此时小麦土壤含水量的提高有关。

开花后光合持续期的延长是小麦产量增加的主要生理基础（王士红等，2008）。研究表明，深耕处理可以延长小麦抽穗、开花、成熟时期，上部功能叶片生长期增加，延长了光合作用时间，有利于后期干物质积累（闫惊涛等，2011）。与旋耕＋镇压和旋耕相比，耕翻＋镇压有利于提高小麦促生长类激素含量，降低小麦促衰老激素含量，延缓衰老，延长灌浆时间，促进籽粒灌浆，提高小麦千粒重，从而实现高产（董慧等，2015）。深翻处理可以提高冬小麦灌浆后期的SPAD值，提高旗叶光合速率，延缓旗叶衰老。

在灌浆前期，深翻处理降低了小麦籽粒干重，而在后期，深翻处理的小麦籽粒干重显著高于 CK，说明深翻处理降低了灌浆前期的灌浆强度而提高后期的灌浆强度。深翻处理使最大小麦灌浆速率出现的时间延后，并提高最大灌浆速率。研究表明，平均灌浆速率和灌浆持续期与粒重呈正相关关系（周竹青等，1999；李秀君等，2005）。因此，深翻处理提高小麦的平均灌浆速率和粒重而对持续灌浆期没有显著影响。

前人研究表明，与浅耕相比，深耕深翻使小麦单株分蘖、次生根量和单株干重均增加，叶面积系数增大，土壤的蓄水能力增强，水分生产效率和产量提高（张胜爱等，2006；闫惊涛等，2011；董慧等，2015）。粒重是决定小麦产量的主要因素之一，因此，深翻处理通过提高千粒重和收获指数来提高冬小麦的产量，与前人的研究结果一致。在目前的生产条件下，穗粒重对小麦产量的影响大于单位面积穗数的影响（张永平等，2004）。有研究表明，深耕处理对小麦的千粒重（马爱平等，2009）或穗数（闫惊涛等，2011）没有显著影响。闫惊涛等（2011）认为，深翻深度对小麦产量构成因素的影响大小依次是穗粒数、穗数、千粒重。P_{30} 和 P_{50} 处理均使冬小麦的产量显著提高；P_{70} 处理使冬小麦穗数降低 17.5%，虽然提高了千粒重，但 P_{70} 处理并没有提高冬小麦的产量。因此，适当的深翻（深翻 30cm 或深翻 50cm）可以通过提高千粒重来提高冬小麦的产量。

小麦播前深翻可以提高土壤含水量，延长小麦叶片功能期，提高光合性能，增强灌浆后期的灌浆强度，从而提高产量。但深翻并不是越深越好，深翻 30cm 和 50cm 产量最高，其中深翻 50cm 的保水效果好于深翻 30cm。因此，科学合理深翻土地，将保护性耕作和深翻相结合，从而充分挖掘土壤的增产潜力，是实现我国农业进一步高产稳产的重要措施。而粮棉轮作两年三熟种植模式多长时间深翻一次，以及与深翻措施配套的施肥方法等问题还需要进一步的研究。

二、氮磷钾用量调控

（一）小麦产量及产量构成

河北省既是种粮大省，也是植棉大省，粮棉争地矛盾历来十分突出（霍克斌等，1991；翟学军等，2007）；近年来，随着国家对粮食安全问题的日益重视，如何增加粮食产量成为人们关注的热点话题，河北省南部地区为传统旱地棉花产区，随着水利条件的改善，该地区具备了粮食生产条件，但受水资源限制（石晨阳等，2012），完全改种粮食作物仍存在地下水供给不足的问题；针对这一现状，在河北省中南部传统一熟旱地棉区开展棉花—小麦—玉米两年三熟粮棉轮作种植模式研究，即种植一年棉花，棉花收获后改种小麦、玉米，玉米收获后进行一次土壤深翻，第二年再种植棉花，这一粮棉轮作两年三熟种植模式既可有效增加粮食产量，又可兼顾河北省地下水压采任务。在由棉花一熟向粮棉轮作两年三熟种植模式转变的过程中，由于棉花需肥特点与小麦需肥特点差异很大，棉花对氮肥与钾肥需求量大，对磷肥需求量小（程素敏等，2005；马鄂超，2005；刘全喜，2007；汪洋，2007），而小麦对氮肥与磷肥需求量大，对钾肥需求量小（周忠新等，2006；何传龙等，2007；张少豪等，2009；易玉林，2012），两者在对磷肥与钾肥的需求量上存在着互补关系，因此，如何利用两种作物需肥规律的差异及传统棉区土壤养分含量特点制定经济高效的施肥原则，对于减少化肥投入、降低环境污染、实现节本增效的目标具有重要意义。在由棉花长期连作向粮棉轮作种植模式转变过程的背景之下，开展了氮、磷、钾三种肥料不同用量对比试验，研究其对小麦产量与产量构成因素的影响，及在粮棉轮作模式下，如何利用棉田土壤养分含量特点与小麦、玉米、棉花需肥规律，制定经济高效的施肥原则。

1. 氮肥用量对小麦产量及产量构成因素的影响 氮是小麦体内叶绿素的重要组成部分，其作用是促进分蘖，提高结实率，增加千粒重，氮肥过剩则会造成分蘖过多，茎秆徒长，根系和地上部分比例失调，成穗率低。从表 4－2－10 可知，在小麦播量一致的情况下，随施氮量增加，小麦收获穗数大幅提高，其中 N_{300}（300kg/hm^2）达到了 1 051.1 万穗/hm^2，显著高于其他处理，N_{75}（75kg/hm^2）、N_{150}（150kg/hm^2）、N_{225}（225kg/hm^2）、N_{300} 较 N_0（0kg/hm^2）分别增加 9.1％、12.9％、13.9％和 32.2％；穗粒数也随施氮量增加呈增加趋势，以 N_{225} 处理最高，为 38.5 粒，但 N_{150}、N_{225}、N_{300} 三个处理间差异不显著；千粒重以 N_{75} 最高，随着施氮量的增加，千粒重下降，其中 N_{75}、N_{150} 高于 N_0，而 N_{225}、N_{300} 则低于 N_0，不同处理间差异达到了显著水平，这一结果与史力超等（2015）研究结果一致；从产量结果看，施氮处理小麦产量均高于 N_0，且产量随施氮量的增加而提高，N_{75}、N_{150}、N_{225}、N_{300} 分别较 N_0 增产 3.5％、7.3％、7.6％与 7.7％，施氮量超过 150kg/hm^2 后小麦增产幅度减小，N_{150}、N_{225}、N_{300} 三个处理间差异未达显著水平，但显著高于 N_0 与 N_{75}。以上结果表明，施用氮肥可明显提高小麦收获穗数，增加穗粒数，虽千粒重下降，但最终显著提高了小麦产量；表明在粮棉轮作模式下，氮是供试土壤小麦产量的限制因素，在肥料运筹中应重视氮肥的施用，如仅根据产量结果，其用量不应低于 150kg/hm^2。

表 4-2-10　氮肥用量对小麦产量及产量构成的影响

处理	穗数（万/hm²）	穗粒数（粒/穗）	千粒重（g）	产量（kg/hm²）
N_0	795.2c	35.5b	44.5ab	7 870b
N_{75}	867.8bc	36.2b	46.4a	8 142b
N_{150}	897.8b	36.8ab	44.8ab	8 442a
N_{225}	905.7b	38.5a	43.9b	8 469a
N_{300}	1 051.1a	38.4a	43.5b	8 474a

注：施氮（N）量为 N_0：0，N_{75}：75kg/hm²，N_{150}：150kg/hm²，N_{225}：225kg/hm²，N_{300}：300kg/hm²。

2. 磷肥用量对小麦产量及产量构成因素的影响　磷素具有促进小麦早生根分蘖，提早成熟，增加千粒重的作用，但磷肥过剩则会导致小麦呼吸作用加强，增加无效分蘖，导致瘪籽增多，产量下降。如表 4-2-11 所示，随磷肥施用量增加，小麦收获穗数先增后降，P_{150}（150kg/hm²）最高，达到 927.8 万穗/hm²，不同处理间差异达显著水平，P_{300}（300kg/hm²）穗数低于 P_0（0kg/hm²），但差异不显著；穗粒数随磷肥用量增加而升高，其中 P_{225}（225kg/hm²）最高，较 P_0 增加 1.43 粒，但不同处理间差异未达显著水平；磷肥对小麦千粒重影响不大，不同处理间差异不显著；从产量结果看，P_{75}（75kg/hm²）较 P_0 增产幅度最高，但仅有 1.4%，且差异不显著，随着施磷量的增加，小麦产量下降趋势明显，P_{300}产量反而显著低于 P_{75} 与 P_{150}。这一结果表明，在粮棉轮作模式下，土壤磷素非小麦产量限制性因素，过量施磷反而不利于小麦的增产。

表 4-2-11　磷肥用量对小麦产量及产量构成的影响

处理	穗数（万/hm²）	穗粒数（粒/穗）	千粒重（g）	产量（kg/hm²）
P_0	837.8b	37.0a	44.2a	8 500ab
P_{75}	875.8ab	37.5a	44.9a	8 617a
P_{150}	927.8a	37.1a	43.5a	8 607a
P_{225}	846.5b	38.4a	44.2a	8 567ab
P_{300}	829.8b	38.2a	43.9a	8 197b

注：施磷（P_2O_5）量为 P_0：0，P_{75}：75kg/hm²，P_{150}：150kg/hm²，P_{225}：225kg/hm²，P_{300}：300kg/hm²。

3. 钾肥用量对小麦产量及产量构成因素的影响 钾的作用是增强光合作用，增强小麦抗逆性，增加产量和改善籽粒品质。根据表4-2-12可知，钾肥对小麦穗数影响不大，不同处理间差异不显著，随着钾肥用量增加，穗粒数增加而千粒重降低，且不同处理间差异显著；穗粒数以 K_{300}（300kg/hm^2）最高，显著高于 K_0（0kg/hm^2），但钾肥4个不同用量间差异不显著，千粒重随钾肥施用量增加明显下降，其中 K_{225}（225kg/hm^2）、K_{300} 均显著低于 K_0，这与前人结果有较大不同，林克惠等（1996）研究认为，增施钾肥对小麦千粒重提高不显著，张海竹等（2008）在土壤速效钾含量为145.47mg/kg时发现钾肥没有增产效果，对小麦产量构成没有显著影响，张会民等（2004）认为，钾肥施用量过大千粒重会有所下降，但均未见千粒重低于对照的报道；从产量结果来看，钾肥对小麦产量影响不大，无论是与 K_0（0kg/hm^2）相比，还是不同钾肥用量之间，小麦产量差异均不显著。这一结果表明，在粮棉轮作模式下，钾肥不是小麦产量的限制因子，但钾肥对穗粒数正效应与对千粒重负效应的机理机制，需要进一步开展研究。

表4-2-12 钾肥用量对小麦产量及产量构成的影响

处理	穗数（万/hm^2）	穗粒数（粒/穗）	千粒重（g）	产量（kg/hm^2）
K_0	961.8a	36.4b	45.8a	9 020a
K_{75}	971a	37.7ab	44.9a	8 957a
K_{150}	961.1a	37.8ab	43.9ab	9 064a
K_{225}	976.5a	37.3ab	42.1b	8 969a
K_{300}	966.5a	38.9a	42.1b	9 059a

注：施钾（K_2O）量为 K_0：0、K_{75}：75kg/hm^2，K_{150}：150kg/hm^2，K_{225}：225kg/hm^2，K_{300}：300kg/hm^2。

肥料试验结果受试验田基础地力影响很大，一般低肥力条件下肥料增产效果好于高肥力地块（赵俊晔等，2006），因此，试验结果往往差异也较大。关于氮磷钾肥对小麦产量构成及产量的影响，前人多是在冬小麦、夏玉米一年两熟种植模式下开展的研究，结果不尽相同，本研究在粮棉轮作种植模式下对不同氮磷钾肥料用量对小麦产量及产量构成的影响进行了研究。

张睿等（2006）研究结果认为，在钾、磷水平相同的条件下增加氮肥穗粒数和粒重均增加，以穗粒数变化最大，李瑞奇（2011）在河北平原的研究结果表明，小麦穗数和穗粒数均随施氮量增加而增加，千粒重则随施氮量增加而降低，王月福等（2003）也得到了类似的结果，由于产量构成因素的相互作用，穗数和穗粒数增加弥补了千粒重降低的影响，因此产量也施氮量增加而提高；本研究也得到了类似的结果，表明在粮棉轮作模式中氮肥对小麦的影响与小麦玉米连作模式下相似，前茬棉花对后茬小麦氮素方面的影响不大。总体来看，在不同肥力条件下，氮肥对于提高小麦穗数、穗粒数和产量均有显著作用，因此，在粮棉轮作模式下需要注重小麦季氮肥的施用。

小麦是对磷反应敏感的作物，在耕层土壤有效磷含量为10mg/kg以下时，小麦施磷的增产率在30%左右，10～20mg/kg时，增产20%左右，20mg/kg以上时，增产率显著下降（王旭东，2003）；岳寿松（1994）、李建民（2000）、姜宗庆等（2006）均发现，在低磷土壤上随着施磷量的增加，籽粒产量也随之增加，但过量施磷对产量构成因素的影响的研究结果却不一致，王旭东等（2003）认为，过高的磷素有使千粒重降低的趋势，区沃恒（1978）认为，在高产阶段，磷素营养对穗数、穗粒数、粒重均有促进作用，但效果不明显。本试验点土壤有效磷含量为24.8mg/kg，对小麦来说属于高磷土壤，结果发现，在粮棉轮作模式下，增施磷肥对小麦增产作用微弱，而过量施用磷肥显著降低小麦产量，磷肥对小麦穗数有显著影响，随磷肥施用量增加，小麦收获穗数先增后减，过量施用磷肥显著降低小麦产量，磷肥对小麦穗粒数与千粒重影响不大。在传统一熟棉田，化学肥料的应用经历了重施磷肥（主要是磷酸二铵、过磷酸钙等）阶段（董合林，2007），棉花对磷肥的需要量较少导致土壤中富集了大量的磷素，因此，在由棉花一熟向粮棉轮作两年三熟种植模式的转变过程中，小麦季节无需大量施用磷肥，可充分利用土壤磷素含量偏高的特点，合理施磷，提高磷肥利用率，减少污染。

关于钾肥对小麦产量的影响，前人做了大量的研究，谭金芳（2001）与董合林等（2015）研究结果认为，钾肥对小麦产量、千粒重存在正效应，施钾处理穗粒数显著高于不施钾处理，但不同用量间差异不显著，千粒重随施钾量的增加而显著提高，当施钾量超过105kg/hm^2后千粒重趋于稳定；张会民（2004）和张定一等（2007）研究结果类似，随着钾肥用量增加，小麦单位面积穗数、穗粒数、千粒重和产量逐渐增加，但过量施用钾肥，穗数、穗粒数、千粒重和产量反而下降，这可能是由过量钾素供应使小麦对钾的奢侈吸收引起的。因此，在粮棉轮作模式下，小麦季节施用钾肥无增产效果，但钾肥不同用量对穗粒数与千粒重有显著影响，穗粒数的增加被千粒重的降低抵消，最终小麦产量无显著差异，这一结果可能与土壤钾素含量偏高有关，由于近年来随着转基因棉花品种的推广，其需钾量大的特点被广泛认知（展曼曼等，2012），棉田大量增施钾肥，导致棉田钾素含量逐渐上升。因此，在由棉花一熟向粮棉轮作种植模式转变过程中，我们认为棉花季节土壤残留钾素完全可满足小麦生长需求，小麦季节无需施用钾肥。

氮磷钾肥料对小麦产量影响的效果，胡凤桂等（2008）认为，氮肥是影响产量的主要因素，钾肥次之，磷肥的影响较小，王远玲等（2013）研究结果表明，氮是影响产量的主要因素，磷次之，钾的影响效果较小；氮肥是影响小麦产量的最重要因素，这一观点基本得到了人们的认可，但磷素与钾素的作用随土壤基础地力的不同，试验结果迥异。因此，在粮棉轮作种植模式下，小麦季节适宜肥料用量为纯氮 225kg/hm^2、$P_2O_5$150kg/hm^2、免施钾肥。

（二）小麦籽粒氮磷钾含量

河北省南部为传统旱地棉花产区，长期连作带来土壤致病菌累积、养分失衡、耕层变浅等问题（单鸿宾等，2009；王婴等，2013），近年来，随着水利条件的改善，该地区具备了粮食生产条件，但受水资源限制，完全改种粮食仍存在地下水供给不足的问题，因此，在河北省南部传统一熟棉区开展棉花—小麦—玉米两年三熟粮棉轮作种植模式研究十分必要。长期连作棉田土壤养分具有“少氮、富磷、高钾”的特征（董合林，2007），在向粮棉轮作模式转变过程中，如何利用土壤养分特征制定经济合理的施肥原则，对于减少化肥投入、降低环境污染、实现节本增效的目标具有重要意义。针对棉花连作或小麦-玉米种植模式下的肥料用量研究较多，如棉花对氮肥与钾肥需求量大，对磷肥需求量小（汪洋，2007），而小麦籽粒氮磷田间携出量大，钾携出量小（董若征等，2012）；孟建（2007）、李迎春等（2006）在氮磷钾肥对小麦籽粒氮素积累、磷钾含量等方面也做了相关研究，但由于试验受基础地力影响较大，所得结果不尽相同。而关于粮棉轮作模式下氮磷钾肥对小麦产量及肥料利用效率的影响，前人研究很少，由于在不同区域、不同种植模式下适宜的施肥种类与施肥量差异较大，本试验通过研究粮棉轮作种植模式下氮磷钾肥对小麦产量及肥料利用效率的影响，旨在为这一新型种植模式的推广提供理论依据。

1. 氮磷钾肥用量对小麦产量的影响 从表 4-2-13 可知，施用氮肥显著增加小麦产量，施氮处理小麦产量均高于 N_0（0kg/hm^2），且产量随施氮量的增加而提高，N_{75}（75kg/hm^2）、N_{150}（150kg/hm^2）、N_{225}（225kg/hm^2）、N_{300}（300kg/hm^2）分别较 N_0 增产 3.5%、7.3%、7.6%与 7.7%，施氮量超过 150kg/hm^2后小麦增产幅度减小，N_{150}、N_{225}、N_{300} 3 个处理间差异未达显著水平，但显著高于 N_0 与 N_{75}。以上结果表明，施用氮肥可明显提高小麦产

量，如仅根据产量结果，其用量不应低于150kg/hm^2。

P_{75}（75kg/hm^2）较P_0（0kg/hm^2）增产幅度最高，仅有1.4%，且差异不显著，但随着施磷量的增加，小麦产量下降趋势明显，P_{300}（300kg/hm^2）产量反而显著低于P_{75}与P_{150}（150kg/hm^2）。这一结果表明，在由多年连作棉田向粮棉轮作种植模式转变过程中，磷素非小麦产量限制性因素，过量施磷反而不利于小麦的增产。

钾肥对小麦产量影响不大，无论是与k_0（0kg/hm^2）相比，还是不同钾肥用量之间，小麦产量差异均不显著。棉花季节大量施用钾肥导致土壤钾素含量始终处于较高水平，因此在粮棉轮作模式下，钾肥不是小麦产量的限制因子。

表4-2-13 氮磷钾肥用量对小麦产量的影响

处理	籽粒产量（kg/hm^2）	处理	籽粒产量（kg/hm^2）	处理	籽粒产量（kg/hm^2）
N_0	7 870b	P_0	8 500ab	K_0	9 020a
N_{75}	8 142b	P_{75}	8 617a	K_{75}	8 957a
N_{150}	8 442a	P_{150}	8 607a	K_{150}	9 064a
N_{225}	8 469a	P_{225}	8 567ab	K_{225}	8 969a
N_{300}	8 474a	P_{300}	8 197b	K_{300}	9 059a

注：施氮（N）量为N_0：0kg/hm^2，N_{75}：75kg/hm^2，N_{150}：150kg/hm^2，N_{225}：225kg/hm^2，N_{300}：300kg/hm^2；施磷（P_2O_5）量为P_0：0kg/hm^2，P_{75}：75kg/hm^2，P_{150}：150kg/hm^2，P_{225}：225kg/hm^2，P_{300}：300kg/hm^2。施钾（K_2O）量为K_0：0kg/hm^2，K_{75}：75kg/hm^2，K_{150}：150kg/hm^2，K_{225}：225kg/hm^2，K_{300}：300kg/hm^2。数值后不同小写字母表示处理间差异达5%显著水平。下同。

2. 氮磷钾肥用量对小麦经济系数及籽粒养分吸收的影响

（1）氮肥对小麦经济系数及籽粒养分吸收的影响。干物质生产是作物产量形成的基础，随着氮肥用量增加，小麦干物质积累量持续增加，N_{300}处理小麦生物量达到16 834kg/hm^2，较N_0处理增加了11.6%（表4-2-14）。但生物量增加的同时也导致经济系数降低，N_0处理经济系数0.454，显著高于各施氮处理。籽粒氮素含量随施氮量增加先升高后降低，施氮量225kg/hm^{2}时最高为2.249%，施氮量增加到300kg/hm^{2}时籽粒氮素含量下降到2.106%，表明适宜氮肥用量促进氮素向籽粒中的转移，而过量施用氮肥抑制氮素向籽粒中的转移；籽粒氮素田间携出量也呈先增加后降低的趋势，N_{225}处理达到了190.5kg/hm^2，与N_{150}、N_{300}处理差异不显著，但显著高于N_0及其他施氮处理。从籽粒氮素田间携出量及小麦产量结果综合考虑，小麦季氮素投入应在150～225kg/hm^2。

表 4-2-14 氮肥用量对小麦经济系数及籽粒养分吸收的影响

处理	生物量（kg/hm²）	经济系数	籽粒氮素含量（%）	籽粒 N 携出量（kg/hm²）
N_0	15 081b	0.454a	1.509b	118.7c
N_{75}	16 084ab	0.440b	1.873ab	152.5b
N_{150}	16 734a	0.439b	2.120a	178.9a
N_{225}	16 824a	0.438b	2.249a	190.5a
N_{300}	16 834a	0.438b	2.106a	178.5a

（2）磷肥用量对小麦经济系数及养分吸收的影响。磷肥对小麦生物量的影响与其对小麦籽粒产量影响相似，随施磷量增加先增加后降低，P_{75}处理最高达到17 418kg/hm²，显著高于P_{300}处理，但与其他处理差异不显著（表 4-2-15）；经济系数以 P_0 处理为最高，除 P_0 处理外，随着磷肥用量的增加，经济系数有升高的趋势，但差异不显著；籽粒 P 素含量与 P_2O_5 田间携出量均随施磷量的增加而持续升高，P_{225}与 P_{300} 两个处理显著高于其他处理，P_{75} 与 P_{150} 处理之间差异不显著，但显著高于 P_0 处理，表明增施磷肥能持续提升籽粒中磷素的积累，但无助于籽粒产量的提升，籽粒 P_2O_5 田间携出量最高达到 131.3kg/hm²，综合小麦产量与籽粒 P_2O_5 田间携出量结果，为保证土壤磷素平衡，小麦季磷素投入应在 75～150kg/hm²。

表 4-2-15 磷肥用量对小麦经济系数及籽粒养分吸收的影响

处理	生物量（kg/hm²）	经济系数	籽粒磷素含量（%）	籽粒 P_2O_5 携出量（kg/hm²）
P_0	16 668a	0.444a	0.559c	108.9c
P_{75}	17 418a	0.431a	0.612b	120.7b
P_{150}	17 168a	0.436a	0.618b	121.9b
P_{225}	16 918a	0.440a	0.668a	131.0a
P_{300}	16 168b	0.441a	0.700a	131.3a

（3）钾肥用量对小麦经济系数及籽粒养分吸收的影响。施钾对小麦生物量无显著影响，不同处理间经济系数差异不显著，籽粒 K 素含量、K_2O 田间携出量随着施钾量的增加有增加趋势，与 K_0 相比，K_{300}（300kg/hm²）籽粒钾素含量提高 6.6%，K_2O 田间携出量增加 6.9%，但不同处理间均无显著差异（表 4-2-16）。由于小麦秸秆全部还田，籽粒 K_2O 田间移出量很小，仅为34.6～37.0kg/hm²，且从产量结果看，施钾对小麦无增产作用，考虑到棉花对

钾肥需要量较大，在粮棉轮作种植模式中棉花季节需施入大量钾肥，因此小麦季节可不施钾肥，仅利用棉花季土壤残留钾素即可满足小麦生长的需求。

表 4-2-16　钾肥用量对小麦经济系数及籽粒养分吸收的影响

处理	生物量 (kg/hm^2)	经济系数	籽粒钾素含量 (%)	籽粒 K_2O 携出量 (kg/hm^2)
K_0	17 751a	0.442a	0.318a	34.6a
K_{75}	17 501a	0.445a	0.319a	34.5a
K_{150}	17 668a	0.446a	0.320a	35.0a
K_{225}	17 751a	0.439a	0.337a	36.4a
K_{300}	18 001a	0.438a	0.339a	37.0a

3. 氮磷钾肥用量对小麦农学利用率、偏生产力及贡献率的影响　随施氮量增加，氮肥农学利用率降低，N_{75}与N_{150}处理之间差异不显著，但显著高于N_{225}与N_{300}处理，磷肥农学利用率也随施磷量增加而降低，不同处理间差异显著，氮肥农学利用率为2.0～3.6kg/kg，磷肥农学利用率为－1.0～1.6kg/kg，氮肥农学利用率明显高于磷肥，而由于钾肥无增产效果，因此其农学利用率最低（表4-2-17）。从偏生产力来看，氮、磷、钾肥均随施用量增加而显著降低，规律性一致。贡献率方面，氮肥与磷肥均是随施用量增加而降低，不同处理间差异显著，氮肥贡献率明显高于磷肥，钾肥贡献率最低。根据以上结果，在粮棉轮作模式下，小麦季肥料利用率为氮肥＞磷肥＞钾肥。

表 4-2-17　氮磷钾肥农学利用率、偏生产力与贡献率

处理	农学利用率 (kg/kg)	偏生产力 (kg/kg)	贡献率 (%)	处理	农学利用率 (kg/kg)	偏生产力 (kg/kg)	贡献率 (%)	处理	农学利用率 (kg/kg)	偏生产力 (kg/kg)	贡献率 (%)
N_0	—	—	—	P_0	—	—	—	K_0	—	—	—
N_{75}	3.6a	108.6a	3.3b	P_{75}	1.6a	114.9a	1.4a	K_{75}	－0.8a	119.4a	－0.7a
N_{150}	3.8a	56.3b	6.8a	P_{150}	0.7b	57.4b	1.2ab	K_{150}	0.3a	60.4b	0.5a
N_{225}	2.7b	37.6c	7.1a	P_{225}	0.3c	38.1c	0.8b	K_{225}	－0.2a	39.9c	－0.6a
N_{300}	2.0c	28.2d	7.1a	P_{300}	－1.0d	27.3d	－3.7c	K_{300}	0.1a	30.2c	0.4a

施用氮肥能提高小麦干物质积累与籽粒氮素含量（叶优良等，2012），进而提高小麦籽粒产量（刘其等，2013），但随着氮肥用量增加，小麦产量增加

幅度降低，甚至出现减产现象（于振文等，2003），在粮棉轮作模式下，当纯氮用量超过 150kg/hm^{2}后小麦产量增幅减小。氮肥用量过大，会导致小麦营养体生长偏旺，叶片贪青和氮素向籽粒的转运不畅（同延安等，2007），籽粒氮素含量反而下降，从而降低了小麦的经济系数与氮素利用效率（王月福等，2003），因此，随施氮量增加，小麦经济系数有下降趋势，氮素利用效率显著降低，与前人结果基本一致；尽管纯氮用量超过 150kg/hm^{2}后小麦产量增加不明显，但小麦籽粒氮素田间携出量达到了 178.9～190.5kg/hm^2，综合考虑小麦产量与氮素田间携出量，在粮棉轮作模式下，小麦季纯氮用量宜在 150～225kg/hm^2。

土壤有效磷含量在 20mg/kg 以上时，施磷增产率显著下降（区沃恒等，1978），在传统一熟棉田，化学肥料的应用经历了重施磷肥（主要是磷酸二铵、过磷酸钙等）阶段（董若征等，2012），棉花对磷肥的需要量较少导致土壤中富集了大量的磷素，本试验点土壤有效磷含量为 24.8mg/kg，增施磷肥无增产效果，过量施磷反而显著减产；孙慧敏（2006）、李廷亮等（2013）研究发现，过量施磷对小麦籽粒产量影响不大，但却导致磷素生产力和磷肥利用率降低，关于施用磷肥对籽粒磷素含量的影响，前人研究结果不尽一致，姜宗庆（2006）试验表明，施磷量在 0～180kg/hm^{2}范围内，植株对磷的吸收随施磷量增加而上升，王荣辉（2011）研究认为，施磷量在 50～100kg/hm^{2}时，小麦籽粒磷含量随施磷量增加而升高，但不同磷肥用量之间差异不显著，张睿（2005）则认为，在一般施肥水平上适度提高磷肥投入水平对籽粒磷含量影响不大，但若大幅度提高磷肥用量，则不利于籽粒中磷的积累；本结果支持随磷肥用量增加籽粒中磷素含量随之增加的观点，且不同磷肥用量间差异达到显著水平，籽粒磷素含量的持续升高也直接导致籽粒 P_2O_5 田间携出量随施磷量增加而升高，在 P_{300} 处理时达到最高值 131.3kg/hm^2，为保持土壤磷素平衡，小麦 P_2O_5 田间施用量控制在 75～150kg/hm^{2}为宜。这一结果表明，在由棉花一熟向粮棉轮作两年三熟种植模式的转变过程中，小麦季节无需大量施用磷肥，可充分利用连作棉田土壤磷素含量偏高的特点，合理施磷，提高磷肥利用率，减少污染。

关于钾肥对小麦产量、养分吸收的影响，前人做了大量研究，谭金芳（2001）与董合林等（2015）研究结果认为，钾肥对小麦产量存在正效应，张会民（2004）和 Zhang 等（2007）研究认为，过量施用钾肥，小麦产量反而下降；本文中钾肥用量对小麦产量影响不大，但随着施钾量的增加，籽粒钾素含量持续升高，这可能是由于过量钾素供应导致小麦对钾的奢侈吸收引起的（2009），由于钾素主要分布在小麦的秸秆之中（王志勇等，2012），而小麦秸秆全部还田，籽粒 K_2O 田间携出量仅在 34.6～37.0kg/hm²，考虑到棉花对钾肥需要量较大，在粮棉轮作种植模式中棉花季节需施入大量钾肥，因此小麦季节可不施钾肥，仅利用棉花季土壤残留钾素即可满足小麦生长的需求。

前人关于肥料对小麦产量及养分吸收方面的研究，多集中在小麦玉米一年两熟种植模式之下（杨利华等，2006；王远玲等，2013），而在由传统一熟棉区向粮棉轮作两年三熟模式转变过程中的研究基本空白，在这一背景下我们开展了不同氮磷钾肥料用量对小麦产量与养分吸收的影响的研究，结果发现，粮棉轮作模式下的小麦季适宜肥料用量为纯氮 150～225kg/hm²、P_2O_5 75～150kg/hm²、免施钾肥。

（三）玉米产量及产量构成

河北省既是种粮大省，又是植棉大省，粮棉争地矛盾历来十分突出（霍克斌等，1991；翟学军等，2007），近年来，随着国家对粮食安全问题的日益重视，如何增加粮食产量成为人们关注的热点话题。河北省南部地区为传统旱地棉花产区，随着水利条件的改善，该区具备了种植粮食生产条件，但受水资源限制（石晨阳等，2012），若完全改种粮食仍存在地下水供给不足的问题。针对这一现状，我们在河北省南部传统一熟旱地棉区开展了棉花—小麦—玉米两年三熟粮棉轮作种植模式研究。

转变种植制度会引起土壤养分含量发生一些变化。关于肥料对作物生长发育及产量的影响，前人研究多集中在一种作物上，如不同肥料用量对棉花的影响（马鄂超，2005；程素敏等，2005；刘全喜，2007；汪洋，2007），氮磷钾肥对玉米产量的影响（皇甫湘荣等，2004；彭正萍等，2009；田惠萍，2013），氮磷钾肥对小麦产量及品质的影响（周忠新等，2006；何传龙等，2007；张少豪等，2009；易玉林，2012），但在粮棉轮作两年三熟种植模式中涉及棉花、小麦和玉米 3 种作物，而棉花的需肥特点与小麦和玉米明显不同。因此，利用 3 种作物需肥规律差异和传统棉区土壤养分含量特点，制定经济、高效的施肥原则，对减少化肥投入、降低环境污染、实现节本增效具有重要意义。截至目前，有关粮棉轮作两年三熟种植模式下有关玉米氮磷钾肥料运筹的研究较少。本研究即在上述背景下开展，旨为新种植模式下制定合理的施肥措施提供理论依据。

1. 氮肥施用量对玉米产量及产量构成因素的影响 施氮处理的玉米穗长、穗粗、穗粒数、百粒重和产量均显著大于 N_0（0kg/hm²）处理。表明氮肥对玉米产量和4个产量构成性状均有较大影响，施用氮肥通过显著促进4个产量构成指标的综合提高，最终实现产量的大幅度提高。从表4-2-18可知，施氮处理下，随着氮肥施用量的增加，玉米穗长、穗粗、穗粒数、百粒重和产量均呈先增加后降低的变化趋势，其中，N_{75}（75kg/hm^2）处理的指标值均最低，除穗粗外，其他指标均显著小于N_{150}（150kg/hm^2）、N_{225}（225kg/hm^2）和N_{300}（300kg/hm^2）处理；N_{225}处理指标值均最高，但产量构成指标与N_{150}和N_{300}处理差异均不显著，而产量显著大于N_{150}处理但与N_{300}处理差异不显著。可以看出，在当前粮棉轮作模式下，氮肥是影响玉米产量的关键因素，其经济施用量为225kg/hm^2。

表4-2-18 氮肥施用量对玉米产量及产量构成因素的影响

处理	穗长（cm）	穗粗（cm）	穗粒数（粒/穗）	百粒重（g）	产量（kg/hm^2）	增产率（%）
N_0	14.6c	4.3b	304.4c	26.9c	4 746d	—
N_{75}	18.9b	4.8a	499.3b	31.0b	7 861c	65.6c
N_{150}	20.8a	4.9a	556.1a	34.1a	9 545b	101.1b
N_{225}	21.2a	5.0a	556.3a	35.5a	10 382a	118.8a
N_{300}	20.2a	4.9a	538.3ab	34.3a	9 737ab	105.2b

注：施氮（N）量处理。N_0：0kg/hm^2，N_{75}：75kg/hm^2，N_{150}：150kg/hm^2，N_{225}：225kg/hm^2，N_{300}：300kg/hm^2。

2. 磷肥施用量对玉米产量及产量构成因素的影响 施磷处理的玉米穗长、穗粗、穗粒数、百粒重和产量与P_0处理差异均不显著，且不同施磷量处理的指标差异也均不显著，其中，百粒重和产量有随施磷量增加而略微降低的趋势。表明施用磷肥对提高玉米百粒重和产量影响不大，对玉米产量及其产量构成因素的影响均不显著。因此，在当前粮棉轮作模式下，玉米季可以免施磷肥。

关于磷肥用量对玉米产量的影响，吴建宏（2013）在土壤有效磷含量为9.1mg/kg的条件下得出，磷肥用量达到180kg/hm^{2}时玉米产量开始下降，而黄莹等（2014）在土壤有效磷含量为6.99mg/kg的条件下得出，施用磷肥对玉米产量及玉米地上生物量无显著影响，本试验条件下土壤有效磷含量高达24.8mg/kg，其土壤有效磷供给量远超出玉米生长发育所需磷量，而土壤有效磷含量偏高是由于在长期棉花连作条件下，施磷过量而棉花对磷肥需求量小造成的（表4-2-19）。因此，在粮棉轮作种植模式下，增施磷肥并未对玉米产量产生太大影响。

表 4-2-19　磷肥施用量对玉米产量及产量构成因素的影响

处理	穗长（cm）	穗粗（cm）	穗粒数（粒/穗）	百粒重（g）	产量（kg/hm^2）	增产率（%）
P_0	21.0a	5.0a	561.1a	35.5a	10 817a	—
P_{75}	20.8a	5.0a	563.5a	34.5a	10 482a	−3.1a
P_{150}	20.6a	5.0a	560.7a	34.7a	10 624a	−1.8a
P_{225}	21.0a	5.0a	555.2a	34.2a	10 507a	−2.9a
P_{300}	20.7a	4.9a	563.8a	34.0a	10 264a	−5.1a

注：施磷（P_2O_5）量处理。P_0：0kg/hm²，P_{75}：75kg/hm²，P_{150}：150kg/hm²，P_{225}：225kg/hm²，P_{300}：300kg/hm²。

3. 钾肥施用量对玉米产量及产量构成因素的影响　施钾处理的玉米穗长、穗粒数和产量显著大于 K_0 处理，而穗粗和百粒重与 K_0 处理差异均不显著。表明钾肥对玉米穗长、穗粒数和产量有较大影响，施用钾肥通过显著促进玉米穗长增大、穗粒数增多，最终实现产量的显著提高。从表 4-2-20 可知，施钾处理下，随着钾肥施用量的增加，玉米穗粒数呈逐渐增多趋势，其中，K_{225}（225kg/hm²）与 K_{300}（300kg/hm²）处理差异不显著，但二者均显著大于 K_{75}（75kg/hm²）和 K_{150}（150kg/hm²）处理，而 K_{75} 与 K_{150} 处理差异不显著；穗长、穗粗和百粒重变化均较小，不同施钾量处理的指标差异均不显著；产量呈逐渐增加趋势，但不同施钾量处理的差异均不显著。可以看出，在当前粮棉轮作模式下，钾肥是影响玉米产量的主要因素，玉米季施用钾肥 75kg/hm² 即可显著提高产量。

表 4-2-20　钾肥施用量对玉米产量及产量构成因素的影响

处理	穗长（cm）	穗粗（cm）	穗粒数（粒/穗）	百粒重（g）	产量（kg/hm^2）	增产率（%）
K_0	19.8b	4.9a	536.7c	35.1a	9 854b	—
K_{75}	21.3a	5.0a	560.7b	35.4a	10 923a	10.8b
K_{150}	20.5a	4.9a	571.7b	35.2a	11 039a	12.0ab
K_{225}	21.4a	5.0a	580.3a	35.8a	11 160a	13.3a
K_{300}	20.6a	5.0a	583.8a	35.4a	11 172a	13.4a

注：施钾（K_2O）量处理。K_0：0kg/hm²，K_{75}：75kg/hm²，K_{150}：150kg/hm²，K_{225}：225kg/hm²，K_{300}：300kg/hm²。

关于氮磷钾三大肥料对玉米产量的影响，前人在夏玉米和春玉米上进行了大量研究。田惠萍等（2013）发现，玉米各生育时期对氮、磷、钾素的需求量，以氮最高，钾次之，磷最少；皇甫湘荣等（2004）研究表明，氮肥的增产效应大于钾肥；陈英取等（1993）认为，玉米合适的纯 N、P_2O_5、K_2O 施用量比例为 1：0.35：1，肥料效应顺序为氮＞钾＞磷。

在河北省南部传统一熟旱地棉花产区，采取棉花—小麦—玉米两年三熟粮棉轮作模式，分析了氮磷钾不同施用量时玉米产量及产量构成的变化，结果显示，施用氮肥和钾肥均具有明显的增产效果，其中，氮肥的增产效应高于钾肥。施用钾肥具有明显的增产效果，但施钾条件下不同水平处理的产量差异并不显著，与前人的研究结果基本一致（卢树昌等，2001；谭德水等，2007）。磷肥在玉米上未表现出增产效果，原因与传统连作棉田大量施用磷肥，而棉花对磷素吸收偏少导致土壤中磷素含量偏高有关（董合林，2007）。因此，认为在当前棉花—小麦—玉米两年三熟粮棉轮作模式下，玉米季适宜的纯 N 用量为 225kg/hm^2、K_2O 用量为 75kg/hm^2，免施磷肥。

（四）玉米养分吸收与利用效率

河北省南部为传统旱地棉花产区，近年来，随着水利条件的改善，该地区具备了粮食生产条件，但受水资源限制（石晨阳等，2012），完全改种粮食仍存在地下水供给不足的问题，因此，在河北省南部传统一熟棉区开展棉花-小麦-玉米两年三熟粮棉轮作种植模式研究具有重要意义；长期连作棉田土壤养分具有“少氮、富磷、高钾”的特征（董合林，2007；展曼曼等，2012），在向粮棉轮作模式转变过程中，如何利用土壤养分特征制定经济合理的施肥原则，对减少化肥投入、降低环境污染、实现节本增效的目标具有重要意义。关于粮棉轮作模式下氮磷钾肥对玉米产量及肥料利用效率的影响，前人研究较少，但是针对棉花连作或小麦-玉米种植模式下的肥料用量研究较多，如棉花对氮肥与钾肥需求量大，对磷肥需求量小（汪洋，2007；徐维明等，2010），而玉米对氮肥需求量大，对钾肥需求量小（田惠萍，2013）；刘淑霞等就玉米氮磷钾肥用量做了相关研究，但由于试验受基础地力影响较大，所得结果不尽相同（刘淑霞等，2008；宋碧等，2013；田惠萍，2013）。在粮棉轮作模式下，利用肥料定位试验研究一个轮作周期内玉米的经济施肥量。合理的施肥种类与施肥量在不同区域、不同种植模式下相差较大，研究粮棉轮作种植模式下氮磷钾肥对玉米产量及肥料利用效率的影响，旨在为这一新型种植模式的推广提供理论依据。

1. 氮磷钾肥用量对玉米产量的影响 氮肥对玉米产量的影响见表 4-2-21，氮肥对玉米产量影响显著。随氮肥用量增加，玉米产量先增加后降低，以

$N_2$25（225kg/hm²）处理最高；N_{75}（75kg/hm²）、N_{150}（150kg/hm²）、N_{225}、N_{300}（300kg/hm²）处理较 N_0（0kg/km²）分别增产 65.6%、101.1%、118.8%与105.2%，其中 N_{225}与 N_{300}处理差异不显著，但显著高于其他处理。结果表明，在粮棉轮作模式下，氮肥是影响玉米产量的关键因素，玉米季纯 N 用量不应低于 225kg/hm²。

磷肥对玉米产量影响不大，P_0（0kg/hm²）与施磷各处理间差异不显著。

K_0（0kg/hm²）处理玉米产量显著低于各施钾处理，K_{75}（75kg/hm²）、K_{150}（150kg/hm²）、K_{225}（225kg/hm²）与 K_{300}（300kg/hm²）处理分别较 K_0（0kg/hm²）处理增加 10.8%、12.0%、13.3%、13.4%，但不同钾肥用量之间产量差异不显著。因此在粮棉轮作模式下，玉米季钾肥用量保持在 75kg/hm²即可。

表 4-2-21 氮磷钾肥用量对玉米产量的影响

处理	籽粒产量（kg/hm²）	处理	籽粒产量（kg/hm²）	处理	籽粒产量（kg/hm²）
N_0	4 746d	P_0	10 817a	K_0	9 854b
N_{75}	7 861c	P_{75}	10 482a	K_{75}	10 923a
N_{150}	9 545b	P_{150}	10 624a	K_{150}	11 039a
N_{225}	10 382a	P_{225}	10 507a	K_{225}	11 160a
N_{300}	9 737ab	P_{300}	10 264a	K_{300}	11 172a

注：施氮（N）量为 N_0：0kg/hm²，N_{75}：75kg/hm²，N_{150}：150kg/hm²，N_{225}：225kg/hm²，N_{300}：300kg/hm²；施磷（P_2O_5）量为 P_0：0kg/hm²，P_{75}：75kg/hm²，P_{150}：150kg/hm²，P_{225}：225kg/hm²，P_{300}：300kg/hm²；施钾（K_2O）量为 K_0：0kg/hm²，K_{75}：75kg/hm²，K_{150}：150kg/hm²，K_{225}：225kg/hm²，K_{300}：300kg/hm²。

2. 氮磷钾肥对玉米经济系数及养分吸收的影响

（1）氮肥对玉米经济系数及氮素吸收的影响。氮肥能够提高玉米生物量，当纯氮肥用量在 0～225kg/hm²时，随氮肥用量增加，玉米生物量显著提高，N_{225}处理达到 17 762kg/hm²，氮肥用量超过 225kg/hm²后，生物量下降；经济系数与生物量变化规律相似，以 N_{225}最高，但不同 N 用量间差异不显著（表 4-2-22）。

秸秆氮素含量与氮素携出量均随氮肥用量增加而持续升高，N_{300}处理分别达到 0.680%与 51.3kg/hm²，显著高于 N_0、N_{75}、N_{150}处理，但与 N_{225}之间差异不显著；籽粒氮素含量随氮肥用量增加有升高趋势，但 N_{150}、N_{225}、N_{300}三个处理间差异不显著，籽粒氮素携出量随氮肥用量增加先升高后降低，以 N_{225}最高达到 127.1kg/hm²。可见，氮肥能够显著提高玉米的生物产量与经济系数，同时增加了秸秆、籽粒中氮素含量与氮素携出量，但当氮肥用量超过225kg/hm²后其作用反而降低。

表 4-2-22 氮肥用量对玉米经济系数及养分吸收的影响

处理	生物量（kg/hm²）	经济系数	秸秆氮素含量（%）	秸秆N携出量（kg/hm²）	籽粒氮素含量（%）	籽粒N携出量（kg/hm²）
N_0	9 129d	0.52b	0.444d	19.5d	0.862c	40.9d
N_{75}	14 653c	0.54ab	0.528c	35.9c	0.984b	77.3c
N_{150}	16 951b	0.56a	0.572b	42.3b	1.159a	110.6b
N_{225}	17 762a	0.58a	0.653a	48.2a	1.224a	127.1a
N_{300}	17 279a	0.56a	0.680a	51.3a	1.216a	118.4ab

（2）磷肥对玉米经济系数与磷素吸收的影响。施磷对玉米生物量影响不显著，随磷肥用量增加，经济系数有降低趋势，但不同处理间差异不显著；施磷提高了秸秆与籽粒中的磷素含量，秸秆中磷素含量以 P_{225} 处理最高，籽粒中磷素含量以 P_{150} 处理最高，均显著高于 P_0 处理；秸秆 P_2O_5 田间携出量随施磷量增加有增加的趋势，P_{225} 与 P_{300} 两个处理显著高于 P_0 处理，而籽粒 P_2O_5 田间携出量不同处理间则差异不显著。可见，增施磷肥虽然能够提高玉米秸秆与籽粒中的磷素含量，但却未能提高玉米的生物量（表 4-2-23）。

表 4-2-23 磷肥用量对玉米经济系数及养分吸收的影响

处理	生物量（kg/hm²）	经济系数	秸秆磷素含量（%）	秸秆 P_2O_5 携出量（kg/hm²）	籽粒磷素含量（%）	籽粒 P_2O_5 携出量（kg/hm²）
P_0	17 288a	0.63a	0.142c	21.1b	0.548b	135.7a
P_{75}	17 123a	0.61a	0.154bc	23.4ab	0.550b	132.0a
P_{150}	17 440a	0.61a	0.165abc	25.8ab	0.582a	141.6a
P_{225}	17 433a	0.60a	0.187a	29.7a	0.568a	136.6a
P_{300}	17 229a	0.60a	0.184ab	29.4a	0.570a	133.9a

（3）钾肥对玉米经济系数与钾素吸收的影响。施用钾肥提高了玉米的生物量，K_0（0kg/hm²）处理生物量显著低于各施钾处理，但不同钾肥用量间差异不显著，经济系数不同处理间差异不显著；秸秆钾素含量 K_0 处理显著低于各施钾处理，但不同钾肥用量间差异不显著，籽粒钾素含量随钾肥用量增加先升高后降低，不同处理间差异未达显著水平；秸秆 K_2O 携出量以 K_{225}（225kg/hm²）最高，达到了 217.4kg/hm²，籽粒 K_2O 携出量除 K_0 处理偏低外，其他 4 个处理

间差异不显著，在 48.4～48.9kg/hm^2；秸秆与籽粒 K_2O 携出总量随钾肥用量增加先增加后降低，以 K_{225} 最高达到 266.3kg/hm^2，其中籽粒 K_2O 携出量 48.9kg/hm^2 仅占 18.4%，秸秆 K_2O 携出量占 81.6%。

表 4-2-24　钾肥用量对小麦经济系数及养分吸收的影响

处理	生物量（kg/hm^2）	经济系数	秸秆钾素含量（%）	秸秆 K_2O 携出量（kg/hm^2）	籽粒钾素含量（%）	籽粒 K_2O 携出量（kg/hm^2）
K_0	16 302b	0.60a	2.192b	170.3c	0.359a	42.7b
K_{75}	17 727a	0.61a	2.309a	189.3b	0.368a	48.4a
K_{150}	18 296a	0.60a	2.339a	204.5ab	0.368a	48.9a
K_{225}	18 831a	0.59a	2.352a	217.4a	0.364a	48.9a
K_{300}	18 972a	0.59a	2.262a	212.6a	0.360a	48.5a

3. 氮磷钾肥对玉米利用率、偏生产力与贡献率的影响　从表 4-2-25 可知，氮肥经济学利用率随施氮量增加而降低，不同处理间差异达显著水平，磷肥与钾肥经济学利用率也随施肥量增加而降低，但处理之间差异不显著；氮肥经济学利用率变幅较大，在 57.4～78.6kg/kg，磷肥经济学利用率在

表 4-2-25　氮磷钾肥利用效率、偏生产力与贡献率

处理	经济学利用率（kg/kg）	生物学利用率（kg/kg）	表观利用率（%）	农学利用率（kg/kg）	偏生产力（kg/kg）	贡献率（%）
N_0	78.6a	151.2a	—	—	—	—
N_{75}	69.4a	129.4b	70.5a	41.5a	104.8a	39.6b
N_{150}	62.4ab	110.8c	61.7b	32.0b	63.6b	50.3a
N_{225}	59.2b	101.4c	51.0c	25.0c	46.1c	54.3a
N_{300}	57.4b	101.8c	36.4d	16.6d	32.5c	51.3a
P_0	69.0a	110.2a	—	—	—	—
P_{75}	67.4a	110.2a	126.7a	76.5a	139.8a	54.7a
P_{150}	63.5a	104.2a	71.3b	39.2b	70.8b	55.3a
P_{225}	63.2a	104.8a	47.1c	25.6c	46.7c	54.8a
P_{300}	63.7a	103.8a	33.6d	18.4d	34.2c	53.8a
K_0	46.3a	76.5a	—	—	—	—
K_{75}	45.9a	74.6a	236.5a	82.4a	145.6a	56.6a
K_{150}	43.6a	72.2a	128.7b	42.0b	73.6b	57.0a
K_{225}	41.9a	70.7a	91.5c	28.5c	49.6c	57.5a
K_{300}	42.8a	72.7a	66.9d	21.4c	37.2d	57.5a

63.7～69.0kg/kg，钾肥经济学利用率最低，在41.9～46.3kg/kg。生物学利用率也有随施肥量增加而降低的现象，氮肥生物学利用率最高，不同处理间差异达到显著水平，磷肥生物学利用率次之，钾肥生物学利用率最低，磷钾肥不同用量间差异均不显著。表观利用率、农学利用率、偏生产力均随着化肥用量增加而显著降低；3种肥料之间表现为钾肥＞磷肥＞氮肥；氮肥贡献率以N_{225}处理最高，与N_{150}、N_{300}处理之间差异不显著，但显著高于N_{75}处理，磷肥与钾肥的贡献率不同处理间差异不显著。

关于氮、磷、钾三种肥料对玉米的增产效果，前人做了大量研究，结果比较一致，即氮肥＞钾肥＞磷肥（陈英取等，1993；皇甫湘荣等，2004；宋碧等，2013；田惠萍，2013），结果类似，但在氮、磷、钾肥料适宜用量方面，不同研究结果差异较大，这主要是受试验田基础地力与不同地区生产条件差异较大影响（皇甫湘荣等，2004；陈远学等，2013；宋碧等，2013；吴建宏，2013）；在粮棉轮作种植模式下的研究结果表明，氮肥是玉米产量形成的关键因子，氮肥用量在0～225kg/hm^{2}时，随施氮量增加玉米产量显著增加，用量超过225kg/hm^{2}后玉米产量下降，但N_{300}与N_{225}处理之间差异不显著；磷肥无增产效果，这一结果主要是由于棉花需磷量低，在长期连作棉田土壤中积累了丰富的磷素（董合林，2007），向粮棉轮作种植模式转变的过程中，导致施磷无增产效果，因此，粮棉轮作模式下玉米季不需再施用磷肥；钾肥具有一定增产效果，但钾肥用量在75～300kg/hm^{2}范围内时玉米产量差异不显著。

施氮显著促进夏玉米地上部分植株对氮素的吸收，但当施氮量超过一定程度后对氮素的吸收量差异不显著（王晓巍等，2012；张翠翠等，2013）；施磷增加玉米整株干重及磷含量（彭正萍等，2009），玉米植株各器官磷素积累量随施磷量增加而增加，籽粒磷素积累量最大（王红丽，2014），而孙恒等（2015）发现，磷肥施用量对玉米籽粒及地上部磷含量影响不明显；刘淑霞等（2008）研究发现，成熟期玉米籽粒含钾量低，且受处理影响较小，秸秆含钾量高，且随着施钾量的增加而提高，李波等（2012）研究认为，施钾可以显著增加植株钾素积累，但随钾肥用量增加，植株钾含量增长缓慢并出现下降，秸秆钾含量随施钾量增加先缓慢增加，随后出现下降，但籽粒中钾含量不同处理间差异不显著；由于玉米秸秆全部还田，因此养分田间携出量以籽粒为主，从N、P_2O_5、K_2O田间携出量来看，N田间携出量以N_{225}处理最高达到127.1kg/hm^2，N_{150}与N_{300}处理分别为110.6kg/hm^2、118.4kg/hm^2，P_2O_5田间携出量在132.0～141.6kg/hm^2，差异不显著，K_2O田间携出量最低，除K_0处理显著降低外，其他施钾处理在48.4～48.9kg/hm^2，差异很小。

肥料利用率前人研究结果基本一致，即随肥料用量增加而逐渐降低（孙恒等，2015；赵营等，2006；王宜伦等，2011；易镇邪等，2006）。氮磷钾肥料利用率均随氮磷钾肥用量增加而依次降低，趋势明显，其中经济学利用率氮肥与磷肥相当，钾肥最低，生物学利用率氮肥＞磷肥＞钾肥，表观利用率、农学利用率、偏生产力则是钾肥＞磷肥＞氮肥；贡献率三种肥料相差不大。

综合考虑玉米产量与养分吸收、肥料利用率等结果，粮棉轮作模式下玉米季肥料适宜用量为 N 225kg/hm^2、K_2O 75kg/hm^2，免施磷肥。

参考文献

曹国军，耿玉辉，叶青，2012. 超高产春玉米产量构成特性分析 [J]. 玉米科学，20 (5)：80－83.

陈素英，张喜英，毛任钊，等，2009. 播期和播量对冬小麦冠层光合有效辐射和产量的影响 [J]. 中国生态农业学报，17 (4)：681－685.

陈英取，张承林，张其伦，等，1993. 氮磷钾用量及配比对甜玉米产量与品质的影响 [J]. 华南农业大学学报，14 (1)：33－38.

陈远学，李汉邯，周涛，等，2013. 施磷对间套作玉米叶面积指数、干物质积累分配及磷肥利用效率的影响 [J]. 应用生态学报，24 (10)：2799－2806.

程素敏，吴爱君，张松林，2005. 棉花分区平衡施肥技术中氮、磷、钾对产量的影响 [J]. 中国棉花 (12)：8－9.

崔建平，田立文，郭仁松，等，2014. 深翻耕作对连作滴灌棉田土壤含水率及含盐量影响的研究 [J]. 中国农学通报，30 (2)：134－139.

崔凯，高志强，孙敏，等，2014. 休闲期深翻覆盖对旱地小麦土壤水分运行及产量与品质形成的影响 [J]. 干旱地区农业研究，32 (2)：78－84.

崔彦生，孟建，王月芬，等，2009. 河北省玉米生产现状及发展对策探讨 [J]. 中国农学通报，25 (20)：354－356.

单鸿宾，梁智，王纯利，等，2009. 棉田连作对土壤微生物及酶活性的影响 [J]. 中国农业科技导报，11 (1)：113－117.

刁光中，1990. 黄淮海棉区麦棉两熟研究现状和发展 [J]. 中国棉花 (1)：6－8.

董合林，李鹏程，刘敬然，等，2015. 钾肥用量对麦棉两熟制作物产量和钾肥利用率的影响 [J]. 植物营养与肥料学报，21 (5)：1159－1168.

董合林，2007. 我国棉花施肥研究进展 [J]. 棉花学报，19 (5)：378－384.

董慧，仲延龙，齐龙昌，等，2015. 耕作方式对冬小麦内源激素含量及产量的影响 [J]. 麦类作物学报，35 (4)：542－547.

董若征，贾可，廖文华，等，2012. 氮磷钾在冬小麦上的产量效应与养分平衡 [J]. 华北农学报，27 (4)：175－180.

董文旭，陈素英，胡春胜，等，2007. 少免耕模式对冬小麦生长发育及产量性状的影响［J］. 华北农学报，22（2）：141－144.

冯延江，王俊河，藤桂荣，2005. 优质高产专用玉米品种筛选试验［J］. 黑龙江农业科学（1）：1－3.

冯跃华，邹应斌，Roland J B，等，2006. 免耕直播对一季晚稻田土壤特性和杂交水稻生长及产量形成的影响［J］. 作物学报，32（11）：1728－1736.

高淑桃，何训坤，申荣太，2003. 我国新形势下的粮食安全问题［J］. 中国食物与营养（10）：18－21.

韩宾，李增嘉，王芸，等，2007. 土壤耕作及秸秆还田对冬小麦生长状况及产量的影响［J］. 农业工程学报，23（2）：48－53.

何传龙，刘枫，王道中，等，2007. 砂姜黑土强筋小麦施肥技术研究［J］. 植物营养与肥料学报，13（5）：935－940.

何丽，尹钧，周苏玫，等，2008. 不同筋型小麦籽粒的物质积累特性及其播期调节效应［J］. 华北农学报，23（2）：17－20.

何旭平，纪从亮，2007. 现代中国棉花育种与栽培概论［M］. 北京：中国农业科学技术出版社.

胡凤桂，黄占亮，李宏松，2008. 寿县小麦“3414”田间肥效研究［J］. 安徽农业科学，36（13）：5527－5531.

胡焕焕，刘丽平，李瑞奇，等，2008. 播种期和密度对冬小麦品种河农 822 产量形成的影响［J］. 麦类作物学报，28（3）：490－495.

皇甫湘荣，张翔，孙春河，等，2004. 氮钾配施对玉米产量和土壤钾素的影响［J］. 中国农学通报，20（6）：169－171.

黄细喜，1988. 土壤紧实度及层次对小麦生长的影响［J］. 土壤学报，25（1）：59－65.

黄严帅，张洪程，许柯，2006. 氮肥用量对扬麦 11 产量和群体性状的影响［J］. 中国农学通报，24（10）：238－241.

黄莹，赵牧秋，王永壮，等，2014. 长期不同施磷条件下玉米产量、养分吸收及土壤养分平衡状况［J］. 生态学杂志，33（3）：694－701.

霍克斌，郑彦平，1991. 完善麦棉两熟种植确保粮棉稳步双增［J］. 河北农业科学（1）：4－6.

姜丽娜，赵艳岭，邵云，等，2011. 播期播量对豫中小麦生长发育及产量的影响［J］. 河南农业科学，40（5）：42－46.

姜宗庆，封超年，黄联联，等，2006. 施磷量对不同类型专用小麦产量和品质的调控效应［J］. 麦类作物学报，26（5）：113－116.

孔海波，肖丽丽，代兴龙，等，2014. 地力水平和播期对冬小麦籽粒产量及氮素利用率的影响［J］. 山东农业科学，46（6）：35－39.

李宝新，2001. 新形势下的粮食安全问题［J］. 山西统计（11）：16－17.

李本良，苏兴智，掌卫，等，1994. 播期播量对小麦个体与群体影响的研究［J］. 作物研究，8（4）：22－26.
李波，张吉旺，靳立斌，等，2012. 施钾量对高产夏玉米产量和钾素利用的影响［J］. 植物营养与肥料学报，18（4）：832－838
李华英，代兴龙，张宇，等，2015. 播期对冬小麦产量和抗倒性能的影响［J］. 麦类作物学报（3）：357－363.
李建民，周殿玺，王璞，等，2000. 冬小麦水肥高效利用栽培技术原理［M］. 北京：中国农业大学出版社.
李瑞奇，李雁鸣，何建兴，等，2011. 施氮量对冬小麦氮素利用和产量的影响［J］. 麦类作物学报，31（2）：270－275.
李廷亮，谢英荷，洪坚平，等，2013. 施磷水平对晋南旱地冬小麦产量及磷素利用的影响［J］. 中国生态农业学报，21（6）：658－665.
李秀君，潘宗东，2005. 不同粒重小麦品种子粒灌浆特性研究［J］. 中国农业科技导报，7（1）：26－29.
李迎春，彭正萍，薛世川，等，2006. 磷、钾对冬小麦养分吸收、分配及运转规律的影响［J］. 河北农业大学学报，29（5）：1－6.
李友军，吴金芝，黄明，等，2006. 不同耕作方式对小麦旗叶光合特性和水分利用效率的影响［J］. 农业工程学报，22（12）：44－48.
李彰，熊瑛，吕强，等，2010. 微生物土壤改良剂对烟草生长及耕层环境的影响［J］. 河南农业科学（9）：56－60.
林克惠，DonLytton，郑毅，等，1996. 钾肥对冬小麦产量和氨基酸含量的影响［J］. 云南农业大学学报，11（4）：228－234.
刘鹏涛，冯佰利，慕芳，等，2009. 保护性耕作对黄土高原春玉米田土壤理化特性的影响［J］. 干旱地区农业研究，27（4）：171－175.
刘其，刁明，王江丽，等，2013. 施氮对滴灌春小麦干物质、氮素积累和产量的影响［J］. 麦类作物学报，33（4）：722－726.
刘庆建，高志强，孙敏，等，2013. 休闲期深翻覆盖对旱地小麦土壤水分、花后脯氨酸及籽粒蛋白质积累的影响［J］. 水土保持学报，27（2）：150－156.
刘全喜，马连云，2007. 高产棉田的平衡施肥技术［J］. 河北农业科技（3）：31.
刘淑霞，吴海燕，赵兰坡，等，2008. 不同施钾量对玉米钾素吸收利用的影响研究［J］. 玉米科学，16（4）：172－175.
刘万代，陈现勇，尹钧，等，2009. 播期和密度对冬小麦豫麦 49－198 群体性状和产量的影响［J］. 麦类作物学报，29（3）：464－469.
刘瑜，梁永超，褚贵新，等，2010. 长期棉花连作对北疆棉区土壤生物活性与酶学性状的影响［J］. 生态环境学报，19（7）：1586－1592.
卢树昌，刘惠芬，牟善积，等，2001. 天津地区夏玉米施钾效果的初步研究［J］. 天津农学院学报，8 (2)：21-23.
马爱平，王娟玲，靖华，等，2009. 土壤耕作方式对小麦产量及水分利用的影响 [J]. 河南科技学院学报，37 (2)：1-4.
马鄂超，2005. 棉花平衡施肥 [J]. 新疆农垦科技 (5)：49.
马俊艳，左强，王世梅，等，2011. 深耕及增施有机肥对设施菜地土壤肥力的影响 [J]. 北方园艺 (24)：186-190.
毛树春，1999. 棉花优质高产的理论与技术 [M]. 北京：中国农业出版社.
孟建，李雁鸣，党宏凯，等，2007. 施氮量对冬小麦氮素吸收利用、土壤中硝态氮积累和籽粒产量的影响 [J]. 河北农业大学学报，30 (2)：1-5.
牟春生，于经川，2000. 小麦叶片性状和粒数叶比研究 [J]. 莱阳农学院学报，17 (2)：116-119.
宁朝辉，董喆，张丽妍，等，2014. 适于赤峰地区机械化种植的玉米新品种筛选 [J]. 安徽农业科学，42 (21)：6968-6969.
彭羽，郭天财，王晨阳，2001. 冬小麦开花后水分调控对光合特性及产量性状的影响 [J]. 麦类作物学报，21 (4)：83-86.
彭正萍，张家铜，袁硕，等，2009. 不同供磷水平对玉米干物质和磷动态积累及分配的影响 [J]. 植物营养与肥料学报，15 (4)：793-798.
祁虹，王树林，王燕，等，2016. 粮棉轮作与土壤深翻对棉花生育性状及产量的影响 [J]. 天津农业科学，22 (8)：113-116.
区沃恒，焦志勇，傅显华，1978. 小麦的磷素营养 [J]. 中国农业科学 (3)：49-54.
屈会娟，李金才，沈学善，等，2009. 种植密度和播期对周麦 18 碳氮转运、籽粒淀粉及蛋白质含量的影响 [J]. 中国粮油学报 (10)：23-27.
沈庆雷，杜斌，赵田芬，等，2015. 晚播对小麦生长发育特性及产量的影响 [J]. 现代农业科技 (1)：40.
沈学善，李金才，屈会娟，等，2009. 种植密度对晚播冬小麦氮素同化积累分配及利用效率的影响 [J]. 中国农业大学学报 (4)：41-46.
石晨阳，王桂荣，王慧军，等，2012. 河北省种植业高效用水预测研究 [J]. 中国农学通报，28 (3)：218-224.
史力超，朱云，翟勇，等，2015. 施氮对滴灌春小麦干物质积累、转运及产量的影响 [J]. 麦类作物学报，35 (6)：844-849.
宋碧，张军，刘兵，等，2013. 不同施氮量对玉米"黔兴 201"氮素吸收特性及氮效率的影响 [J]. 中国农学通报，29 (30)：50-54.
孙斌，曹雯梅，王应君，等，2009. 不同土壤钾素对强筋小麦产量形成因子的影响 [J]. 中国农学通报，25 (16)：146-149.
孙国跃，周萍，王祝余，2011. 响水县耕地地力变化趋势及应用对策 [J]. 河北农业科学，15 (4)：29-32.

孙恒，胡强，陈骏飞，等，2015. 磷肥施用量对玉米产量、土壤无机磷及磷肥利用率的影响 [J]. 江西农业学报，27（7）：62－64.

孙慧敏，于振文，颜红，等，2006. 不同土壤肥力条件下施磷量对小麦产量、品质和磷肥利用率的影响 [J]. 山东农业科学（3）：45－47.

谭德水，金继运，黄绍文，等，2007. 东北地区黑土、草甸土长期施钾对玉米产量及耕层土钾素形态的影响 [J]. 植物营养与肥料学报，13（5）：850－855.

谭金芳，介晓磊，韩燕来，等，2001. 潮土区超高产麦田供钾特点与小麦钾素营养研究 [J]. 麦类作物学报，21（1）：45－50.

田惠萍，2013. 氮、磷、钾配比施肥对玉米产量的影响 [J]. 宁夏农林科技，54（2）：24－26，36.

田文仲，温红霞，高海涛，等，2011. 不同播期，播种密度及其互作对小麦产量的影响 [J]. 河南农业科学，40（2）：45－49.

同延安，赵营，赵护兵，等，2007. 施氮量对冬小麦氮素吸收、转运及产量的影响 [J]. 植物营养与肥料学报，13（1）：64－69.

汪洋，2007. 棉花平衡施肥技术 [J]. 河北农业科学，11（4）：15，17.

王法宏，王旭清，任德昌，等，2003. 土壤深松对小麦根系活性的垂直分布及旗叶衰老的影响 [J]. 核农学报，17（1）：56－61.

王红丽，2014. 磷肥施用量对全膜双垄沟播玉米产量及磷肥利用率的影响 [J]. 甘肃农业科技（6）：25－27.

王立新，郭强，苏青，1990. 玉米抗倒性与茎秆显微结构的关系 [J]. 植物学通报（7)：34－36.

王萍，陶丹，1999. 品种，播期和密度对冬小麦生育期和产量的影响 [J]. 沈阳农业大学学报，30（6）：602－605.

王荣辉，王朝辉，李生秀，等，2011. 施磷量对旱地小麦氮磷钾和干物质积累及产量的影响 [J]. 干旱地区农业研究，29（1）：115－121.

王士红，荆奇，戴廷波，等，2008. 不同年代冬小麦品种旗叶光合特性和产量的演变特征 [J]. 应用生态学报，19（6）：1255－1260.

王树林，祁虹，张谦，等，2011. 不同熟性棉花品种在冀南棉区的适应性分析 [J]. 河北农业科学，15（5）：9－10，64.

王树林，祁虹，王燕，等，2015. 适宜粮棉轮作种植模式的玉米品种筛选 [J]. 山东农业科学，47（7）：56－58.

王树林，祁虹，王燕，等，2016a. 粮棉轮作模式下施氮磷钾肥量对小麦产量及籽粒氮磷钾含量的影响 [J]. 河北农业大学学报，39（4）：6－11.

王树林，祁虹，王燕，等，2016b. 粮棉轮作模式下氮磷钾用量对小麦产量及产量构成的影响 [J]. 安徽农业科学，44（6）：154－156.

王树林，祁虹，王燕，等，2016c. 氮磷钾肥量对玉米产量及养分吸收、利用效率的影响 [J]. 山西农业大学学报（自然科学版），36（11）：768－773.

王树林，祁虹，王燕，等，2016d. 粮棉轮作模式下氮磷钾施用量对玉米产量及产量构成的影响［J］. 河北农业科学，20（4）：30－33.

王晓巍，马欣，周连仁，等，2012. 施氮对夏玉米产量和氮素积累及相关生理指标的影响［J］. 玉米科学，20（5）：121－125.

王旭东，于振文，2003. 施磷对小麦产量和品质的影响［J］. 山东农业科学（6）：35－36.

王宜伦，李潮海，谭金芳，等，2011. 氮肥后移对超高产夏玉米产量及氮素吸收和利用的影响［J］. 作物学报，37（2）：339－347.

王毅，任爱霞，孙敏，等，2014. 休闲期深翻覆盖配施氮磷肥对旱地小麦群体动态、叶面积的影响及其与产量的相关性［J］. 山西农业科学，42（3）：242－246.

王远玲，缪翠云，陶晓婷，等，2013. 氮磷钾配施对苏北沿海地区小麦产量形成的影响［J］. 安徽农业科学，41（17）：7496－7498，7501.

王月福，姜东，于振文，等，2003. 高低土壤肥力下小麦基施和追施氮肥的利用效率和增产效应［J］. 作物学报，29（4）：491－495.

王长年，吴朵业，夏新宇，等，2002. 高肥条件下密度对济南 17 号小麦群体质量和产量的影响［J］. 江苏农业科学（1）：18－19.

王曌，刘连涛，孙红春，等，2013. 连作对棉株干物质积累、分配及功能叶片生理特征的影响［J］. 河北农业大学学报，36（5）：6－11.

王志伟，乔祥梅，程加省，等，2016. 不同小麦品种叶面积，叶绿素相对质量分数，根系性状及产量的研究［J］. 西南大学学报：自然科学版，38（8）：10－15.

王志勇，白由路，杨俐苹，等，2012. 低土壤肥力下施钾和秸秆还田对作物产量及土壤钾素平衡的影响［J］. 植物营养与肥料学报，18（4）：900－906.

吴建宏，2013. 磷素化肥不用用量对玉米产量的影响［J］. 宁夏农林科技，5（12）：66－67.

吴玉红，田霄鸿，池文博，等，2010. 机械化保护性耕作条件下土壤质量的数值化评价［J］. 应用生态学报，21（6）：1468－1476.

谢建昌，范钦桢，郑文钦，等，1985. 农业生产中钾氮的交互作用［M］. 南京：江苏科学技术出版社.

徐维明，潘琴，王亚艺，2010. 棉花“3414”肥料效应及推荐施肥量研究［J］. 安徽农业科学，38（2）：723－724，727.

闫惊涛，康永亮，田志浩，2011. 土壤耕作深度对旱地冬小麦生长和水分利用的影响［J］. 河南农业科学，40（10）：81－83.

杨利华，马瑞崑，张丽华，等，2006. 冬小麦、夏玉米品种搭配及氮磷钾统筹施肥技术研究［J］. 河北农业大学学报，29（4）：1－5.

杨卫君，贾永红，石书兵，等，2016. 播期和密度对春小麦品种新春 26 号生长及产量的影响［J］. 麦类作物学报，36（7）：913－918.

叶优良，王玲敏，黄玉芳，等，2012. 施氮对小麦干物质积累和转运的影响［J］. 麦类作物学报，32（3）：488－493.

易玉林，2012. 氮、磷、钾肥在河南省小麦上的应用效果及推荐用量研究 [J]. 河南农业科学，41 (7)：69-72.

易镇邪，王璞，申丽霞，等，2006. 不同类型氮肥对夏玉米氮素积累、转运与氮肥利用的影响 [J]. 作物学报，32 (5)：772-778.

于振文，潘庆民，姜东，等，2003. 9 000kg/km^2 小麦施氮量与生理特征分析 [J]. 作物学报，29 (1)：37-43.

岳寿松，于振文，1994. 磷对冬小麦后期生长及产量的影响 [J]. 山东农业科学 (1)：13-15.

翟学军，李悦有，2007. 超早熟短季棉新材料创制及麦后直播技术研究 [J]. 农业科技通讯 (3)：13-14.

展曼曼，王宁，田晓莉，2012. 棉花钾营养效率的基因型差异研究进展 [J]. 棉花学报，24 (2)：176-182.

张翠翠，闫凌云，赵鹏，等，2013. 施氮对夏玉米氮素利用及土壤硝态氮积累的影响 [J]. 中国农学通报，29 (18)：57-61.

张海竹，张永清，张建平，等，2008. 氮、磷、钾肥对强筋小麦产量与品质的影响 [J]. 麦类作物学报，28 (3)：457-460.

张会民，刘红霞，王林生，等，2004. 钾对旱地冬小麦后期生长及籽粒品质的影响 [J]. 麦类作物学报，24 (3)：73-75.

张其德，蒋高明，朱新广，等，2001. 12 个不同基因型冬小麦的光合能力 [J]. 植物生态学报，25 (5)：532-536.

张勤，李青松，马中义，等，2013. 玉米高产品种穗粒重分布特点及其与产量关系的研究 [J]. 河北农业科学，17 (5)：12-15，43.

张睿，王新中，刘党校，等，2006. 不同 NPK 配置对强筋小麦群体生物量与产量的效应研究 [J]. 土壤通报，37 (2)：309-313.

张睿，2005. 半湿润农田生态系统不同施肥处理对小麦籽粒中氮、磷、钾含量和累积量的效应 [J]. 西北植物学报，25 (1)：150-154.

张少豪，张丹，付伶俐，等，2009. 小麦需肥特点与施肥技术 [J]. 安徽农学通报，15 (24)：64-67.

张胜爱，马吉利，崔爱珍，等，2006. 不同耕作方式对冬小麦产量及水分利用状况的影响 [J]. 中国农学通报，22 (1)：110-113.

张向前，杜世州，曹承富，等，2014. 种植密度对小麦群体质量叶绿素荧光参数和产量的影响 [J]. 干旱地区农业研究，32 (5)：93-99.

张永平，王志敏，吴永成，2004. 节水高产栽培小麦品种光合性状分析 [J]. 华北农学报，19 (3)：47-54.

赵存鹏，王凯辉，郭宝生，等，2015. 河北省两年三熟粮棉轮作高产节水种植技术 [J]. 现代农村科技 (22)：19-20.

赵俊晔，于振文，2006. 不同土壤肥力条件下施氮量对小麦氮肥利用和土壤硝态氮含量的影响［J］. 生态学报，26（3）：814－822.

赵营，同延安，赵护兵，2006. 不同供氮水平对夏玉米养分积累、转运及产量的影响［J］. 植物营养与肥料学报，12（5）：622－627.

中国农业科学院棉花研究所，1999. 棉花优质高产的理论与技术［M］. 北京：中国农业出版社.

周忠新，于振文，许卫霞，等，2006. 氮磷钾用量及配比对小麦产量、蛋白质含量和肥料利用率的影响［J］. 山东农业科学（3）：42－44.

周竹青，朱旭彤，1999. 不同粒重小麦品种（系）籽粒灌浆特性分析［J］. 华中农业大学学报，18（2）：107－110.

朱庆森，曹显祖，骆亦其，1988. 水稻籽粒灌浆的生长分析［J］. 作物学报，14（3）：182－193.

Cornish PS，Lymbery JR，1987. Reduced early growth of direct drilled wheat in southern new south Wales：cause and consequences. Animal Production Science，27（6）：869－880.

Zhang DY，Zhang YQ，2007. Effect of application of potassiumon grain yield and quality of strong gluten wheat［J］. Chinese Journal of Eco－Agriculture，15（3）：32－37.